大数据应用与电子信息工程

刘昕琪　张守叶　周岩岩　著

吉林科学技术出版社

图书在版编目（CIP）数据

大数据应用与电子信息工程 / 刘昕琪，张守叶，周岩岩著 . -- 长春：吉林科学技术出版社，2023.3
ISBN 978-7-5744-0327-7

Ⅰ . ①大… Ⅱ . ①刘… ②张… ③周… Ⅲ . ①数据处理—研究②电子信息—信息工程—研究 Ⅳ . ① TP274 ② G203

中国国家版本馆 CIP 数据核字 (2023) 第 066153 号

大数据应用与电子信息工程

著　刘昕琪　张守叶　周岩岩
出版人　宛　霞
责任编辑　马　爽
封面设计　刘梦杳
制　版　刘梦杳
幅面尺寸　185mm×260mm
开　本　16
字　数　420 千字
印　张　20.75
印　数　1–1500 册
版　次　2023年3月第1版
印　次　2024年1月第1次印刷

出　版　吉林科学技术出版社
发　行　吉林科学技术出版社
地　址　长春市福祉大路5788号
邮　编　130118
发行部电话/传真　0431-81629529 81629530 81629531
81629532 81629533 81629534
储运部电话　0431-86059116
编辑部电话　0431-81629518
印　刷　廊坊市印艺阁数字科技有限公司

书　号　ISBN 978-7-5744-0327-7
定　价　126.00元

前 言

PREFACE

信息社会最重要的特征之一，就是每时每刻都在产生着海量数据。海量的生产数据、处理数据和应用数据，将伴随着物联网、移动互联网、数字家庭、社会化网络等新一代信息技术应用不断地增长。未来在智慧城市，电信、金融、卫生、电子商务以及电子政务等领域将是大数据技术与应用最佳行业的沃土，对大数据的处理和分析即成为新一代信息技术的融合发展的核心支撑。

在自然界的生物进化过程中，优秀基因的产生主要通过两种途径：一是优良基因反复地自然累加和提纯；二是基因重组和良性突变。一项新技术的诞生，同样遵循这种进化规律。大数据的“横空出世”，离不开催生它的技术土壤以及特定的社会发展阶段。自然界中的生物多样性，是人类生存和社会发展的基石。因此，强调大数据技术的重要性，绝不是否定与它并存共生的其他技术体系的重要性。只有对催生大数据的技术生态和大数据所处的技术体系具有非常清晰的全面认知，才能从格局和高度上提升对大数据概念与技术的理性认知和应用能力。

电子信息工程是一种应用计算机网络技术和计算机软件技术的工程；主要是对计算机等现代化的电子信息进行控制和处理；在通信、科研以及国防等很多领域有着广泛的应用。人们在现实生活中，也离不开电子信息工程，如手机对声音的传递、电脑对图像和声音的处理等，电子信号早已渗透到人们生活中的各个领域。随着社会各个行业、各个领域信息处理的普及，信息资源的重要程度显著提高，电子信息工程的优势也更明显。

本书在撰写过程中，得到了众多作者的大力支持。书中参考并引用了国内外学者关于大数据技术和电子信息工程的专著、论文内容和部分学者的研究成果，在此谨致谢忱！由于作者的经验和水平有限，加上时间仓促，书中的疏漏或不足在所难免，恳请各位专家和读者提出宝贵的意见和建议，以便我们今后修改完善。

目录
CONTENTS

第一章 大数据与人工智能

第一节 大数据的概念及内涵

近年来，大型传感器与各种数码设备的使用量飞速增长，企业数据库和社交媒体网站日益扩张，人们逐渐了解了大规模数据集和大数据等概念。但目前对大数据的界定、内涵和特征等仍然没有一个统一的概念。

一、大数据的概念

（一）大数据的定义

进入21世纪后，信息数据量增长形势迅猛，而随着科学技术的发展，计算机处理数据的功能也日渐强大。数据影响着我们的生活方式、决策，甚至影响着我们的哲学思维。那么，大数据作为互联网时代下的产物应该怎样定义？目前，尚没有一个严格、统一的标准来定义大数据，甚至没有一个清晰、准确的界限来规定大数据的内涵。综合以往学界对大数据的描述，下面分别从狭义和广义两个方面对其进行介绍。

1.狭义的大数据

狭义的大数据主要从两个方面对大数据的定义做考察与分析：一方面主要源自数据工具论的思潮，数据仅仅作为一种现象的附属品，即随着认知事物的产生而存在，并不足以引起人们的重视与关注；另一方面，数据从体量性角度来看仅仅被当作一个现象。纵观现有的各种大数据定义，主要存在两种主流的大数据思想内涵。第一种为研究机构（Gartner）给出的定义："大数据"是需要新处理模式才能具有更强的决策力、洞察发现力和流程优化能力来适应海量、高增长率和多样化的信息资产。第二种为麦肯锡全球研究所给出的定义：大数据是一种规模大到在获取、存储、管理、分析方面大大超出了传统数据库软件工具能力范围的数据集合，具有海量的数据规模、快速的数据流转、多样的数据类型和价值密度低四个特征。

2.广义的大数据

如果我们仅凭数量庞大这一特征来理解大数据的内涵，会使对大数据的内涵以及价值的理解大打折扣。“万物皆数据”的思想可谓广义大数据最早的理念。由于当时认知条件的局限性，毕达哥拉斯学派对数字的研究仅仅停留在感性认知与理解的层面，但是这种具有创造性的认知思维模式的确是从数字与数值视角来认识与理解世界的。从历史发展的角度来看，这确实是一种逐渐被科学实践所证实的理念。我们不得不承认，科技与互联网迅猛发展的今天，数据成了科学与技术之间的纽带，人类通过技术手段对庞大的数据集进行分析，并从中获取有价值的信息，这是当前较为准确的对广义大数据的理解。

（二）大数据的分类

大数据一般分为互联网数据、科研数据、感知数据和企业数据四类，下面进行具体说明。

互联网数据尤其社交媒体是近年大数据的主要来源，这依托于科技发展。大数据技术主要源于快速发展的国际互联网企业，比如，以搜索应用著称的百度与谷歌，其数据已经达到上千PB的规模级别，而应用广泛影响巨大的Facebook、亚马逊、雅虎、阿里巴巴的数据也都突破了上百PB。

科研数据存在于具有极高计算速度且性能优越的仪器设备，包括生物工程研究设备、粒子对撞机和天文望远镜。例如，位于欧洲的国际核子研究中心所装备的大型强子对撞机，在其满负荷的工作状态下每秒就可以产生PB级的数据。

在移动互联网时代，基于位置的服务和移动平台的感知功能应用逐渐增多。感知数据与互联网数据越来越重叠，但感知数据的体量同样惊人，而且总量可能不亚于社交媒体。

企业数据种类繁杂，同样可以通过物联网收集大量的感知数据。企业外部数据日益吸纳社交媒体数据，内部数据不仅有结构化数据，更多的是非结构化数据，由早期电子邮件和文档文本等扩展到社交媒体与感知数据，包括多种多样的音频、视频、图片以及模拟信号等。

（三）大数据技术

大数据技术包括大数据科学、大数据工程和大数据应用。其中，大数据科学指在大数据网络的快速发展和运营过程中寻找规律，验证大数据与社会活动之间的复杂关系；大数据工程指通过规划建设大数据并进行运营管理的整个系统；大数据应用是大数据在现代生活各领域中的具体应用。

大数据需要有效地处理大量数据，包括大规模并行处理（MPP）数据库、分布式文件系统、数据挖掘电网、云计算平台、分布式数据库、互联网和可扩展的存储系统。当前用于分析大数据的工具主要有开源与商用两个生态圈：开源大数据生态圈主要包括Hadoop HDFS、Hadoop Map Reduce、HBase等；商用大数据生态圈包括一体机数据库、数据仓库及数据集市。利用关系型数据库处理和分析大量非结构化数据需要用到大量时间和金钱，这是由于大型数据集分析需要大量电脑持续高效分配工作。大数据分析与传统的数据仓库相比具有数据量大、查询和分析复杂的特点。因此，大数据分析常和云计算联系在一起。

大规模数据分析技术源于社交网络，大数据应用使人们的思维不再局限于数据处理设备，大规模信息的处理需求从根本上推动大数据相关技术的发展，使其在教育、金融、医疗等多方面获得广泛应用。

二、大数据的基本特点

关于大数据的特征研究，主要有“3V”和“4V”两种。大数据具有“3V”的特点，主要表现为：数据量巨大、速度快捷和种类繁多，也就是数据规模大（Volume）、快速的数据流转（Velocity）和数据类型多样（Variety）。大数据具有“4V”的特点主要表现为：数据规模大（Volume）、快速的数据流转和动态的数据体系（Velocity）、数据类型多样（Variety）以及数据蕴含巨大价值（Value）。其实，无论是从三个角度分析，还是从四个角度分析，都有重叠的部分。

（一）规模巨大

大数据时代的来临使各种数据呈爆炸式增长，智能化设备的应用更加速了数据的增长。当前智能手机成为每个人的“新宠”，而手机里的微信、微博、微直播等App软件的广泛应用，在丰富人们日常生活的同时，也产生了巨大的数据量。此外，在数据的增长速度上，大数据也较传统的数据更具优势。

（二）快捷高效

在大数据时代，数据的采集、存储、处理和传输等各个环节都实现了智能化、网络化，数据的来源也从人工采集走向了自动生成。例如，我们可以从网站站点的点击量来分析网民关注的热点；分析公路交通传感器产生的数据，可以得出道路是否拥堵或畅通；分析银行的数据信息系统，可以获得资金的交易情况；等等。此外，数据产生的速度之快，也使得我们可以在更短的时间内对这些数据进行掌握。诸如此类的数据信息，生成速率高、数量庞大，实时获取、实时处理才能实现其应有的时效性价值。

（三）类型多样

大数据时代的数据性质发生了重大变化。由于各种类型电子设备的广泛使用，产生了一些不同于传统数据类型的非结构化数据。这些数据符号与传统的结构化数据相比，能够更深刻、清晰地表征事物的现实现象与特征。例如，图像数据、声音数据、视频数据以及位置数据等非结构性数据，使人们对事物信息的采集更加丰富、生动与形象，为事物的可认识性提供了更多的基础性素材。

（四）数据客观真实

数据是记录事物及其状态的表现形式。小数据时代，如果我们想对某一事物进行了解，可以以观察、实验或者问卷调查的方式，再对结果进行分析，产生的数据结果才能使用。在进行调查之前，我们需要有一套实施方案，事先确定采集数据的意图，根据目的选取调查方法以及实验手段等。这些环节中难免存在调查者的主观思想，我们需要认真思考取得数据的真实性与客观性。所以，小数据时代的调查方法有一定的弊端。在大数据时代，数据的收集、获得都是经由一定的电子设备自动生成的，即先有数据后有目的，数据的自动生成不受人类的主观干涉。因此，在一定程度上确保了数据的客观真实性。

总之，在大数据时代，人类行为、心理实验、科学研究、图像及语言识别等各个领域都可利用智能设备进行数据采集，并利用大数据技术进行数据化处理分析，以完成既定目标。因此，在大数据时代，一切事物均可数据化。目前，我们正在感受大数据给我们的生活、社会方面带来的巨大变化。

三、大数据思维的提出

计算机技术、信息科学、互联网的迅速发展给人类社会生产、科学实验，甚至是日常生活中的思维方式都带来了深刻的影响。大数据思维是在特殊的时代背景与理论背景中孕育而生的，因此，详细地考察数据思维的演化对理解大数据思维具有十分重要的意义。

（一）数据思维的演化及大数据思维的特征

自人类社会发展伊始，数据思维的演化就已经产生了，这是历史发展的必然结果，数据思维的演化主要有以下两个阶段。

第一阶段，早期的数据思维。该时期，人们对世界的认知思维还是单一、直观的，不能对事物进行理性的思考，而数据主要产生于人们日常的生产、狩猎活动，通过结绳计数、食物计数等方式就可记录相关信息。然而随着狩猎技术的提升，需要计数的种类和数量越来越繁杂，罗马数字计数系统应运而生。虽然它比阿拉伯数字早2000多年出现，但是阿拉伯数字的书写更加便捷，十进制算法更加便于运算，因此阿拉伯数字逐渐成为统一的数字语言，为数据的记录、保存奠定了基础。

第二阶段，工业革命时期的数据思维。第一次工业革命发生于18世纪60年代，该时期以蒸汽机作为动力机被广泛使用，也被称为蒸汽时代。第一次工业革命是机械生产取代手工制造的一次革命，全新机器制造业的发展与运用为各行各业带来了全新的技术创新，使生产率大幅提高。经济增长的同时带来了人口大爆发，增加了许多信息交流等基础性需求，为19世纪中期以电气为主要动力的第二次工业革命爆发赋予潜在动力。随着莫尔斯发明了莫尔斯码并应用于电报系统，人与人之间的距离被缩短，即时通信更加便捷，信息传递愈加频繁，人人都是数据的生产者。不可否认的是，大规模的社会信息交互为以信息革命为主的第三次工业革命的爆发奠定了基础，随着互联网技术的发展，网络中所生成的数据量已具有相对稳定的增长率，数据对社会生产的渗透度逐步加深，学界对其特征及发展规律越发重视，并对其进行了系统的分析与研究。

至此，人与设备之间的连接更为紧密，人们通过设备进入互联网逐渐成为现实。由于数据数量越来越多，人类的学习能力有限，而机器的学习能力却能随着计算机科学的发展与日俱增，符号主义、联结主义、行为主义三种重要理论的诞生，预示着人工智能正逐步登上科学发展的舞台。人工智能技术的发展为计算机学科在数据处理方面提供了技术保障，将数据采集、清洗、结果可视化，为复杂性认知科学提供了技术支撑。此时我们将认知主体、认知对象、工具及技术平台各要素之间在数据挖掘、提取过程中运转的数据化思维方式称为大数据思维。如果说互联网改变了信息传播的方式以及信息传播的速度，那么以大数据技术为基础的大数据思维就能更好地挖掘出数据背后的价值。正如舍恩伯格认为的那样，大数据思维可概括为三个特征："更杂""更好""更多"。

"更杂"意味着数据数量递增的同时，数据库中的数据大多是杂乱无章，并无规律可循的。对于数据的需求量较少时，可以根据需求来选择所研究的数据样本，这就要求必须保证所收集数据的质量，在处理过程中着重考量对数据研究精确性的掌握。科学技术的飞速发展使得数据处理技术更加成熟，然而数据的混乱始终不可避免。尽管计算机处理技术具有强大的挖掘、分析功能，但总体上来说，技术并不能洞察全部数据对象的复杂性特征，因为数据对象总是处于发展变化中，所以其空间结构边缘并不明显，具有模糊性特征。当数据对象的发展阶段贯通且复杂时，呈现出形态不确定的特征，也就更加无序。事实上，互联网本身就是多变的、不规则的，在处理大规模数据集时不再以数据的完全精确性为目标，而是需要包容、承受一定的数据偏差与错误，这种在微观层面上的容错机制反而可以提升宏观层面上对认知对象的判断与预见。

"更好"是指我们在庞大的数据面前只需要知道事物的现象，不再执着追求"为什么"。正如舍恩伯格所说，我们应当重视的"不是因果关系，而是相关关系"。古希腊哲学家对本源的探究，本质上就是在反思世界与本源的因果关系。此外，康德通过对纯粹理性、实践行为和分析判断能力的批判与反思来找寻一种具有因果关系的哲学基础，他重新树立了因果性理论在科学、社会中的地位，使科研工作者始终尊崇因果性在科学研究中的重要性。通常，大数据技术会宏观掌握全体数据信息，虽然无法短时间内掌握数据与数据间的因果联系，但可以通过相关关系的分析逐一把握数据的特征，如果在掌握全部的相关关系之后，且不满足仅仅知道"是什么"，就可以此为基础探寻事物发展背后的原因。正如舍恩伯格和库克耶所说："因果关系还是很有作用的，但因果性已经不再被认为是重要来源意义的决定基础。"

"更多"蕴含着更为深远的意义，旨在挖掘更多与研究对象有关的数据，以便更加全面地了解研究对象。庞大复杂的数据要求我们必须从整体入手搜集数据，将所获得的大数据当作一个完整的系统，在处理方法上从对象全体出发进行分析。

科学与技术的进步强有力地促成了哲学层面上大数据思维分析方法的产生，它的产生成为人文社会科学等多门学科研究发展的内在推动力。同时，它对认知过程中的思维主体、思维客体都产生了巨大的影响。事实上，无论是哪种思维分析方法都离不开人类的社会实践，只有在时代的脚步中不断探索、总结经验，才能适应时代的需求。

（二）大数据技术引发的哲学思维的变革

大数据技术的迅猛发展改变了我们的认知观念与思维方式，科学认知不再是过往经验的产物，更不是通过实验哲学得到的理论知识，而是对庞大数据信息进行挖掘后得到有价值的信息。大数据对传统的认知观念与思维方式造成了强烈的冲击，使人类的认知与思维及认知主体、认知客体发生了巨大的变化。

当前大数据技术、计算机科学、互联网技术的飞速发展使计算机的分析技术逐渐完善，成为一种成熟的、独特的思维工具。这里的思维是指计算机对人类思维方式的模拟，它在记忆、分析等功能上超越了人类自身的生理与感官极限，能够通过信息的交换与传播辅助人类解决难题。在这一过程中，认知主体悄然发生了变化，此时的认知主体不再是独立的个人，而是一个以单独个体为主、计算机为辅的结合体。该结合体并不是单一独立的认知个体，而是有机协作，向集体化的群体合作模式发展。这些单独的认知主体必须相互协作，共同完成资源处理、整合以顺应社会的发展与进步。同样，认知客体也发生了变化，由单一演变成多样、多层次、交叉的复杂对象，其内部结构不具有平衡性和有序性，只有结合大数据自身的优势，改变原有片面、独立的传统认知思维模式以适应时代的发展需求。

事实上，大数据分析是一个信息分析、归纳、综合处理的过程，我们应以全方位、系统、开放的思维方式应对挑战。归纳、演绎是人类在小数据样本中寻找事物之间的规律时常用的方法，但在海量的大数据集合中归纳、推理等方法逐渐与智能化的分析手段相结合，追求价值数据并让其“发声”是大数据技术应有的新目标。在以往认知思维展开的过程中，我们通过分析原因或者结果而获得事物的本质以解决问题，但这种思维方式存在一定的局限性。因为来自猜测、假设所得的原因都不具有可靠性，甚至无法保证探究的工作结果的正确性，在小数据时代，很难证明由直觉而来的因果联系是错误的。现在，情况不一样了。将来，大数据之间的相关关系，将经常会用来证明直觉的因果联系是错误的。最终也能表明，统计关系也不蕴含多少真实的因果关系。因果关系在科学发展过程中的重要性不可否认，但在大数据悄然改变人类的认知思维方式后，因果关系正转向相关关系。数据之间永远都保持一定的变量关系，尽管每一组数据的产生都是独立的，但它们仍保持相互关联的特性，若数据增值相互影响较小，则它们之间的关联性较弱。正如舍恩伯格和库克耶所说："相关关系的核心是量化两个数据值之间的数理关系。相关关系强是指当一个数据值增加时，另一个数据值很有可能也会随之增加；相反，相关关系弱就意味着当一个数据值增加时，另一个数据值几乎不会发生变化。"基于这样的关系转向，人类在认知过程中可以通过数据间有用的关联来对认知对象进行分析，探寻因果思维模式下的新领域，创造出更多的商业价值。

四、大数据技术与系统

随着大数据应用在我们生活和工作中逐渐增多，受到了越来越多的关注。其中，大数据技术与大数据系统是运用大数据的过程中必不可少的组成部分。

（一）大数据技术体系

事实上，业界并没有就大数据技术的边界作出明确界定。一般来说，大数据技术是指与大数据的获取、收集、传输、存储、管理、计算、分析等相关的技术手段和方式方法，也可以认为大数据技术就是人们用来处理大数据的相关技术与方法。这些技术与方法按照大数据的处理流程构成了大数据处理过程中的不同环节，包括数据采集、数据存储、数据预处理、数据分析以及数据展示等。在各环节中，都有大数据处理平台提供的相应工具，这些环节环环相扣，最终形成了一个完整的大数据处理链条。

1.大数据处理平台

大数据处理平台，即云计算平台。中国科学院怀进鹏院士曾用一个公式描述了大数据与云计算的关系：$G=f(x)$。其中，x是大数据，f是云计算，G是目标。这表明，云计算是大数据的计算平台，大数据是云计算的处理对象，即大数据是需求，云计算是手段。没有大数据就不需要云计算，没有云计算就无法处理大数据。

2.大数据处理环节

大数据的处理包括数据采集、数据存储、数据计算、数据分析以及数据预处理和数据展示等环节。具体讲，有通过传感器、日志、爬虫进行的数据采集，有分布式的数据储存，有基于MapReduce、流计算、图计算等计算模型的数据计算，有使用各种数据挖掘和机器学习算法的数据分析，以及为数据分析做准备工作的数据预处理和数据分析后的数据展示。

综上所述，大数据技术体系即在大数据处理平台的支撑下，大数据处理流程中各处理环节相应的处置方法有机组合而成的系统。此外，由于大数据技术为大数据处理提供了技术支持，在大数据技术的基础上，通过与具体的问题相结合，应运而生了各种大数据技术的应用。

3.大数据技术的特点及意义

大数据与大数据技术是不可分割的整体，大数据是大数据技术的对象，大数据技术是大数据的依托。在日常的概念表述中，大数据技术通常也是与大数据交织在一起的，人们在谈论大数据的时候往往也包含大数据技术。大数据技术作为一个有机的技术体系，具有自身的特点和意义。

（1）大数据技术的特点

前沿性。大数据技术是21世纪产生和发展起来的新技术，属于人类社会的高新技术领域，具有前沿性。

复杂性。大数据技术是在多个学科领域与多种技术手段的基础上发展起来的，与之相关的学科类别有数学、计算机科学、统计学、机器学习、信息科学以及人工智能等。因而，大数据技术是汇集了多学科知识，由多种工程技术交织而成的技术体系，具有一定的深度和复杂性。

社会性。大数据技术渗透我们生产和生活的方方面面，与人类社会深度交融。同时，大数据技术与人工智能、互联网等其他一些技术联系紧密，具有广泛的社会性。

（2）大数据技术的意义

数据虽然不是由大数据技术生产和创造的，但大数据技术使数据成了大数据。具体而言，大数据技术是大数据的处理手段，是数据成为大数据的前提条件和方式，没有大数据技术，就没有现实意义的大数据。

大数据技术是大数据发挥作用、产生价值的途径。大数据本身是数据，而数据只不过是存储在介质中的抽象符号，在数据没有被调用的时候，它只是静静地“躺在”数据仓库里，是静态的。通过大数据技术，数据能够被调用、改造，使得其内容得以展现，实质得以彰显。也正是在这一过程中，数据才成为大数据，与世界发生交互，从而发挥其功能，创造出价值。

大数据技术是大数据的价值所在。在迅速发展的现代社会，大数据对我们而言并不在于弄清楚其概念、研究其本质，而在于如何借助大数据提高我们的社会生产力，发展社会经济，改善人民的生活。技术只是一种手段，技术的根本目的应当是造福人类。简言之，大数据作为前沿技术的代名词，助力人类社会发展才是其最本质的价值依托，也是我们倡导大数据发展的根本目的。因此，大数据技术是大数据发挥作用的途径，也是最根本的价值所在。

（二）大数据技术兴起的社会基础

大数据技术是时下应用广泛、发展迅速的一项热门技术，它的兴起得益于一定的社会背景和社会需求。

1.大数据技术兴起的社会背景

（1）理论背景

早在遥远的古希腊时期，人类便开始了对数的思考。毕达哥拉斯学派认为“数是万物的本原”，事物的性质是由某种数量关系决定的，万物按照一定的数量比例而构成和谐的秩序，这是人类抽象思维能力的升华。至今，人类对数抽象的探索从未止步，随着科技的发展，人类对数的思考进一步深化。传统的科学哲学提出了表征论，认为数据是对事实的收集、是对现象的表征。而以弗洛里迪为代表的信息哲学家提出了关系论，认为数据是“差异解释”，事物均能够成为数据，当且仅当它可以为现象提供一个或者多个表达的一种潜在的证据，以及它在不同的个体间可以流通。根据关系论对数据的定义，万物皆可数据化。

（2）科技背景

大数据技术是20世纪兴起的一种前沿技术，是多学科领域、多种技术手段的交叉产物。其中，以香农信息论为基础，现代信息技术的快速发展，为人类记录、传输、存储和处理数据提供了技术支持。

总的来说，大数据技术是处理大数据的一应技术手段的总和，是大数据记录、传输、存储、处理等环节技术手段的有机结合，也是一个包含众多要素的整体系统。系统论、系统科学以及最新发展的复杂性科学试图打破传统学科的重重藩篱，找到不同学科之间相互联系、相互合作的机制，从而为大数据技术提供方法支撑。

（3）时代背景

以香农信息论为理论支撑，社会进入了信息时代。信息时代一切皆可量化、数据化和信息化。通过各种记录和量化手段，人类社会与自然界被广泛地记录成数据。特别是后互联网时代，人与人、人与物在全世界范围内深度交融，各种记录信息的数据不分昼夜地被产生出来，数据呈爆发式增长。不同于以往结构简单、类型单一的结构化数据，人类面对的是结构复杂、类型多样、产生迅速、量级巨大的数据。此时，大数据技术作为处理这些数据的应对手段，其诞生和兴起是必然趋势。

（4）经济背景

人类社会经过三次工业革命的洗礼，已经深刻地认识到科学技术是第一生产力。随着信息时代的到来，以微软、谷歌、苹果、亚马逊、阿里巴巴为代表的一大批高科技公司崛起，由此而诞生的新型商业模式和经济增长点使得人们对科学技术的重视达到了前所未有的程度，也促使科学技术从被发明创造到产业的应用和转化的间隔时间越来越短。大数据技术在这种背景下，受到经济需求的刺激，进而快速在全世界范围内传播兴起。

2.大数据技术兴起的社会需要

（1）科学发展的需要

自然科学方面，科学研究的范式共有四种：几千年前，是经验科学，主要用来描述自然现象；几百年前，是理论科学，使用模型或归纳进行科学研究；几十年前，是计算科学，主要模拟复杂的现象；今天，是数据探索，从数据中发现问题、解决问题，这种科学范式又被称为数据密集型科学。数据密集型科学依靠实验设备、监测仪器等收集或模拟而产出大量的数据，通过对大量数据的分析，获得可靠的理论模型。因此，能对海量数据进行处理的大数据技术是不可缺少的支持和支撑。

社会科学方面，人类行为是一种极其复杂的社会现象。在信息时代，人们的各种行为可以通过计算机等相关设备以数字数据等相对精确客观的形式记录下来。通过各种网络平台的数据共享，人类行为研究有了可靠的信息基准，在一定程度上成为研究者消除认知差异的方式之一。此外，大数据为社会科学的研究提供了定量的方法，使社会科学的研究与数据科学相结合，催生了基于数据的社会管理以及社会服务理念。

科学追求精确性，现代科学的发展越来越多地使用定量的方法，通过更多、更广泛、更准确的数据对世界进行探索，这样的发展需求为大数据技术的兴起提供了基础。可以说，现代科技的发展离不开大数据技术。

（2）经济活动的需要

20世纪60年代，产生了基于数据分析，对生产流程进行统筹优化，提高生产效率的商业手法。但直至大数据的出现，才真正使这种商业手法焕发出新的活力。

大数据技术的真正成型是谷歌、亚马逊等一批公司为自身数据处理的需要，开发的一系列数据处理系统和平台。这些公司依靠自身平台的优势，通过多年的积累和探索，基于大数据技术开发出一系列新的产品，发展出新的商业模式，打造出新的经济增长点。而这些公司获得的巨大成功，使世界看到了大数据的能量和潜力。传统的公司纷纷开始数据转型，新兴的数据驱动型公司成为资本市场的宠儿。例如，国内电商公司拼多多借助后发优势，从创立之初就秉持数据驱动的发展策略，短短3年便拼出千亿市值，成为电商巨头阿里巴巴的最大竞争对手之一。不仅如此，大数据技术的支持可以帮助企业在经济和商业的运行中，更有效地开拓市场、优化决策、节约成本和资源、提高效率。因而，大数据技术的兴起是经济发展背景下的一个必然趋势。

（3）社会生活的需要

随着互联网、移动互联网、电脑、手机等走进普通人的日常生活，社会正式步入信息时代。信息时代最突出的一个特征便是人们对信息的需求，无论是各类门户网站、生活服务网站，还是搜索引擎，这样庞大的业务需求使数据呈爆炸式增长，处理这样庞大量级数据的技术手段呼之欲出。目前，人们享受着便捷的信息化生活，各种社交工具在全球范围内普及流行。例如，微信每天高达数亿的用户同时通过文字、照片、视频进行交流，海量、多样化、快速的数据处理需求摆在眼前，而大数据技术的兴起满足了信息化社会对数据处理能力的急切需求，为人们的社会生活提供了有效保障。

（4）社会治理的需要

信息时代的到来，使社会打破了旧有的信息屏障，原始孤立而封闭的社会结构形态不复存在，无论是现代化的大都市还是偏远的边疆乡村，都能通过网络通信时时刻刻与世界同步。特别是我国具有人口多、地域广、需求多样及结构复杂的特点，以往的治理方式已经远远不能满足现代化社会治理的需求。

随着科技的发展，大数据提供了社会多维度、深广度、全方位的信息，为摸清社会状况提供了数据支撑，进而为决策者精准决策提供了依据。同时，大数据使政府政务信息交流更加畅通，人民群众处理问题更加便捷，从而更好地支撑政府的服务转型，为人民群众提供更优质的服务。因此，大数据技术为社会治理提供了新的路径，符合新时期下社会治理的迫切需要。

综上所述，当下的理论发展、科学技术发展、时代发展、经济发展为大数据技术的兴起提供了背景支撑。同时，科学、经济、社会生活、社会治理等社会层面的需要也使大数据技术的兴起成为必然，即大环境下的背景支撑与社会的迫切需要共同奠定了大数据技术兴起的社会基础。

（三）大数据系统架构

1.大数据处理系统

（1）批量数据处理系统

批量数据处理系统的主要任务是从数据库中读取批量数据，然后分析适当的模式并提出相关的明确含义，制定出科学合理的应对策略，从而进一步实现特定的业务目标。一般来说，大数据源于互联网或云计算等相关的网络平台，能够帮助平台解决遇到的各种难题。对企业而言，可以通过处理过程中所产生的相关数据对恶意软件进行有效识别，从而判断出这些外来信息是否安全可靠，这样就可以大大加强公司网络和数据的安全性。

（2）交互式数据处理系统

交互式数据处理系统和非交互式数据处理系统相比，灵活性更强。该系统能够和相关的工作人员人机对话，以此完成输入工作。这时系统可以自动地进行数据分析，并帮助相关操作人员按照要求一步一步地展开操作，最终得到有效的结果。这样的方式能够及时处理系统中的应用信息，便于交互式数据能够得到进一步应用。

2.大数据分析过程

（1）深度学习

在分析大数据的过程中，最为重要的一个环节就是如何才能有效地表达以及学习大数据。深度学习主要指根据层次的架构中所针对对象在不同阶级上的表达，解决一些比较抽象且不容易直接思考的问题。随着近年来科学技术的飞速发展，无论是在图像还是在语言、语音的应用领域，深度学习都得到了飞速发展。

（2）知识计算

知识计算是能将各种形态的知识数据通过一系列AI技术进行抽取、表达、协同，进而进行计算，产生更为精准的模型。目前，知识计算在世界领域中是一个非常关键和重要的内容，从实际情况来看，国内外一共建立了50多个相关知识库，有效应用建立了上百种，其中比较有代表性的知识库以及应用的系统有KnowItAll、TextRunner、Probase、Satori，以及维基百科等相关在线知识百科所构建的知识库如DBpedia。

3.基于大数据的应用系统架构

在Hadoop体系的分布式应用中，基于大数据的数据分析应用架构已经和大数据信息架构互相结合，为各个行业领域的大数据应用带来了经济价值和信息资产。Hadoop体系采用云计算和分布式的应用技术对大数据进行处理和分析，并且能对数据源进行深度挖掘，获得更大的数据潜在价值。

（1）Hadoop对日志数据的处理

目前，互联网站点的数量呈指数级增长，Web服务器因为业务量的剧增而生成庞大的日志文件数据，其中包括网址访问和业务数据流程处理的相关数据。这些日志文件数据经过一系列云计算算法处理后会上传到云端，对这些数据的分析处理能够反映整个应用系统的实时运行状态，同时也可以反馈系统异常问题。

（2）Hadoop并行处理系统架构

在Hadoop体系的分布式大数据应用中，数据采集模块会将采集到的各种类型的数据传送到Hadoop的并行处理系统架构中，然后信息数据被保存到HDFS中，传送数据会被Hadoop体系中的MapReduce并行计算编程模型作为框架进行系统化处理，MapReduce分布式的并行计算编程模型能够有效地解决数据分布范围大且零散导致采集难的问题。同时，这些信息数据会在分析前被分散到各个分节点，然后系统会利用就近原则读取相邻节点的数据，映射数据进行处理分析，经过处理分析后的数据会被再进行数据汇聚合并。由此可见，基于Hadoop体系的大数据分析应用具备高速、可靠的特点，能够满足大数据的数据处理和分析需求。

4.基于大数据的数据分析系统架构

（1）传统的大数据数据分析架构

传统的大数据数据分析架构主要进行传统的商业智能（BI）数据分析，由于数据量和系统性能不能满足大数据需要，所以基于此类数据分析技术使用了大数据的数据分析组件替换传统的BI系统组件，保留了大数据的数据仓库技术（ETL）操作，相对解决基于大数据的BI数据分析。整个架构相对简单易懂，缺点是缺乏对实时数据分析的支持。

（2）流式数据分析架构

数据在应用过程中全部以流式进行分析处理，去除了数据批处理，用数据通道替换了ETL操作。经过流式数据分析处理加工后的数据，以信息推送的方式推送给用户。相对于其他数据分析架构，流式数据分析架构由于取消了ETL操作，所以数据的处理效率非常高，但是由于没有了数据批处理，导致不能很好地支撑数据统计和重播，不利于离线数据分析。

（3）Lambda数据分析架构

在大数据分析系统中，Lambda数据分析架构是比较重要的一种，大多数架构基于此实现。Lambda数据分析架构的数据通道分为两种：实时数据流分析和离线数据分析。其中，实时数据流的分析架构是流式数据分析架构，多采用增量式计算，保障了数据处理分析的实时性；离线数据分析以全量运算的数据批处理为主，保证了数据的一致性。在Lambda数据分析架构的最外层是一个实时和离线的数据分析的合并层，这个合并层是Lambda数据分析架构的关键，分别集合了实时数据分析和离线数据分析的优点，又适合于对实时数据分析和离线数据分析同时存在的场景。

（4）Kappa数据分析架构

Kappa数据分析架构在Lambda数据分析架构的基础上进行了优化，在数据通道上把实时数据分析和流式数据分析进行了合并，以消息队列进行数据传输。Kappa数据分析架构以数据流的分析形式为主，不同的是数据存储在数据层面上，当需要进行离线数据分析或者再次执行数据分析操作时，只需要从数据层以消息队列的方式将数据重播一次即可。此外，Kappa数据分析架构去除了Lambda数据分析架构中的冗余部分，将数据分析重播加入架构中。Kappa数据分析架构的结构整体相当简洁，缺点是虽然结构简洁，但是数据分析重播部分实现难度较高，所以总体架构难度比较大。

（5）Unifield数据分析架构

以上几种数据分析架构都以处理海量数据为主，而Unifield数据分析架构是将数据处理分析与机器学习整合为一体。从架构的核心层面来看，Unifield数据分析架构还是基于Lambda数据分析架构的，只是在数据流分析层加入了机器学习层，增加了数据模型训练，数据在加载后从数据通道到数据湖进行数据模型训练，然后提供给数据分析流层调用，同时数据分析流层会对数据进行持续的数据模型训练。Unifield数据分析架构很好地解决了数据分析平台与人工智能领域的结合问题，适合应用于人工智能。缺点就是由于整合了机器学习层，对架构的技术要求更高。

第二节 人工智能概念及领域

一、人工智能的概念

智能指学习、理解并用逻辑方法思考事物，以及应对新的或者困难环境的能力。智能的要素包括：适应环境和偶然性事件，能分辨模糊的或矛盾的信息，在孤立的情况中找出相似性，产生新概念和新思想。智能行为包括知觉、推理、学习、交流和在复杂环境中的行为。智能分为自然智能和人工智能。

自然智能指人类和一些动物所具有的智力和行为能力。人类智能是人类所具有的以知识为基础的智力和行为能力，其表现为有目的的行为、合理的思维，以及有效地适应环境的综合性能力。智力是获取知识并运用知识求解问题的能力，能力则指完成一项目标或者任务所体现出来的素质。

人工智能（Artificial Intelligence）最初是在1956年的Dartmouth学会上提出的。自此以后，人工智能的概念也就逐渐扩散开来。从计算机应用系统的角度出发，人工智能是研究如何制造智能机器或智能系统来模拟人类智能活动的能力，以延伸人类智能的科学。

人工智能是相对于人的自然智能而言的，从广义上解释就是“人造智能”，指用人工的方法和技术在计算机上实现智能，以模拟、延伸和扩展人类的智能。人工智能是在机器上实现的，所以又称为机器智能。

尽管各个机构或学者的论述对人工智能的定义各自不同，但可以看出，人工智能就其本质而言，是研究如何制造出人造的智能机器或智能系统，用来模拟人类的智能活动，以延伸人们智能的科学。人工智能包括有规律的智能行为。有规律的智能行为是计算机能解决的，而无规律的智能行为，如洞察力、创造力，计算机目前还不能完全解决。

二、人工智能的应用领域

目前，许多关于人工智能的研究都是结合具体应用领域展开的，主要在以下几个领域取得了重要应用进展。

（一）自然语言理解（Natural Language Understanding）

自然语言是人类之间信息交流的主要媒介，但目前计算机系统与人之间的交互几乎还不能直接使用各种自然语言，但是实现人机之间自然语言通信已经引起人们的兴趣和重视，并且一直是人工智能领域的重要研究课题之一。

由于自然语言系统不是一个形式语言系统，所以计算机在自然语言理解上存在一定的困难。在自然语言的处理中，使用机器翻译是最典型、最具代表性的任务。进行机器翻译的过程中，如果计算机能够理解一个句子的含义，那么就可能通过释义并通顺地给出译文。在十分有限的理解范围内，目前基于人工智能的自然语言对话和理解、用自然语言表达的小段文章等程序系统已有一些进展。但是，由于理解自然语言依赖于上下文背景知识以及基于背景知识的推理技术，因此设计和开发具有较强功能的理解系统依旧需要长期努力才可能实现。针对一定应用已经开始出现具有相当处理能力的实用系统，如基于人工智能技术的多语种数据库和专家系统的自然语言接口、各种机器翻译系统、全义信息检索系统、自动文摘系统等已经在市场上出现。

（二）数据库的智能检索（Intelligent Retrieval from Database）

数据库系统一般是对大量数据知识条目进行存储的系统。随着互联网技术的迅速发展，需要存储的信息量呈爆炸级数增长，如何在海量数据中进行智能检索成为非常迫切的一项任务。一个智能信息检索系统应具备许多基于人工智能的方法实现的能力，如下所示：（1）能对自然语言具备一定的理解力，即允许用自然语言进行询问式的交互。（2）具有一定的逻辑推理能力，能基于已经存储的知识结构对所需的答案进行推理。（3）拥有一定常识性知识，及时补充学科范围的专业知识。也就是说，系统根据已有的常识将演绎出更多相关问题的答案。

（三）专家咨询系统（Expert Consulting Systems）

专家系统是一种智能计算机系统，其开发和研究是人工智能研究中面向实际应用的课题，受到人们的极大重视。已开发的系统数以百计，能够在一定程度上辅助、模拟或代替人类专家解决某一领域的问题，其水平可以达到甚至超过人类专家的水平，应用领域涉及化学、医疗、地质、气象、交通、教育和军事等。

专家咨询系统就是一种存有某个专门领域中经事先总结，并按某种格式表示的专家知识（构成知识库），以及拥有类似于专家解决实际问题的推理机制（组成推理系统）的智能计算机程序系统。该系统能对输入信息进行处理，并运用存储的知识进行逻辑推理，最终给出决策和判断。专家咨询系统是基于专门知识的人工智能的重要应用。不过专家系统的成功并不代表人工智能的全面成功。开发专家系统的关键问题是知识表示、应用和获取技术，困难在于许多领域中专家的知识往往是琐碎的、不精确的或不确定的，因此目前研究仍集中在这一核心课题。

在专家系统广泛应用的基础上，专家系统开发工具的研制发展也很迅速，只要输入某领域专家知识后，就会自动生成该领域的专家系统。这对扩大专家系统应用范围、加快专家系统的开发过程，起到了积极的作用。近年来还出现了新型的专家系统，其在功能和结构上都有很大提高，处理问题的能力和范围也日益强大。

（四）定理证明（Theorem Proving）

定理证明也是较早出现的人工智能的研究领域之一，被认为是计算机对人类高级思维活动进行研究的第一个重大成果，是人工智能的开端。

在上述成果的影响下，科学家们不断地进行探索，并取得了不错的成果。机器定理证明的方法主要有自然演绎法、判定法、定理证明器、计算机辅助证明等。定理证明时不仅需要具备基于假设进行逻辑推理的能力，还需要具备一些直觉技巧。例如，数学家在求证一个定理时，会熟练地运用丰富的专业知识，猜测应当先证明哪一个定理，精确判断出已有的哪些定理将起作用，并把主问题分解为若干子问题，分别独立进行求解。

在人工智能方法的发展中，定理证明的研究确实起到了关键性作用，例如，使用同逻辑语言，其演绎过程的形式体系研究，帮助人们更清楚地理解推理过程的各个组成部分。此外，许多其他领域如医疗诊断、信息检索等也应用了定理证明的研究成果。可见，机器定理证明的研究具有普遍意义。

（五）博弈（Game Playing）

博弈可泛指单方、双方或多方依靠“智力”获取成功或击败对手获胜等活动过程。它广泛存在于自然界、人类社会的各种活动中，在人工智能中主要是研究下棋程序。20世纪60年代，人们设计了多个能够达到大师水平的西洋跳棋及国际象棋程序。进入20世纪90年代，IBM公司研究开发了被称为“深蓝”的国际象棋系统，并为此开发了专用的芯片，以提高计算机的搜索速度。这其中，人工智能技术都是核心技术。计算机博弈为人工智能提供了重要的理论研究和实验场所，同时博弈问题也为搜索策略、机器学习等方向提供了很好的具体应用背景，许多博弈论中提出的概念与方法反过来对人工智能也具有重要参考与借鉴价值。

（六）机器人学（Robotics）

智能机器人是人工智能的一个重要而又活跃的研究领域。20世纪60年代，机器人随着工业自动化和计算机技术飞速发展，开始大量生产并走向实际应用。几乎所有的人工智能技术在机器人开发中得到应用，机器人实际上成了人工智能理论、方法、技术的试验场地，同时机器人学的相关研究也反过来推动了人工智能的发展。

对于机器人动作规划生成和规划监督执行等问题的研究推动了规划方法的发展。此外，智能机器除机械手和步行机构外，还要研究机器视觉、触觉、听觉等传感技术及语言和智能控制软件等。机器人学实际上成了一个涉及精密机械、信息传感技术、人工智能方法、智能控制以及生物工程等多种学科的综合性技术。机器人研究对于各学科的相互交叉融合具有较大的促进作用，并且对人工智能技术的发展具有较大的促进作用。

（七）自动程序设计（Automatic Programming）

自动程序设计的目标是设计一个接受关于所设计的程序要求，实现某个目标非常高级的描述作为其输入的程序系统，然后自动生成一个能完成这个目标的具体程序。

编译程序就可以接受一段有关于某件事情的源码说明（源程序），然后转换成一个目标码程序（目的程序）去完成这件事情。因此，从某种意义上说，编译程序实际做的就是“自动程序设计”的工作。

自动程序设计通过对高级描述进行处理，以及规划过程，生成所需的程序，实际上可以认为它是一种“超级编译程序”。自动程序设计涉及许多定理证明和机器人学的相关问题，同时需要用人工智能方法来实现。自动程序设计属于软件工程和人工智能的交叉研究方向。

程序综合是指自动编制出获得某种指定结果的程序。程序验证则是论证一份给定的程序来获得某种指定结果，二者密切相关。许多自动程序设计系统给出程序的同时还能提供一份程序验证。

自动程序设计研究的一个重大贡献是把程序调试的概念作为问题求解的策略来使用。实践已经发现，对程序设计或机器人控制问题，先产生一个代价不太高的有错误的解，然后再进行修改的做法，通常要比坚持要求第一次得到的解就完全没有缺陷的做法效率高得多。

（八）组合调度问题（Combinatorial and Scheduling Problems）

最优调度问题与最佳组合问题等在实际中经常会遇到，如旅行商问题即一种最优调度问题，旅行商问题的目标是找到一条旅行的最短路径，实现从某一个城市出发经过所有城市且每个城市只访问一次，最后回到开始的城市。对该问题进行一般化处理：对由几个节点组成的一个图的各条边，寻找一条对每一个节点遍历一次的最短路径。

随着求解问题规模的增大，在大多数这类问题中求解过程面临着组合爆炸问题，即NP-完全问题。通过估计理论上计算这些问题最优解所需要的求解时间（或步数）的最严重情况，可以对同问题的困难程度进行排序。随着问题中的某种变量（如旅行商问题中，城市数目就是问题大小的一种变量）的增长，问题的困难程度可能随其线性、多项式或指数等方式增长。为了让算法时间随问题大小（参数）的变化曲线尽可能地缓慢，即不要很快出现组合爆炸的问题，研究人员对多个最优组合问题的求解方法进行过深入研究后，发现引入问题的领域知识是求解此类问题的有效方法。

（九）感知问题（Perception Problems）

视觉和听觉都是感知问题，都涉及要对复杂的输入数据进行处理。人工智能研究中，为计算机系统安装摄像机和话筒以便“看见”和“听见”。实验表明，具有“理解”能力的方法才能实现对信息的最有效处理，而掌握大量有关感受到的事物的基础知识则是理解的前提。

人工智能研究中对事物的感知过程本质上是一系列操作过程。其主要是建立一个简单的表示来取代极其庞大的、未经加工而难以处理的各种输入数据，这种表示的性质和质量则由感知系统的目标确定。尽管不同的感知系统将有不同的目标，但把来自输入、多得惊人的感知数据压缩为一种容易处理和有意义的描述，则是所有系统的共同目标。

视觉感知系统感知一幅景物主要面临需要描述目标的数量过多这一困难，一种简单策略是对不同层次的假设目标进行预先描述，然后在图像中检测这些假设的目标是否存在，这一方法中假设目标的建立描述还需要许多感知对象的先验知识。这种假设验证策略是解决视觉感知问题的一种有效方法，并广泛应用于许多视觉感知系统中。感知问题不但涉及信号处理技术，还涉及知识表示和推理模型等一些人工智能技术。

符号主义和联结主义是当前人工智能研究的主要观点。符号主义是传统的人工智能相对于神经网络研究而言的统称。联结主义主要是指从生物、人类神经网络的结构、信息传输、网络设计（学习）的角度分析、模拟智能的形成与发展的研究。从其发展的历史上看，二者相辅相成，从不同角度讨论智能的形成与发展。

目前，人工智能在这方面面临研究“瓶颈”，其主要表现在以下方面：知识获取（知识表示、机器学习）；实现时的规模扩大问题；应用前景（封闭的专家系统——机器学习问题）。

综上所述，可以形象地将人工智能的研究内容理解为：利用计算机模拟人的行为（研究鸟飞行原理）；利用计算机构造智能系统（研究制造飞机）。

三、人工智能与大数据的发展前景

人工智能作为一个整体的研究才刚刚开始，离其预定的目标还很遥远，但人工智能在某些方面将会有大的突破。

自动推理是人工智能最经典的研究分支，其基本理论是人工智能其他分支的共同基础。一直以来，自动推理都是人工智能研究的最热门内容之一，其中知识系统的动态演化特征及可行性推理的研究是最新的热点，很有可能取得大的突破。

机器学习的研究取得长足的发展。许多新的学习方法相继问世并获得了成功的应用，如增强学习（Reinforcement Learning）算法等。也应看到，现有的方法在处理在线学习方面不够有效，因此寻求一种新的方法以解决移动机器人、自主Agent、智能信息存取等研究中的在线学习问题是研究人员共同关心的问题，相信不久会在这些方面取得突破。

自然语言处理是人工智能技术应用于实际领域的典型范例，经过人工智能研究人员的艰苦努力，这一领域已获得了大量令人瞩目的理论与应用成果。许多产品已经进入了众多领域。智能信息检索技术在Internet技术的影响下，近年来迅猛发展，已经成为人工智能的一个独立研究分支。由于信息获取与精化技术已成为当代计算机科学与技术研究中迫切需要研究的课题，将人工智能技术应用于这一领域的研究是人工智能走向应用的契机与突破口。从近年的人工智能发展来看，这方面的研究已取得了可喜的进展。

人工智能一直处于计算机技术的前沿，其研究的理论和发现在很大程度上将决定计算机技术的发展方向。如今，已经有很多人工智能的研究成果进入人们的日常生活。未来，人工智能技术的发展将会给人们的生活、工作和教育等带来更大影响。

第三节 智能机器人

一、常见机器人

（一）智能机器人定义

1.机器人

联合国标准化组织采纳了美国机器人协会制定的机器人定义：“一种可编程和多功能的操作机；或是为了执行不同的任务而具有可用电脑改变和可编程动作的专门系统。”

机器人是可编程机器，其通常能够自主或半自主地执行一系列动作。

构成机器人有三个重要因素：①机器人通过传感器和执行器与物理世界进行交互。②机器人是可编程的。③机器人通常是自主或半自主的。

通常机器人是自主的，但也有一些机器人是完全由操作人员控制的。远程机器人仍然被归类为机器人的一个分支。这是机器人定义不是很清楚的一个例子，让专家们很难定义“机器人”的构成。有人说机器人必须能够“思考”并作出决定。但是，“机器人思维”没有标准的定义，要求机器人“思考”只是表明它具有一定程度的人工智能。

2.人工智能机器人

人工智能机器人是使用人工智能技术扩展功能后的机器人，比如用户想添加一个相机到机器人，机器人视觉属于“感知”类别，通常需要AI算法。

例如，用户需要机器人来检测它正在拾取的对象，并将其放置在不同的位置，具体取决于对象的类型，这将涉及训练一个专门的视觉程序来识别不同类型的对象。

利用视觉自主抓取算法的机器人，基于机器学习方法为目标物体抓取检测、机械臂与机械手的运动规划。并为其运动策略执行提供智能化的解决方案，使机器人可自适应于一系列不同物体的自主抓取。

（二）智能机器人的组成

智能机器人由执行机构、驱动系统、传感系统、控制系统四部分组成。

1.执行机构

执行机构是直接面向工作对象的机械装置，相当于人体的手和脚。根据不同的工作，适用的执行机构也各不相同。例如，常用的室内移动机器人一般采用直流电机作为移动执行机构，而机械臂一般采用位置或力矩控制需要使用伺服作为执行机构。

2.驱动系统

驱动系统负责驱动执行机构，将控制系统下达的命令转换成执行机构需要的信号，相当于人体的肌肉和筋络。不同的执行机构所使用的驱动系统也不相同，如直流电机采用较为简单的PWM驱动板，而伺服则需要专业的伺服驱动器，工业上也常用气压、液压驱动执行机构。

3.传感系统

传感系统主要完成信号的输入和反馈，包括内部传感系统和外部传感系统，相当于人体的感官和神经。内部传感系统包括常用的里程计、陀螺仪等，可以通过自身信号反锁检测位状态；外部传感系统包括摄像头、红外、声呐等，可以检测机器人所处的外部环境信息。

4.控制系统

控制系统实现任务及信息的处理，输出控制命令信号，相当于人体的大脑。机器人的控制是指由控制主体、控制客体和控制媒体组成的管理系统。控制系统意味着通过它可以按照所希望的方式保持和改变机器、机构或其他设备内任何感兴趣或可变化的量。控制系统同时是为了使被控制对象达到预定的理想状态而实施的。

（三）智能机器人分类

一般将机器人分为三大类，即工业机器人、服务机器人和特种机器人。所谓工业机器人就是面向工业领域的多关节机械手或多自由度机器人。服务机器人是机器人家族中的一个年轻成员，可以分为专业领域服务机器人和个人/家庭服务机器人，服务机器人的应用范围很广，主要从事维护保养、修理、运输、清洗、保安、救援、监护等工作。而特种机器人则是用于非制造业特殊用途的各种先进机器人，包括水下机器人、娱乐机器人、军用机器人、农业机器人、机器人化机器等。在特种机器人中，有些分支发展很快，有独立成体系的趋势，如水下机器人、军用机器人、微操作机器人等。国际上的机器人学者，从应用环境出发将机器人也分为两类：制造环境下的工业机器人和非制造环境下的服务与仿人型机器人。

1.工业机器人

工业机器人是集机械、电子、控制、计算机、传感器、人工智能等多学科先进技术于一体的现代制造业重要的自动化装备。

（1）关节机器人

关节机器人也称关节手臂机器人或关节机械手臂，是当今工业领域中最常见的工业机器人的形态之一。适合用于诸多工业领域的机械自动化作业，比如，自动装配、喷漆、搬运、焊接等工业领域。机器人前三个关节决定机器人的空间位置，后三个关节决定其姿态，多以旋转关节形式构成。

（2）直角坐标机器人

直角坐标机器人也称桁架机器人或龙门式机器人。它能够实现自动控制、可重复编程、多自由度、运动自由度建成空间直角关系、多用途的操作机。其工作的行为方式主要是沿着X、Y、Z轴完成线性运动。特点：简单、控制方便，但占地空间大。

（3）平面SCARA机器人

SCARA机器人有三个旋转关节，其轴线相互平行在平面内进行定位和定向。另一个关节是移动关节，用于完成末端件在垂直于平面的运动。特点：平面内运动、结构简单、性能优良、运算简单，适于精度较高的装配操作。

2.服务机器人

服务机器人主要从事教育、陪护、清扫、安保等工作。

3.特种机器人

包括军用机器人、水下机器人、农业机器人等。

（四）智能机器人的未来发展

1.语言交流功能越来越完美

智能机器人既然已经被赋予“人”的特殊称谓，那当然需要有比较完美的语言功能，这样就能与人类进行简单甚至完美的语言交流，所以机器人语言功能的完善是一个非常重要的环节。主要是依赖于内部存储器预先储存大量的语音语句和文字词汇语句。语言的能力取决于数据库内储存语句量的大小，以及储存的语言范围。对于未来智能机器人的语言交流功能会越来越完美化，这是一个必然性趋势，在人类的完美设计程序下，它们能轻松地掌握多个国家的语言，远高于人类的学习能力。

另外，智能机器人还能进行自我语言词汇重组能力，当人类与之交流时，若遇到语言包程序中没有的语句或词汇时，可以自动地用相关或相近意思的词组，按句子的结构重组成一句新句子来回答。这也相当于人类的学习能力和逻辑能力。

2.各种动作的完美化

智能机器人的动作是相对于模仿人类动作来说的，我们知道人类能做的动作是极致多样化的，如招手、握手、走、跑、跳等各种动作，都是人类的惯用动作。不过现代智能机器人虽也能模仿人的部分动作，但相对有点僵化的感觉，或者动作比较缓慢。未来智能机器人将以更灵活的类似人类的关节和仿真人造肌肉，使其动作更像人类，模仿人的所有动作，甚至做得更有形将成为可能。还有可能做出一些普通人很难做出的动作，如平地翻跟斗、倒立等。

3.外形越来越酷似人类

科学家研制越来越高级的智能机器人主要以人类自身形体为参照对象。有一个很仿真的人形外表是首要前提，在这一方面日本应该是相对领先的，我国也是非常优秀的。对于未来机器人，仿真程度很有可能达到即使你近在咫尺细看它的外在，你也只会把它当成人类，很难分辨是机器人。

4.复原功能越来越强大

凡是人类都会有生老病死，而对于机器人来说，虽无此生物的常规死亡现象，但也有一系列故障发生时刻，如内部原件故障、线路故障、机械故障、干扰性故障等。这些故障也相当于人类的病理现象。未来智能机器人将具备越来越强大的自行复原功能，对于自身内部零件等运行情况，机器人会随时自行检索一切状况，并做到及时排除。检索功能就像我们人类感觉身体哪里不舒服一样，是智能意识的表现。

5.体内能量储存越来越大

智能机器人的一切活动都需要体内持续的能量支持，就像人类需要吃饭是同一道理，不吃会没力气、会饿死。机器人动力源多数使用电能，供应电能就需要大容量的蓄电池，机器人的电能消耗是较大的。未来很可能制造出一种超级能量储存器，也是充电的，但有别于蓄电池在多次充电放电后，蓄电能力会逐步下降的缺点，能量储存器基本可永久保持储能效率，且充电快速而高效，单位体积储存能量相当于传统大容量蓄电池的百倍以上，也许这将成为智能机器人的理想动力供应源。

6.逻辑分析能力越来越强

人类的大部分行为能力需要借助于逻辑分析，例如思考问题需要非常明确的逻辑推理分析能力，而相对平常化的走路、说话之类看似不需要多想的事，其实也是种简单逻辑，因为走路需要的是平衡性，大脑会根据路况不断地分析并判断该怎么走才不至于摔倒，而机器人走路则是要通过复杂的计算来进行。对于智能机器人为了完美化模仿人类，科学家未来会不断地赋予它许多逻辑分析程序功能，这也相当于智能的表现。如将相应的词汇重组成新的句子是逻辑能力的完美表现形式，还有若自身能量不足，也可以自行充电，而不需要主人帮助，这是一种意识表现。总之逻辑分析有助于机器人自主完成许多工作，在不需要人类帮助的同时，还可以尽量地帮助人类完成一些任务，甚至是比较复杂化的任务。

二、智能机器人操作系统

（一）常见的机器人操作系统

我们回顾操作系统的发展历史发现，操作系统已经发展了近半个世纪，其覆盖的范围包括：个人电脑端操作系统、工业应用操作系统以及移动端操作系统。其中，个人电脑端操作系统包括我们熟知和常用的微软Windows操作系统、苹果Mac操作系统以及Linux开源操作系统。

现代所有操作系统的鼻祖可追溯到美国AT&T公司和贝尔实验室等共同开发的MULTICS（多路信息计算系统）。自那开始，整个操作系统的演化可分成以下三个阶段。

第一个阶段，Unix初始系统诞生：此时的操作系统主要面向专业人士，无可视化界面，非专业人士不可用。

第二个阶段，可视化操作系统演进：以苹果Mac、微软Windows为代表的可视化操作系统诞生，降低了使用者门槛。

第三个阶段，开源Linux诞生与演进：全世界软件人员合力开发的免费开源操作系统诞生并有了长足发展。

机器人操作系统是为机器人标准化设计而构造的软件平台，它使得每一位机器人设计师都可以使用同样的平台来进行机器人软件开发。标准的机器人操作系统包括硬件抽象、底层设备控制、常用功能实现、进程间消息以及数据包管理等功能。

如今主流机器人操作系统有以下几种，且都是依托于Linux内核构建起来的。

1.ROS

ROS是专门为机器人设计的一套开源操作系统，21世纪初斯坦福大学人工智能实验室与机器人技术公司Willow Garage针对其个人机器人项目（Personal Robots Program）开发了ROS的雏形。经过这几年的发展，ROS从最初无人问津的小众操作系统，发展到现在已是主流的机器人操作系统之一。

2.Ubuntu

Ubuntu由全球化的专业开发团队Canonical Ltd打造，基于Debian GNU/Linux开发，同时也支持x86、amd64/x64和ppc架构。Ubuntu的初衷是作为Debian的一个测试平台，向Debian提供通过测试的稳定软件，并且希望Ubuntu中的软件可以很好地与Debian兼容。由于它的易用性，而且获得众多社区的支持，Ubuntu发展成了一款不错且流行的Linux发行版本。

Ubuntu拥有庞大的社区群支持它的开发，用户可以及时获得技术支持，软件更新快，系统运行稳定。Ubuntu所有系统相关的任务均需使用Sudo指令是它的一大特色，这种方式比传统的以系统管理员账号进行管理工作的方式更为安全，这也是Linux、Unix系统的基本思维之一。

3.Android

Android系统平常在手机上见得多，其实在机器人领域它也是主流的操作系统，软银的Pepper机器人使用的便是Android系统。由于Android在应用程序的审核上相对宽松，因此目前来说使用Android系统开发智能机器人的企业要占绝大多数。

（二）ROS操作系统概述

ROS充当的是通信中间件的角色，即在已有操作系统的基础上搭建了一整套针对机器人系统的实现框架。ROS还提供一组实用工具和软件库，用于维护、构建、编写和执行多个计算平台的软件代码。

ROS的设计者考虑到各开发者使用的开发语言不同，因此ROS的开发语言独立，支持C++、Python等多种开发语言。ROS的系统结构设计也颇有特色，ROS运行时由多个松耦合的进程组成，每个进程ROS称之为节点（Node），所有节点可以运行在一个处理器上，也可以分布式运行在多个处理器上。在实际使用时，这种松耦合的结构设计可以让开发者根据机器人所需功能灵活添加各个功能模块。

1.ROS的发展目标

ROS的首要设计目标是在机器人研发领域提高代码复用率。ROS是一种分布式处理框架（又名Nodes）。这使可执行文件能被单独设计，并且在运行时松散耦合。这些过程可以封装到数据包（Packages）和堆栈（Stacks）中，以便于共享和分发。ROS还支持代码库的联合系统，使得协作亦能被分发。这种从文件系统级别到社区一级的设计让独立地决定发展和实施工作成为可能。上述所有功能都能由ROS的基础工具实现。

2.ROS的特点

（1）点对点设计

ROS 的系统包括一系列进程，这些进程存在于多个不同的主机并且在运行过程中通过端对端的拓扑结构进行联系。虽然基于中心服务器的那些软件框架也可以实现多进程和多主机的优势，但是在这些框架中当各电脑通过不同的网络进行连接时，中心数据服务器就会发生问题。ROS 的点对点设计以及服务和节点管理器等机制可以分散由计算机视觉和语音识别等功能带来的实时计算压力，能够适应多机器人遇到的挑战。

（2）多语言支持

ROS现在支持许多种不同的语言，例如C++、Python、Octave和LISP，也包含其他语言的多种接口实现。

（3）精简与集成

ROS建立的系统具有模块化的特点，各模块中的代码可以单独编译，而且编译使用的CMake工具使它很容易就能实现精简的理念。ROS基本将复杂的代码封装在库里，只创建了一些小的应用程序为ROS显示库的功能，就允许对简单的代码超越原型进行移植和重新使用。

3.ROS的核心模块

ROS的核心模块包括通信结构基础、机器人特性功能以及工具集。通信结构基础包括消息传递、记录和回放消息、远程过程调用、分布式参数系统。机器人特性功能包括标准机器人消息、机器人几何库、机器人描述语言、抢占式远程过程调用、诊断、位姿估计、定位与导航。工具集包括命令行工具、可视化工具以及图形化接口。

（三）智能机器人操作系统的未来

1.机器人操作系统领域的发展状况

日本很早就在国家战略层面提出了机器人操作系统的事情，在日本的先进技术部门引导下，他们也形成了Open Robot的平台。意大利也是使用YARP的开源系统来提供全新的开发环境。美国的投入更大，包括鼎鼎大名的微软开发平台ROBOTIES、Player Stage以及最知名的ROS系统。ROS是从斯坦福大学实验室走出去的机器人操作系统。

ROS采用了BSD开发架构，开发任何一个部件都可以商业化，除了微软是不开源，其他开源平台的License都是这样的，这就阻碍了作为商业平台发展的趋势。

MIT曾经对机器人操作系统进行评价：30年前，DOS引爆个人电脑，在30年之后，机器人操作系统的出现会对机器人技术有很大的推进，正如DOS在30年前所做的事情一样，使得能够用很简短的代码实现机器人的功能。目前，ROS是大家评价的在机器人领域的事实标准。

2.操作系统的进步推动机器人向智能化迈进

ROS于2007年发布第一个版本，经过几十年发展，业界对于机器人操作系统的需求也发生了很多变迁。结合目前的发展趋势，未来机器人操作系统发展会着重于如下的一些方向。

第一，消息传递机制更关注于效率与安全。基于机器人产品的特性，分布式的模块化设计与信息传递将是设计的重点。而对于机器人产品化的过程中，消息的传递将首先以安全为重。

第二，跨平台。机器人系统并不会独立存在，往往会依托于已有生产、服务系统，做智慧化或功能化的扩展。如此一来，就要求机器人系统尽可能多地支持既有系统。

第三，支持物联网设备和小型系统。未来的机器人势必和其他产品或设备协同工作，来达到更高级别的智能性。同时，在机器人普及的趋势下，机器人与机器人之间的协作、沟通也变得更迫切。因此未来的操作机器人操作系统需要具备更好的连接性、更小的模块设计，符合协同工作、万物互联的大趋势。

第四，支持可扩展的智能化需求。不论是业界还是普通人的直觉理解，都会把智能化作为机器人发展很重要的一个标识。因此未来的机器人操作系统，对于人工智能的兼容程度也相当重要，提供必要的运行时支持与相对标准的神经网络的接口抽象，并尽可能多地将给予人工智能的高速算法融入机器人操作系统的核心领域。

（四）应用案例

1.智能机器人法律场景应用

法律服务机器人在软件方面包含法律人工智能平台、智能法律服务管理平台及各类型软件端、移动端平台。法律人工智能平台包含自然语义处理、法律知识图谱、数据采集系统、神经网络、机器学习算法，主要实现人与计算机之间用自然语言进行有效通信的各种理论和方法，并通过法律知识图谱、数据采集系统、神经网络、机器学习算法及人工干预的形式不断地收集、丰富、完善法律领域的语料，从而实现真正的法律人工智能。智能法律服务管理平台将公共法律服务中心的大部分业务通过与已有各类政务平台的逐步对接、整合，实现在线预约、办理。

2.智能机器人场馆导览应用

在博物馆和展览馆里，机器人也是不可或缺的一员。它可以独立完成展位引导、智能解说、规范提示、安全检查等工作，全面提升观展体验。

3.智能机器人酒店行业应用

在星级酒店里，机器人是一名出色的大堂经理和会议接待人员。它可以帮助顾客完成扫码登记，利用人脸识别技术记忆客人信息，为客人提供咨询、向导、介绍等服务。

在未来，机器人会变得更加普及，它们可以做运送包裹和办公室清洁等工作。移动芯片制造商已经在尝试将20世纪的大型超级计算机的力量压缩到一枚芯片上，而这将极大地提升机器人的计算能力。

通过云数据连接的机器人将能够共享数据以加速学习。如微软的Kinectwill，这样低成本的 3D传感器将加速人工智能感知技术的发展，而语音理解的进步将增强机器人与人类的互动。

但是，可靠性硬件的成本和复杂性，以及在现实世界中实现感知算法的困难度，意味着这类多功能的智能机器人走进我们生活还有一段距离。机器人目前很有可能只会在有限的商业应用中得到出场机会，以备于发展其未来更多的用途。

第二章　人工智能理论与应用

第一节　人工智能概述

一、人工智能的概念

人工智能的概念第一次被提出是在20世纪50年代，距现在已有70余年的时间。然而直到近几年，人工智能才迎来爆发式的增长。究其原因，主要在于日趋成熟的物联网、大数据、云计算等技术，这些技术的有机结合，驱动着人工智能技术不断发展，并使之取得了实质性的进展。

目前，如何对人工智能进行精确定义，业界还没有达成共识。人工智能的从业者、研究人员和开发者，大多是按照自己朦胧的方向感以及努力跟上发展形势的紧迫感在该领域探索。“人工智能”的提出者为麦卡锡。1956年，麦卡锡、明斯基、罗彻斯特和香农共同发起和组织召开了达特茅斯（Dartmouth）夏季专题讨论会，研究用机器模拟人类智能。在讨论会上，麦卡锡提议用人工智能作为这一交叉学科的名称，定义为制造智能机器的科学与工程，标志着人工智能学科的诞生。半个多世纪来，人们从不同的角度、不同的层面给出对人工智能的定义。

（一）类人行为方法

1950年，图灵提出图灵测试，并将“计算”定义为：应用形式规则，对未加解释的符号进行操作。将一个人与一台机器置于同一房间，而与另外一个人分隔开来，并把后一个人称为询问者。询问者仅根据收到的答案辨别出哪个是计算机，哪个是人。如果询问者不能区别出机器和人，那么根据图灵的理论，就可以认为这个机器是智能的。

图灵测试具有直观上的吸引力，成为许多现代人工智能系统评价的基础。如果一个系统已经在某个专业领域实现了智能，那么可以通过把它对一系列给定问题的反应与人类专家的反应相比较，来对其进行评估。

（二）类人思维方法

1978年，贝尔曼提出人工智能是那些与人的思维、决策、问题求解和学习等有关活动的自动化，其主要采用的是认知模型的方法——关于人类思维工作原理可检测的理论。1990年，纽厄尔把来自人工智能的计算机模型与来自心理学的实验技术相结合，创立一种精确而且可检验的人类思维方式理论SOAR（State Operator and Result，状态、算子和结果），希望该理论能实现各种弱方法。SOAR意味着实现弱方法的基本原理是不断地用算子作用于状态，以得到新的结果。

（三）理性思维方法

1985年，查尼艾克和麦克德莫特提出人工智能是用计算模型研究智力能力。这是一种理性思维方法。一个系统如果能够在它所知范围内正确行事，它就是理性的。古希腊哲学家亚里士多德是首先试图严格定义“正确思维”的人之一，他将其定义为不能辩驳的推理过程。他的三段论方法给出了一种推理模式，当已知前提正确时总能产生正确的结论。例如，专家系统是推理系统，所有推理系统都是智能系统，所以专家系统是智能系统。

（四）理性行为方法

尼尔森认为人工智能关心的是人工制品中的智能行为。这种人工制品主要指能够动作的智能体。行为上的理性指的是已知某些信念，执行某些动作以达到某个目标。智能体看作进行感知和执行动作的某个系统。在这种方法中，可以认为人工智能就是研究和建造理性智能体。

综上所述，我们可以大致得出以下结论：人工智能是研究开发能够模拟、延伸和扩展人类智能的理论、方法、技术及应用系统的一门新的技术科学，研究目的是促使智能机器会听（语音识别、机器翻译等）、会看（图像识别、文字识别等）、会说（语音合成、人机对话等）、会思考（人机对弈、定理证明等）、会学习（机器学习、知识表示等）、会行动（机器人、自动驾驶汽车等）。

具体地讲，人工智能通过五类基本技术来实现：信息的感知与获取技术，即从外界获得有用的信息，主要包括传感、测量、信息检索等技术，它们是人类感觉器官功能的扩展；信息的传输与存储技术，即交换信息与共享信息，主要包括通信和存储等技术，它们是人类神经系统功能的扩展；信息的处理与认知技术，即把信息提炼为知识，主要包括计算技术和智能技术，它们是人类思维器官认知功能的扩展；信息综合与再生技术，即把知识转变为解决问题的策略，主要包括智能决策技术，它们是人类思维器官决策功能的扩展；信息转换与执行技术，即把智能策略转换为解决问题的智能行为，主要包括控制技术，它们是人类效应器官（行动器官）功能的扩展。

二、人工智能的主要功能

（一）机器感知

感知是感觉与知觉的统称，是客观事物通过感官在人脑中的直接反映。机器感知是研究如何用机器或计算机模拟、延伸和扩展人的感知或认知能力，包括机器视觉、机器听觉、机器触觉等。机器感知是通过多传感器采集，并经复杂程序处理的大规模信息处理系统。

（二）机器思维

大脑的思维活动是人类智能的源泉，没有思维就没有人类的智能。机器感知主要是通过机器思维实现的，机器思维是指将感知得来的机器内部、外部各种工作信息进行有目的的处理。

（三）机器学习

学习是有特定目标的知识获取过程，也是人类智能的主要标志和获得知识的基本手段，学习表现为新知识结构的不断建立和修改。机器学习是计算机自动获取新的事实及新的推理算法等，是计算机具有智能的根本途径。

（四）机器行为

行为是生物适应环境变化的一种主要手段。机器行为研究如何用机器去模拟、延伸、扩展人的智能行为，具体包括自然语言生成、机器人行动规划、机器人协调控制等。

三、人工智能的研究目标

对人工智能的研究目标，目前还没有一个统一的说法。索罗门提出的理论是最为经典的，并被大众认可。他认为，人工智能的研究目标主要包括：对智能行为有效解释的理论分析；解释人类智能；构造智能的人工制品。

要达到索罗门的上述目标，我们必须同时进行智能机制与智能构造技术的研究。即使图灵期待的那一类智能机器，并未提及其思想过程，但真正实现这一智能机器，同样也要依靠对智能机制的研究。所以，揭示人类智能的基本机制，并将模拟、拓展与智能机制相结合，应成为人工智能的一个基本目标，或称其未来。AI的远景目标有很多种，如脑科学、认知科学、计算机科学、系统科学、控制论和微电子技术，要想实现这一目标，就必须经过一段时间才能达到。

基于这一背景，人工智能研究的近期目标是研究如何将现有的电脑变得更加聪明，也就是让计算机可以利用知识来解决问题，并能模拟人的智力行为，比如推理、思考、分析、决策、预测、理解、计划、设计和学习等。要达到这个目的，人们需要研究如何根据当前计算机的特点，构建相应的智能化理论、方法和技术。

四、人工智能的发展阶段

我们将人工智能的发展历程划分为以下六个阶段。

（一）起步发展期

1956年—20世纪60年代初为第一阶段。人工智能概念提出后，相继取得了一批令人瞩目的研究成果，如机器定理证明、跳棋程序等，掀起人工智能发展的第一个高潮。

（二）反思发展期

20世纪60年代—70年代初为第二阶段。人工智能发展初期的突破性进展大大提升了人们对人工智能的期望，人们开始尝试更具挑战性的任务，并提出了一些不切实际的研发目标。然而，接二连三的失败和预期目标的落空，使人工智能的发展进入低谷。

（三）应用发展期

20世纪70年代初—80年代中期为第三阶段。20世纪70年代出现的专家系统模拟人类专家的知识和经验解决特定领域的问题，实现了人工智能从理论研究走向实际应用、从一般推理策略探讨转向运用专门知识的重大突破。专家系统在医疗、化学、地质等领域取得成功，推动了人工智能进入应用发展的新高潮。

（四）低迷发展期

20世纪80年代中期—90年代中期为第四阶段。随着人工智能的应用规模不断扩大，专家系统存在的应用领域狭窄、缺乏常识性知识、知识获取困难、推理方法单一、缺乏分布式功能、难以与现有数据库兼容等问题逐渐暴露出来。

（五）稳步发展期

20世纪90年代中期—2010年为第五阶段。由于网络技术，特别是互联网技术的发展，加速了人工智能的创新研究，促使人工智能技术进一步走向实用化。1997年国际商业机器公司深蓝超级计算机战胜了国际象棋世界冠军卡斯帕罗夫，2008年，IBM提出“智慧地球”的概念。以上都是这一时期的标志性事件。

（六）蓬勃发展期

2011年至今为第六阶段。随着大数据、云计算、互联网、物联网等信息技术的发展，泛在感知数据和图形处理器等计算平台推动以深度神经网络为代表的人工智能技术飞速发展，大幅跨越了科学与应用之间的“技术鸿沟”，诸如图像分类、语音识别、知识问答、人机对弈、无人驾驶等人工智能技术实现了从“不能用、不好用”到“可以用”的技术突破，迎来爆发式增长的新高潮。目前，人工智能发展迅速。例如，2020年12月底，我国人工智能核心产业规模达770亿元，人工智能企业超过2600家，已成为全球独角兽企业主要集中地之一，“场景决定应用、应用决定市场、市场决定企业发展前景”的人工智能投融资逻辑进一步获得各界认可。

第二节　人工智能各学派的认知观与发展方向

一、人工智能各学派的认知观

人工智能的发展，在不同的时间阶段经历了不同的流派，并且相互之间盛衰有别。目前，符号主义、“联结主义”、行为主义是人工智能的主要三个认知观。符号主义，又称为逻辑主义、心理学派或计算机学派，其原理主要为物理符号系统，即符号操作系统，假设和有限合理性原理。“联结主义”，又称仿生学派或生理学派，其主要原理为神经网络及神经网络间的连接机制与学习算法。行为主义，又称进化主义或控制论学派，其原理为控制论及“感知—动作”型控制系统。三者的根源依据存在较大的差异性，也为后世的学派发展产生了较为深远的影响。

（一）符号主义

古希腊人将欧几里得几何归纳、整理为欧几里得公理体系，整个宏伟的理论大厦奠基于几条不言自明的公理，整个大厦完全由逻辑构造出来，美轮美奂，无懈可击。这为整个人类科学发展提供了一套标准的范式。后来，牛顿编撰他的鸿篇巨制《自然哲学的数学原理》也遵循公理体系的范式，由公理到定义，引理到定理，再到推论。人类的现代数学和物理知识最终都被系统化整理成公理体系，比如爱因斯坦的广义相对论也是遵循公理体系的范式。当然也存在例外，虽然量子理论已经为人类科技带来天翻地覆的革命，但是量子理论的公理体系目前还没有建立起来。符号主义的主要思想就是应用逻辑推理法则，从公理出发，推演整个理论体系。

在人工智能中，符号主义的一个代表就是机器定理证明，吴文俊先生创立的“吴文俊方法”是其巅峰之一。目前，基于符号计算的机器定理证明的理论根基是希尔伯特定理。

首先，从哲学层面上讲，希尔伯特希望用公理化方法彻底严密化数学基础。哥德尔证明了对任何一个包含算术系统的公理体系都存在一个命题，其真伪无法在此公理体系中判定。换言之，这一命题的成立与否都与此公理体系相容。这意味着我们无法建立包罗万象的公理体系，无论如何总存在真理游离在有限公理体系之外；同时，也意味着对于真理的探索过程永无止境。

其次，从计算角度而言，格罗布纳基方法和吴方法所要解决的问题的本质复杂度都是超指数级别的，即便对简单的几何命题，其机器证明过程都可能引发存储空间的指数爆炸，这揭示了机器证明的本质难度。吴方法的成功有赖于大多数几何定理所涉及的代数计算问题是有结构的，因而可以快速求解。

再次，能用理想生成的框架证明的数学命题，其本身应该是已经被代数化了。例如，所有欧几里得几何命题，初等的解析几何命题。微分几何中许多问题的代数化，本身就非常具有挑战性。又如，黎曼流形的陈省身—高斯—博内定理：流形的总曲率是拓扑不变量。如果没有嘉当发明的外微分和活动标架法，这一定理的证明无法被代数化。拓扑学中许多命题的代数化本身也是非常困难的，比如众所周知的布劳威尔不动点定理：我们用咖啡勺缓慢均匀搅拌咖啡，然后抽离咖啡勺，待咖啡静止后，必有一个分子其搅拌前和搅拌后的位置重合。这一命题的严格代数化是一个非常困难的问题。吴先生的高足，高小山研究员突破性的微分结式理论，系统地将这种机器证明方法从代数范畴推广到微分范畴。

最后，机器定理证明过程中推导出的大量符号公式，人类无法理解其内在的几何含义，无法建立几何直觉。而几何直觉和审美，实际上是指导数学家在几何天地中开疆拓土的最主要的原则。机器无法抽象出几何直觉，也无法建立审美观念，因此虽然机器定理证明经常对已知的定理给出匪夷所思的新颖证明方法，但是迄今为止，机器并没有自行发现深刻的未知数学定理。例如，人类借助计算机完成了地图四色定理的证明，但是对这一证明的意义一直存在争议。首先，这种暴力证明方法没有提出新的概念、新的方法；其次，这个证明没有将这个问题和其他数学分支发生深刻内在的联系。数学中，命题猜测的证明本身并不重要，真正重要的是证明所引发的概念思想、内在联系和理论体系。因此，许多人认为地图四色定理的证明实际上“验证”了一个事实，而非“证明”了一个定理。目前，机器定理证明的主流逐渐演变成机器验证。

因此，和人类智慧相比，人工智能的符号主义方法依然处于相对幼稚的阶段。

（二）联结主义

联结主义认为人工智能源于仿生学、神经网络，特别是对人脑模型的研究。该主义主张模仿人类的神经元，用神经网络的连接机制实现人工智能。它的代表性成果是1943年由生理学家麦卡洛克和数理逻辑学家皮茨创立的脑模型，即MP模型，开创了用电子装置模仿人脑结构和功能的新途径。它从神经元开始，进而研究神经网络模型和脑模型，开辟了人工智能的又一发展道路。

20世纪60—70年代，“联结主义”，尤其是对以感知机为代表的脑模型的研究出现过热潮，由于受到当时理论模型、生物原型和技术条件的限制，脑模型研究在20世纪70年代后期至80年代初期落入低潮。直到霍普菲尔德教授在1982年和1984年发表两篇重要论文，提出用硬件模拟神经网络以后，“联结主义”才又重新抬头。1986年，鲁梅尔哈特等人提出多层网络中的反向传播（BP）算法。此后，“联结主义”势头大振，从模型到算法，从理论分析到工程实现，为神经网络计算机走向市场打下基础。

（三）行为主义

行为主义人工智能源于控制论。控制论思想早在20世纪40—50年代就成为时代思潮的重要部分，影响了早期的人工智能工作者。维纳和麦克洛克等人提出的控制论和自组织系统以及钱学森等人提出的工程控制论和生物控制论，影响了许多领域。控制论把神经系统的工作原理与信息理论、控制理论、逻辑以及计算机联系起来。早期的研究工作重点是模拟人在控制过程中的智能行为和作用，如对自寻优、自适应、自镇定、自组织和自学习等控制论系统的研究，并进行“控制论动物”的研制。

到20世纪60—70年代，上述这些控制论系统的研究取得一定进展，播下智能控制和智能机器人的种子，并在20世纪80年代诞生了智能控制和智能机器人系统。行为主义是20世纪末才以人工智能新学派的面孔出现的，引起许多人的兴趣。这一学派的代表作者首推布鲁克斯的六足行走机器人，它被看作新一代的“控制论动物”，是一个基于“感知—动作”模式模拟昆虫行为的控制系统。

综上所述，三大主义从不同的侧面研究了人的自然智能，与人脑的思维模型有着对应的关系。符号主义研究抽象思维；“联结主义”研究形象思维；行为主义研究感知思维。研究人工智能的三大学派、三条途径发挥到各个领域，又各有所长。符号主义注重数学可解释性；“联结主义”偏向仿人脑模型；行为主义偏向于应用和模拟。以上三个人工智能学派将长期共存与合作，为人工智能的发展做出贡献。

二、人工智能的发展方向

（一）更新的理论框架

从人工智能的研究目的而言，当前人工智能面临的问题主要表现在以下几个方面。

1.宏观与微观相隔离

即从微观上认知科学等研究智能的层次太高、太抽象，而从宏观上符号主义、联结主义、行为主义研究智能的层次太低，二者相距甚远，无法有机结合。

2.全局与局部相分离

即人类智能是脑系统的整体效应，而符号主义只抓住其抽象思维特性，联结主义只抓住其形象思维特性，行为主义则仅抓住其行为特性和进化过程，这些研究都存在一定的局限性。

3.理论与实际相脱节

即对人脑的宏观工作过程已有所了解，但对人脑的微观工作机制还知之甚少，在这种背景下所提出的智能理论只能是一些人的主观猜想。

这些问题说明，人类要从根本上了解人脑的结构和功能，实现人工智能的研究目标，还需要寻找和建立更新的人工智能框架和理论体系，为人工智能的更快发展打下理论基础。至于未来的新型人工智能理论是什么，现在人们还很难预料。

（二）更好的技术集成研究

人工智能技术应该是各种信息处理技术及相关学科技术的集成。其中，要集成的信息技术除数字技术外还包括计算机网络、远程通信、数据库、计算机图形学、语音与听觉、机器人学、过程控制、并行计算、光计算机和生物信息处理等技术；要集成的学科则包括认知科学、心理学、社会学、语言学、系统学和哲学等。

（三）更成熟的应用方法研究

软件是人工智能的核心技术，许多人工智能应用问题都需要开发很复杂的软件系统。因此，人工智能必须研究出更通用、更有效的开发方法，包括更高级的人工智能通用语言、更有效的人工智能专用语言与开发环境或工具。同时，在应用方面，人工智能还需要寻找与发现问题分类与求解的新方法。就目前来看，比较有前途的几种应用方法研究有：多种方法混合技术、多专家系统技术、机器学习（尤其是神经网络学习）方法、硬件软件一体化技术以及并行分布式处理技术等。

第三节　人工智能的应用领域

一、智能感知

（一）模式识别

模式，是指已经界定好的，用来供模仿的一个标本或标准。模式识别指识别出这个标本或标准。人工智能所研究的模式识别指用“机器”代替人类或帮助人类感知模式，也就是使一个“机器”系统具有模拟人类通过感官接收外界信息、识别和理解周围环境的感知能力。模式识别主要需要建立的是语音识别和图像识别体系。

1.语音识别

语音识别属于人工智能中的感知智能，是人机交互的重要入口，通过语音信号处理和模式识别，将人类语音中的词汇内容转换为计算机可读的输入，例如按键、二进制编码或者字符序列，为后续的认知智能提供基础。

语音识别适用场景众多，且可以与NLP、计算机视觉等人工智能技术进行深度集成，应用于更广泛的场景中。目前，语音识别的主要应用场景可以分为消费级和企业级。

第一，消费级应用场景。由于语音识别赋予各类物联网终端设备语音交互的能力，使用户可以直接通过语音与物联网各类终端设备交互获得服务，因此消费级应用场景主要与物联网应用相关，如智能硬件、智能家居、智能车载等。

第二，企业级应用场景。企业级应用场景是将语音识别应用于金融、医疗、法律、政务等垂直行业，起到部分替代人工的作用，提高员工工作效率和服务质量、降低企业经营成本。以医疗领域的语音电子病历录入为例，语音电子病历录入利用语音识别技术，通过定向和降噪处理后，将识别到的语音转化为文字，同时借助NLP技术对文字内容进行进一步的结构化处理，例如分段、过滤无关无效语音、处理医用名词等，使得医生在少量修改甚至不修改的情况下即可完成电子病历的录入，大幅提高医生的日常工作效率。

2.图像识别

图形刺激作用于感觉器官，人们辨认出它是某一图形的过程，也称图像再认。在图像识别中，既要有当时进入感官的信息，也要有记忆中存储的信息。只有通过存储的信息与当前的信息进行比较的加工过程，才能实现对图像的再认。

目前，图像识别技术一般分为人脸识别与商品识别。人脸识别主要运用在安全检查、身份核验与移动支付中；商品识别主要运用在商品流通过程中，特别是无人货架、智能零售柜等无人零售领域。

（二）自然语言理解

自然语言是指人类语言集团的本族语，如汉语、英语等，它是相对于人造语言而言的，如C语言、JAVA语言等计算机语言。语言是思维的载体，是人际交流的工具，人类历史上以语言文字形式记载和流传的知识占到知识总量的80%以上。就计算机应用而言，有85%左右都是用于语言文字的信息处理。在信息化社会中，语言信息处理的技术水平和每年所处理的信息总量已成为衡量一个国家现代化水平的重要标志之一。

自然语言理解作为语言信息处理技术一个高层次的重要研究方向，一直是人工智能领域的核心课题，也是困难问题之一。一个能理解自然语言信息的计算机系统看起来就像一个人，需要有上下文知识，以及根据这些上下文知识和信息用信息发生器进行推理的过程。理解口头的和书写语言的计算机系统所取得的某些进展，其基础就是有关表示上下文知识结构的某些人工智能思想以及根据这些知识进行推理的某些技术。自然语言理解技术在人工智能领域有广泛的应用，目前较为流行的应用是语音助手，例如，小爱同学、Siri和天猫精灵等。

二、智能推理

（一）专家系统

专家系统是人工智能应用最为成熟的一个领域，与模式识别、智能机器人并列为人工智能技术中最活跃的三个领域。专家系统实质就是一组程序，从功能上可定义为“一个在某领域具有专家水平理解能力的程序系统”，能像领域专家一样工作，运用专家积累的工作经验与专门知识，在很短的时间内对问题得出高水平的解答。

专家系统主要有以下三个特点。

（1）专家系统拥有高专业水平、良好可靠性、灵活和能够处理具有挑战性的决策和问题等重要特征。

（2）它被广泛应用于许多领域，如信息管理、医院和医疗设施、员工绩效评估、制造对象的配置、财务决策知识发布、监督工厂和控制器的运行、股市交易、航空公司时刻表和货运时间表等。

（3）专家系统还可以搜集稀缺的专业知识并有效地使用它，为重复性问题提供一致的答案，同时获得快速准确的答案，并且专家系统可以稳定地工作，而不会情绪化、紧张或疲劳。

一般来说，专家系统 = 知识库 + 推理机，因此专家系统也被称为基于知识的系统。一个专家系统必须具备三要素：领域专家级知识、模拟专家思维、达到专家级的水平。

目前，专家系统广泛应用在医疗诊断、地质勘探、石油化工、教学、军事等领域，产生了巨大的社会效益和经济效益。但它们解决问题的范围常常受到限制：一方面，知识不足；另一方面，解决问题的方法不妥。目前，大部分专家系统都是针对某一特定领域建立的，一旦超出这一特定领域，系统就有可能无法再有效地运行。

（二）自动程序设计

自动程序设计是指：设计一个能自动生成程序的程序系统，这个程序系统只需要根据输入要求生成的程序的实现目标的高级描述，就能自动生成能完成这个目标的程序。

从某种意义上来说，编译程序实际上就是做“自动程序设计”的工作，编译程序接受做某一件工作的源代码（源程序），然后生成目标代码（目标程序）去执行这件工作。这里所说的自动程序设计相当于“超级编译程序”，它不要求给出完整的源代码来详细说明要做的工作，而只需要对要做的工作给出目标性的高级描述就可以生成完成这个工作的程序。

自动程序设计所涉及的基本问题与定理证明和机器人学涉及的问题有关，要求对高级的目标描述通过规划过程生成所需的程序。

三、智能学习

（一）机器学习

学习是人类智能的主要标志和获得知识的基本手段。机器学习（自动获取新的事实及新的推理算法）是使计算机具有智能的根本途径。正如香克所说，一台计算机若不会学习，就不能称其是具有智能的。

学习是一个有特定目的的知识获取过程，其内部表现为新知识结构的不断建立和修改，而外部表现为性能的改善。传统的机器学习倾向于使用符号表示而不是数值表示，使用启发式方法而不是算法。传统机器学习的另一倾向是使用归纳而不是演绎。

一个学习过程本质上是学习系统把导师（或专家）提供的信息转换成能被系统理解并应用的形式。按系统对导师的依赖程度可将学习方法分为：机械式学习、讲授式学习、类比学习、归纳学习、观察发现式学习等。此外，近年来又发展了各种学习方法：基于解释的学习、基于事例的学习、基于概念的学习、基于神经网络的学习、遗传学习等。

（二）神经网络

由于冯·诺依曼体系结构的局限性，数字计算机存在一些尚无法解决的问题。例如，基于逻辑思维的知识处理，在一些比较简单的知识范畴内能建立比较清楚的理论框架，部分地表现出人的某些智能行为，但是在视觉理解、直觉思维、常识与顿悟等问题上显得力不从心。这种做法与人类智能活动有许多重要差别。传统的计算机不具备学习能力，无法快速处理非数值计算的形象思维等问题，也无法求解那些信息不完整、不确定和模糊的问题。人们一直在寻找新的信息处理机制，神经网络计算就是其中之一。

研究结果已经证明，用神经网络处理直觉和形象思维信息具有比传统处理方式好得多的效果。神经网络的发展有着非常广阔的科学背景，是众多学科研究的综合成果。神经生理学家、心理学家与计算机科学家的共同研究得出的结论是：人脑是一个功能特别强大、结构异常复杂的信息处理系统，其基础是神经元及其互联关系。因此，对人脑神经元和人工神经网络的研究，可能创造出新一代人工智能机——神经计算机。

对神经网络的研究始于20世纪40年代初期，经历了一条十分曲折的道路，几起几落，20世纪80年代初以来，对神经网络的研究再次出现高潮。这一时期，出现了硬件实现神经网络和多层网络中的反向传播（BP）算法 。

对神经网络模型、算法、理论分析和硬件实现的大量研究，为神经网络计算机走向应用提供了物质基础。现在，神经网络已在模式识别、图像处理、组合优化、自动控制、信息处理、机器人学和人工智能的其他领域获得日益广泛的应用。人们期望神经计算机将重建人脑的形象，极大地提高信息处理能力，在更多方面取代传统的计算机。

（三）计算智能与进化计算

计算智能涉及神经计算、模糊计算、进化计算等研究领域。在此仅对进化计算加以介绍。

进化计算是指一类以达尔文进化论为依据来设计、控制和优化人工系统的技术和方法的总称，它包括遗传算法、进化策略和进化规划。它们遵循相同的指导思想，但彼此存在一定差别。同时，进化计算的研究关注学科的交叉和广泛的应用背景，因而引入了许多新的方法和特征，彼此之间难于分类，这些统称为进化计算方法。目前，进化计算被广泛运用于许多复杂系统的自适应控制和复杂优化问题等研究领域，如并行计算、机器学习、电路设计、神经网络、基于Agent的仿真、元胞自动机等。

达尔文进化论是一种稳健的搜索和优化机制，对计算机科学，特别是对人工智能的发展产生了很大影响。大多数生物体通过自然选择和有性生殖进行进化。自然选择决定了群体中哪些个体能够生存和繁殖，有性生殖保证了后代基因中的混合和重组。自然选择的原则是适者生存，即物竞天择，优胜劣汰。

自然进化的这些特征早在20世纪60年代就引起了美国霍兰的极大兴趣。在那期间，他和他的学生们从事如何建立机器学习的研究。霍兰注意到学习不仅可以通过单个生物体的适应实现，而且可以通过一个种群的多代进化适应发生。受达尔文进化论思想的影响，他逐渐认识到在机器学习中，为获得一个好的学习算法，仅靠单个策略的建立和改进是不够的，还要依赖于一个包含许多候选策略的群体的繁殖。他还认识到，生物的自然遗传现象与人工自适应系统行为的相似性，因此他提出在研究和设计人工自主系统时可以模仿生物自然遗传的基本方法。20世纪70年代初，霍兰提出了“模式理论”，并于1975年出版了《自然系统与人工系统的自适应》专著，系统地阐述了遗传算法的基本原理，奠定了遗传算法研究的理论基础。德乔恩的论文《一类遗传适应系统的行为分析》，把霍兰的模式理论与自己的实验结合起来，对遗传算法的发展和应用产生很大影响。科扎把遗传算法用于最优计算机程序设计（最优控制策略），创立了遗传编程。

进化规划是由福盖尔等人于20世纪60年代提出的。该方法认为智能行为必须具有预测环境的能力和在一定目标指导下对环境作出合理响应的能力。进化规划采用有限字符集的符号序列表示所模拟的环境，用有限状态机表示智能系统；它不像遗传算法那样注重父代与子代遗传细节上的联系，而是把重点放在父代与子代表现行为的联系上。

进化策略差不多与进化规划同时由德国人雷肯伯格和施韦菲尔提出。他们在进行风洞实验时，随机调整气流中物体的最优外形参数并测试其效果，产生了进化策略的思想。

直到几年前，遗传算法、进化规划、进化策略三个领域的研究才开始交流，并发现它们的共同理论基础是生物进化论。因此，把这三种方法统称为进化计算，而把相应的算法称为进化算法。

四、智能行动

（一）机器人学

人工智能研究日益受到重视的另一个分支是机器人学，其中包括对操作机器人装置程序的研究。这个领域所研究的问题，从机器人手臂的最佳移动到实现机器人目标动作序列的规划方法，无所不包。尽管已经建立了一些比较复杂的机器人系统，但现在工业中运行的成千上万台机器人，都是一些按预先编好的程序执行某些重复作业的简单装置。大多数工业机器人是“盲人”，而某些机器人能够用电视摄像机来“看”，电视摄像机发送一组信息返回计算机。处理视觉信息是人工智能另一个十分活跃和十分困难的研究领域。已经开发的程序能够识别可见景物的实体与阴影，甚至能够辨别出两幅图像之间（如在航空侦察中）的细小差别。

一些并不复杂的动作控制问题，如移动式机器人的机械动作控制问题，表面上看并不需要很多智能，即使是个小孩儿，也能顺利地通过周围环境操作电灯开关、玩具积木和餐具等物品。然而人类几乎下意识就能完成的这些任务，要是由机器人来实现，就要求机器人具备在求解需要较多智能的问题时所用到的能力。

机器人和机器人学的研究促进了许多人工智能思想的发展。它所导致的一些技术可用来模拟世界的状态，用来描述从一种世界状态转变为另一种世界状态的过程。它对怎样产生动作序列的规划以及怎样监督这些规划的执行有了一种较好的理解。复杂的机器人控制问题迫使人们发展一些方法，先在抽象和忽略细节的高层进行规划，然后逐步在细节越来越重要的低层进行规划。

智能机器人的研究和应用体现出广泛的学科交叉，涉及众多课题，如机器人体系结构、机构、控制、智能、视觉、触觉、力觉、听觉、机器人装配、恶劣环境下的机器人以及机器人语言等。机器人已在各种工业、农业、商业、旅游业、空中和海洋以及国防等领域获得越来越普遍的应用。

星际探索机器人能够飞往遥远的不宜人类生存的太空，进行人类难以或无法胜任的星球和宇宙探测。海洋（水下）机器人是海洋考察和开发的重要工具，应用日益广泛，发展速度之快出乎人们意料。机器人外科手术系统已成功地用于脑外科、胸外科和膝关节等手术。机器人不仅参与辅助外科手术，而且能够直接为病人开刀，还将全面参与远程医疗服务。微型机器人是21世纪的尖端技术之一，已经开发出手指大小的微型移动机器人，可进入小型管道进行检查作业。预计在不久之后会生产出毫米级大小的微型机器人和直径为几百微米甚至更小的纳米级医疗机器人，让它们直接进入人体器官，进行各种疾病的诊断和治疗，而不伤害人的健康。微型机器人在精密机械加工、现代光学仪器、超大规模集成电路、现代生物工程、遗传工程、医学和医疗等工程中，将大有用武之地。

在21世纪，人类必须学会与机器人打交道。越来越多的机器人保姆、机器人司机、机器人秘书、机器人节目主持人以及网络机器人、虚拟机器人、人形机器人、军事机器人等将推广应用，成为机器人学新篇章的重要音符和旋律。

（二）智能控制

人工智能的发展促进自动控制向智能控制发展。智能控制是一类不需要（或需要尽可能少的）人的干预就能独立地驱动智能机器实现其目标的自动控制。或者说，智能控制是驱动智能机器自主地实现其目标的过程。许多复杂的系统，难以建立有效的数学模型和用常规控制理论进行定量计算与分析，而必须采用定量数学解析法与基于知识的定性方法的混合控制方式。随着人工智能和计算机技术的发展，已可能把自动控制和人工智能以及系统科学的某些分支结合起来，建立一种适用于复杂系统的控制理论和技术。智能控制正是在这种条件下产生的。它是自动控制的最新发展阶段，也是用计算机模拟人类智能的一个重要研究领域。

1965年，傅京孙首先提出把人工智能的启发式推理规则用于学习控制系统。十多年后，建立实用智能控制系统的技术逐渐成熟。1971年，傅京孙又提出把人工智能与自动控制结合起来的思想；1977年，美国乔治·萨里迪斯也提出把人工智能、控制论和运筹学结合起来的思想；与此同时，1986年，中国蔡自兴再次提出把人工智能、控制论、信息论和运筹学结合起来的思想，按照这些结构理论，现已经研究出一些智能控制的理论和技术，用来构造用于不同领域的智能控制系统。

智能控制是同时具有以知识表示的非数学广义世界模型和数学公式模型表示的混合控制过程，也往往是含有复杂性、不完全性、模糊性或不确定性以及不存在已知算法的非数学过程，并以知识进行推理，以启发来引导求解过程。因此，在研究和设计智能控制系统时，不把注意力放在数学公式的表达、计算和处理方面，而是放在对任务和世界模型的描述、符号和环境的识别以及知识库和推理机的设计开发上，即放在智能机模型上。智能控制的核心在高层控制，即组织级控制，其任务在于对实际环境或过程进行组织，即决策和规划，以实现广义问题求解。已经提出的用以构造智能控制系统的理论和技术有分级递阶控制理论、分级控制器设计的熵方法、智能逐级增高而精度逐级降低原理、专家控制系统、学习控制系统和基于神经网络的控制系统等。

智能控制有很多研究领域，研究课题既具有独立性，又相互关联。目前研究得较多的是以下六个方面：智能机器人规划与控制、智能过程规划、智能过程控制、专家控制系统、语音控制以及智能仪器。

作为当今自动控制最高水平的智能控制，近年来已获迅速发展，应用日益普遍，并已引起高度重视。随着人工智能技术、机器人技术、航天技术、海洋工程、计算机集成制造技术和计算机技术的迅速发展，智能控制必将迎来它的发展新时期，为自动化科学技术的发展谱写新篇章。

（三）人工生命

人工生命的概念是由美国圣菲研究所非线性研究组的兰顿于1987年提出的，旨在用计算机和精密机械等人工媒介生成或构造出能够表现自然生命系统行为特征的仿真系统或模型系统。自然生命系统行为具有自组织、自复制、自修复等特征，以及形成这些特征的混沌动力学、进化和环境适应。

人工生命与生命的形式化基础有关。生物学从问题的顶层开始，把器官、组织、细胞、细胞膜，直到分子逐层剖析以探索生命的奥秘和机理。人工生命则从问题的底层开始，把器官作为简单机构的宏观群体来考察，自底向上进行综合，把简单的由规则支配的对象构成更大的集合，并在交互作用中研究非线性系统的类似生命的全局动力学特性。

人工生命的理论和方法有别于传统人工智能和神经网络的理论和方法。人工生命把将生命现象表现出的自适应机理通过计算机进行仿真，对相关非线性对象进行更真实的动态描述和动态特征研究。

人工生命学科的研究内容包括生命现象的仿生系统、人工建模与仿真、进化动力学、人工生命的计算理论、进化与学习综合系统以及人工生命的应用等。比较典型的人工生命研究有计算机病毒、进化机器人、计算机进程、细胞自动机、自催化网络、人工核苷酸和人工脑等。

（四）机器视觉

机器视觉是一门学科技术，广泛应用于生产制造检测等工业领域，用来保证产品质量、控制生产流程、感知环境等。机器视觉系统是将被摄取目标转换成图像信号，传送给专用的图像处理系统，根据像素分布和亮度、颜色等信息，转变成数字化信号；图像系统对这些信号进行各种运算来抽取目标的特征，进而根据判别的结果来控制现场的设备动作。

机器视觉系统具有高效率、高度自动化的特点，可以实现很高的分辨率精度与速度。计算机视觉通常可分为低层视觉与高层视觉两类。并非人工智能的全部领域都是围绕着知识处理的，计算机低层视觉就是一例。低层视觉主要执行预处理功能，如边缘检测、自动目标检测、纹理分析，通过阴影获得形状、立体造型、曲面色彩等。高层视觉则主要是理解所观察的形象，也只有这时才显示出掌握与所观察的对象相关联的知识的重要性。

机器视觉的前沿研究领域包括实时并行处理、主动式定性视觉、动态和时变视觉、三维景物的建模与识别、实时图像压缩传输和复原、多光谱和彩色图像的处理与解释等。机器视觉已在机器人装配、卫星图像处理、工业过程监控、飞行器跟踪和制导，以及电视实况转播等领域获得极为广泛的应用。

第三章　大数据安全技术

第一节　数据采集安全技术

数据的生命周期一般可以分为生成、变换、传输、存储、使用、归档、销毁七个阶段，根据大数据及应用需求的特点，对上述阶段进行合并与精简，可以将大数据应用过程划分为采集、存储、挖掘、发布四个环节。数据采集环节是指数据的采集与汇聚，安全问题主要是数据汇聚过程中的传输安全问题；数据存储环节是指数据汇聚完毕后大数据的存储，需要保证数据的机密性和可用性，提供隐私保护；数据挖掘是指从海量数据中抽取出有用信息的过程，需要认证挖掘者的身份、严格控制挖掘的操作权限，防止机密信息的泄露；数据发布是指将有用信息输出给应用系统，需要进行安全审计，并保证可以对可能的机密泄露进行数据溯源。本章以大数据的应用过程为主线，针对大数据在各个应用阶段面临的安全风险，阐述大数据安全保障关键技术。

海量大数据的存储需求催生了大规模分布式采集及存储模式。在数据采集过程中，可能存在数据损坏、数据丢失、数据泄露、数据窃取等安全威胁，因此需要使用身份认证、数据加密、完整性保护等安全机制保证采集过程的安全性。

一、传输安全

1.一般来说，数据传输的安全要求有如下几点

（1）机密性：只有预期的目的端才能获得数据。

（2）完整性：信息在传输过程中免遭未经授权的修改，即接收到的信息与发送的信息完全相同。

（3）真实性：数据来源的真实可靠。

（4）防止重放攻击：每个数据分组必须是唯一的，保证攻击者捕获的数据分组

不能重发或者重用。

2.要达到上述安全要求，一般采用的技术手段如下

（1）目的端认证源端的身份，确保数据的真实性。

（2）数据加密以满足数据机密性要求。

（3）密文数据后附加MAC（消息认证码），以达到数据完整性保护的目的。

（4）数据分组中加入时间戳或不可重复的标识来保证数据抵抗重放攻击的能力。

虚拟专用网技术将隧道技术、协议封装技术、密码技术和配置管理技术结合在一起，采用安全通道技术在源端和目的端建立安全的数据通道，通过将待传输的原始数据进行加密和协议封装处理后再嵌套装入另一种协议的数据报文中，像普通数据报文一样在网络中进行传输。经过这样的处理，只有源端和目的端的用户对通道中的嵌套信息能够进行解释和处理，而对于其他用户而言只是无意义的信息。因此，采用VPN技术可以通过在数据节点以及管理节点之间布设VPN的方式，满足安全传输的要求。

目前较为成熟的VPN实用技术均有相应的协议规范和配置管理方法。这些常用配置方法和协议主要包括路由过滤技术、通用路由封装协议、第二层转发协议（L2F，layer 2 forwarding protocol）、第二层隧道协议（L2TP，layer 2 tunneling protocol）、IP安全协议（IPSec，IP security）、SSL协议等。

多年来IPSec协议一直被认为是构建VPN最好的选择，从理论上讲，IPSec协议提供了网络层之上所有协议的安全。然而因为IPSec协议的复杂性，使其很难满足构建VPN要求的灵活性和可扩展性。SSL VPN凭借其简单、灵活、安全的特点，得到了迅速的发展，尤其在大数据环境下的远程接入访问应用方面，SSL VPN具有明显的优势。

二、SSL VPN

SSL VPN采用标准的安全套接层协议，基于X.509证书，支持多种加密算法。可以提供基于应用层的访问控制，具有数据加密、完整性检测和认证机制，而且客户端无须特定软件的安装，更加容易配置和管理等特点，从而降低用户的总成本并增加远程用户的工作效率。

SSL协议是Netscape公司推出的一种安全通信协议。SSL协议建立在可靠的TCP传输协议之上，并且与上层协议无关，各种应用层协议（如HTTP/FTP/TELNET等）能通过SSL协议进行透明传输。

SSL协议提供的安全连接具有以下三个基本特点。

（1）连接是保密的：对于每个连接都有一个唯一的会话密钥，采用对称密码体制（如DES、RC4等）来加密数据。

（2）连接是可靠的：消息的传输采用MAC算法（如MD5、SHA等）进行完整性检验。

（3）对端实体的鉴别采用非对称密码体制（如RSA、DSS等）进行认证。

SSL VPN系统的组成按功能可分为SSL VPN服务器和SSL VPN客户端。SSL VPN服务器是公共网络访问私有局域网的桥梁，它保护了局域网内的拓扑结构信息。SSL VPN客户端是运行在远程计算机上的程序，它为远程计算机通过公共网络访问私有局域网提供一个安全通道，使得远程计算机可以安全地访问私有局域网内的资源。SSL VPN服务器的作用相当于一个网关，它拥有两种IP地址：一种IP地址的网段和私有局域网在同一个网段，并且相应的网卡直接连在局域网上；另一种IP地址是申请合法的互联网地址，并且相应的网卡连接到公共网络上。

在SSL VPN客户端，需要针对其他应用实现SSL VPN客户端程序，这种程序需要在远程计算机上安装和配置。SSL VPN客户端程序的角色相当于一个代理客户端，当应用程序需要访问局域网内的资源时，它就向SSL VPN客户端程序发出请求，SSL VPN客户端程序再与SSL VPN服务器建立安全通道，然后转发应用程序并在局域网内进行通信。

SSL VPN通常有三种工作模式。

（一）Web浏览器模式

远程计算机使用Web浏览器通过SSL VPN服务器来访问企业内部网中的资源。SSL VPN服务器相当于一个数据中转服务器，所有Web浏览器对服务器的访问都经过SSL VPN服务器的认证后转发给服务器，从服务器发往Web浏览器的数据经过SSL VPN服务器加密后送到Web浏览器，从而在Web浏览器和SSL VPN服务器之间，由SSL协议构建了一条安全通道。此模式是SSL VPN的主要优势所在，由于Web浏览器内置了SSL协议。只要在SSL VPN服务器上集中配置安全策略，方便用户的使用。这种模式的缺点是仅能保护Web通信传输安全。

（二）SSL VPN客户端模式

这种模式与Web浏览器模式的差别主要是远程计算机上需要安装一个SSL VPN客

户端程序，远程计算机访问企业内部的应用服务器时，需要经过SSL VPN客户端和SSL VPN服务器之间的保密传输后才能到达。SSL VPN服务器相当于一个代理服务器，SSL VPN客户端相当于一个代理客户端。在SSL VPN客户端和SSL VPN服务器之间，由SSL协议构建了一条安全通道，用来传送应用数据。这种模式的优点是支持所有建立在TCP/IP和UDP/IP上的应用通信传输的安全，Web浏览器也可以在这种模式下正常工作。这种模式的缺点是客户端需要额外的开销。

（三）LAN到LAN模式

这种模式下客户端不需要做任何安装和配置，仅在SSL VPN服务器上安装和配置。当一个网内的计算机要访问远程网络内的应用服务器时，需要经过两个网的SSL VPN服务器之间的保密传输后才能到达。SSL VPN服务器相当于一个网关，在两个SSL VPN服务器之间，由SSL 协议构建了一条安全通道，用来保护在局域网之间传送的数据。此模式对LAN（局域网）与LAN间的通信传输进行安全保护。它的优点就是拥有更多的访问控制方式，缺点是仅能保护应用数据的安全，并且性能较低。

在大数据环境下的数据应用和挖掘，需要以海量数据的采集与汇聚为基础，采用SSL VPN技术可以保证数据在节点之间传输的安全性。以电信运营商的大数据应用为例，运营商的大数据平台一般采用多级架构，处于不同地理位置的节点之间需要传输数据，在任意传输节点之间均可部署SSL VPN，保证端到端的数据安全传输。安全机制的配置意味着额外的开销，引入传输保护机制后，除了数据安全性之外，对数据传输效率的影响主要有两个方面：一是加密与解密对数据速率造成的影响；二是加密与解密对主机性能造成的影响。在实际应用中，选择加解密算法和认证方法时，需要在计算开销和效率之间寻找平衡。

第二节　数据存储安全技术

大数据关键在于数据分析和利用，因此不可避免地增加了数据存储的安全风险。相对于传统的数据，大数据还具有生命周期长，多次访问、频繁使用的特征，大数据环境下，云服务商、数据合作厂商的引入增加了用户隐私数据泄露、企业机密数据泄露、数据被窃取的风险；另外由于大数据具有如此高的价值，大量的黑客就会设法窃取平台中存储的大数据，以谋取利益，大数据的泄露将会对企业和用户造成无法估量的后果，如果数据存储的安全性得不到保证，将会极大地限制大数据的应用与发展。

本节阐述大数据存储安全的几项关键技术，包括隐私保护、数据加密、备份与恢复等。

事实上，在数据应用的整个生命周期都需要考虑隐私泄露问题，从数据应用角度来看，隐私保护是将采集到的数据做变形，以隐藏其真实含义，因此，我们认为将隐私保护技术放在数据存储阶段介绍较为合适。

一、隐私保护

简单地说，隐私就是个人、机构等实体不愿意被外部世界知晓的信息。在具体数据应用中，隐私即为数据所有者不愿意被披露的敏感信息，包括敏感数据以及数据所表征的特性，如用户的手机号、固话号码、公司的经营信息等。但当针对不同的数据以及数据所有者时，隐私的定义也会存在差别。例如，保守的病人会视疾病信息为隐私，而开放的病人却不视之为隐私。一般来说，从隐私所有者的角度而言，隐私可以分为两类。

（1）个人隐私（individual privacy）：任何可以确认特定个人或与可确认的个人相关，但个人不愿被暴露的信息，都叫作个人隐私，如身份证号、就诊记录等。

（2）共同隐私（corporate privacy）：共同隐私不仅包含个人隐私，还包含所有个人共同表现出但不愿被暴露的信息，如公司员工的平均薪资、薪资分布等信息。

隐私保护技术主要保护以下两个方面的内容。如何保证数据应用过程中不泄露隐私、如何更有利于数据的应用。

当前，隐私保护领域的研究工作主要集中于如何设计隐私保护原则和算法更好地达到这两个方面的平衡。隐私保护技术可以分为以下三类。

（一）基于数据变换（distorting）的隐私保护技术

所谓数据变换，简单地讲就是对敏感属性进行转换，使原始数据部分失真，但是同时保持某些数据或数据属性不变的保护方法。数据失真技术通过扰动（perturbation）原始数据来实现隐私保护，它要使扰动后的数据同时满足以下两点。

（1）攻击者不能发现真实的原始数据。也就是说，攻击者通过发布的失真数据不能重构出真实的原始数据。

（2）失真后的数据仍然保持某些性质不变，即利用失真数据得出的某些信息等同于从原始数据上得出的信息，这就保证了基于失真数据某些应用的可行性。

目前，该类技术主要包括随机化（randomization）、数据交换（data swapping）、添加噪声（add noise）等。一般来说，当进行分类器构建和关联规则挖掘，而数据所有者又不希望发布真实数据时，可以预先对原始数据进行扰动后再发布。

（二）基于数据加密的隐私保护技术

采用对称或非对称加密技术在数据挖掘过程中隐藏敏感数据，多用于分布式应用环境中，如分布式数据挖掘、分布式安全查询、几何计算、科学计算等。

分布式应用一般采用两种模式存储数据：垂直划分（vertically partitioned）和水平划分（horizontally partitioned）的数据模式。垂直划分数据是指分布式环境中每个站点只存储部分属性的数据，所有站点存储的数据不重复；水平划分数据是将数据记录存储到分布式环境中的多个站点，所有站点存储的数据不重复。

（三）基于匿名化的隐私保护技术

匿名化是指根据具体情况有条件地发布数据。如不发布数据的某些域值、数据泛化（generalization）等。限制发布即有选择地发布原始数据、不发布或者发布精度较低的敏感数据，以实现隐私保护。数据匿名化一般采用两种基本操作。

（1）抑制：抑制某数据项，即不发布该数据项。

（2）泛化：泛化是对数据进行更概括、抽象的描述。譬如，对整数5的一种泛化形式是[3，6]，因为5在区间[3，6]内。

每种隐私保护技术都存在自己的优缺点，基于数据变换的技术，效率比较高，但却存在一定程度的信息丢失；基于加密的技术则刚好相反，它能保证最终数据的准确性和安全性，但计算开销比较大；而限制发布技术的优点是能保证所发布的数据一定真实，但发布的数据会有一定的信息丢失。在大数据隐私保护方面，需要根据具体的应用场景和业务需求，选择适当的隐私保护技术。

二、数据加密

大数据环境下，数据可以分为两类：静态数据和动态数据。静态数据是指文档、报表、资料等不参与计算的数据；动态数据则是指需要检索或参与计算的数据。

使用SSL VPN可以保证数据传输的安全，但存储系统要先解密数据，然后进行存储，当数据以明文的方式存储在系统中时，面对未被授权入侵者的破坏、修改和重放攻击显得很脆弱，对重要数据的存储加密是必须采用的技术手段。本节将从数据加密算法、密钥管理方案以及安全基础设施三个方面阐述数据加密机制。然而，这种“先加密再存储”的方法只能适用于静态数据，对于需要参与运算的动态数据则无能为力，因为动态数据需要在CPU和内存中以明文形式存在。

（一）静态数据加密机制

1.数据加密算法

数据加密算法有两类：对称加密和非对称加密算法。对称加密算法是它本身的逆反函数，即加密和解密使用同一个密钥。常见的对称加密算法有DES、AES、IDEA、RC4、RRU等。非对称加密算法使用两个不同的密钥，一个公钥和一个私钥。在实际应用中，用户管理私钥的安全，而公钥则需要发布出去，用公钥加密的信息只有私钥才能解密，反之亦然。常见的非对称加密算法有RSA、基于离散对数的ElGamal算法等。

两种加密技术的优缺点对比：对称加密的速度比非对称加密快，而且通信双方在通信前需要建立一个安全信道来交换密钥。而非对称加密无须事先交换密钥就可实现保密通信，且密钥分配协议及密钥管理相对简单，但运算速度较慢。

实际工程中常采取的解决办法是将对称和非对称加密算法结合起来，利用非对称密钥系统进行密钥分配，利用对称密钥加密算法进行数据的加密，尤其是在大数据环境下，加密大量的数据时，这种结合尤其重要。

2.加密范围

在大数据存储系统中，并非所有数据都是敏感的。对那些不敏感的数据进行加密完全是没必要的。尤其是在一些高性能计算环境中，敏感的关键数据通常主要是计算任务的配置文件和计算结果，这些数据相对于敏感程度不那么高，但对于数据量庞大的计算源数据来说，在系统中比重不那么大。因此，可以根据数据敏感性，对数据进行有选择性的加密，仅对敏感数据进行按需加密存储，而免除对不敏感数据的加密，可以减小加密存储对系统性能造成的损失，对维持系统的高性能有着积极的意义。

3.密钥管理方案

密钥管理方案主要包括密钥粒度的选择、密钥管理体系以及密钥分发机制。密钥是数据加密不可或缺的部分，密钥数量的多少与密钥的粒度直接相关。密钥粒度较大时，方便用户管理，但不适合于细粒度的访问控制。密钥粒度小时，可实现细粒度的访问控制，安全性更高，但产生的密钥数量大，难于管理。

适合大数据存储的密钥管理办法主要是分层密钥管理，即“金字塔”式密钥管理体系。这种密钥管理体系就是将密钥以金字塔的方式存放，上层密钥用来加/解密下层密钥，只需将顶层密钥分发给数据节点，其他层密钥均可直接存放于系统中。考虑到安全性，大数据存储系统需要采用中等或细粒度的密钥，因此密钥数量多，而采用分层密钥管理时，数据节点只需保管少数密钥就可对大量密钥加以管理，效率更高。

可以使用基于PKI体系的密钥分发方式对顶层密钥进行分发，用每个数据节点的公钥加密对称密钥，发送给相应的数据节点，数据节点接收到密文的密钥后，使用私钥解密获得密钥明文。

（二）动态数据加密机制

同态加密是基于数学难题的计算复杂性理论的密码学技术。对经过同态加密的数据进行处理得到一个输出，将这一输出进行解密，其结果与用同一方法处理未加密的原始数据得到的输出结果是一样的。记加密操作为E，明文为m，加密得e，即e=E（m），m=E（e）。已知针对明文有操作f，针对E可构造F，使得F（e）=E[f（m）]，这样E就是一个针对f的同态加密算法。

同态加密技术是密码学领域的一个重要课题，目前尚没有真正可用于实际的全同态加密算法，现有的多数同态加密算法要么是只对加法同态（如Paillier算法），要么是只对乘法同态，或者同时对加法和简单的标量乘法同态（如IHC算法和MRS算法）。少数的几种算法同时对加法和乘法同态（如Rivest加密方案），但是由于严重的安全问题，也未能应用于实际。

同态技术使得在加密的数据中进行诸如检索、比较等操作，得出正确的结果，而在整个处理过程中无须对数据进行解密。其意义在于，真正从根本上解决将大数据及其操作的保密问题。

三、备份与恢复

数据存储系统应提供完备的数据备份和恢复机制来保障数据的可用性和完整性。一旦发生数据丢失或破坏，可以利用备份来恢复数据，从而保证在故障发生后数据不丢失。下面介绍几种常见的备份与恢复机制。

（一）异地备份

异地备份是保护数据最安全的方式。在发生如火灾、地震等重大灾难的情况下，当其他保护数据的手段都不起作用时，异地容灾的优势就体现出来了。困扰异地容灾的问题在于速度和成本，这要求拥有足够带宽的网络连接和优秀的数据复制管理软件。一般主要从三个方面实现异地备份。

（1）基于磁盘阵列，通过软件的复制模块，实现磁盘阵列之间的数据复制，这种方式适用于在复制的两端具有相同的磁盘阵列。

（2）基于主机方式，这种方式与磁盘阵列无关。

（3）基于存储管理平台，它与主机和磁盘阵列均无关。

（二）RAID

RAID（独立磁盘冗余阵列）可以减少磁盘部件的损坏；RAID系统使用许多小容量磁盘驱动器来存储大量数据，并且使可靠性和冗余度得到增强；所有RAID系统共同的特点是“热交换”能力，即用户可以取出一个存在缺陷的驱动器，并插入一个新的予以更换。对大多数类型的RAID来说，不必中断服务器或系统，就可以自动重建某个出现故障磁盘上的数据。

（三）数据镜像

数据镜像就是保留两个或两个以上在线数据的拷贝。以两个镜像磁盘为例，所有写操作在两个独立的磁盘上同时进行：当两个磁盘都正常工作时，数据可以从任一磁盘读取；如果一个磁盘失效，则数据还可以从另外一个正常工作的磁盘读出。远程镜像根据采用的写协议不同可划分为两种方式，即同步镜像和异步镜像。本地设备遇到不可恢复的硬件毁坏时，仍可以启动异地与此相同环境和内容的镜像设备，以保证服务不间断。

（四）快照

快照可以是其所表示数据的一个副本，也可以是数据的一个复制品。快照可以迅速恢复遭破坏的数据，减少宕机损失。快照的作用主要是能够进行在线数据备份与恢复。当存储设备发生应用故障或者文件损坏时可以进行快速的数据恢复，将数据恢复到某个可用时间点的状态。快照可以实现瞬时备份，在不产生备份窗口的情况下，也可以帮助客户创建一致性的磁盘快照，每个磁盘快照都可以认为是一次对数据的全备份。快照还具有快速恢复的功能，用户可以依据存储管理员的定制，定时自动创建快照，通过磁盘差异回退，快速回滚到指定的时间点上。通过这种回滚在很短的时间内可以完成。

（五）数据量比较小的备份和恢复

数据量比较小的时候，备份和恢复数据比较简单，随着数据量达到PB级别，备份和恢复如此庞大的数据成为一个棘手的问题。目前，Hadoop是应用最广泛的大数据软件架构，Hadoop分布式文件系统HDFS可以利用其自身的数据备份和恢复机制来实现数据可靠保护。

1.数据存储策略

HDFS将每个文件存储分成数据块存储，除了最后一块，所有数据块的大小是一样的。文件的所有数据块都会保存多个副本来保证数据的容错，用户可以自己设置文件的数据块大小和副本系数。文件任何时候都只能有一个写入操作者，而且文件必须一次性写入。数据的复制全部由控制节点管理，数据节点需要周期性地向它报告心跳信息和自身的状态，表明自己在正常工作，自身状态包括CPU、硬盘、数据块的列表等。

HDFS具有优化的副本保存和备份策略，提高了数据的可靠性、可用性以及集群网络带宽的利用率。

默认的副本存储策略就是把副本存储到不同的机架上，可以保证当一个机架故障时，数据不会丢失。而且读取数据的时候可以充分利用机架的带宽，提供更快的传输速度。通过这种策略，副本会均匀分布到集群里，有效地提高了整个集群的负载均衡。系统默认的副本系数是3，HDFS的存放策略是在本地机架的一个数据节点上保存一个副本，本地机架的另外一个数据节点上保存一个副本，其他机架的数据节点上保存一个副本。

2.安全模式

整个系统在启动的时候，控制节点会进入一个安全模式的特殊状态，此时不允许对数据块进行复制的操作。控制节点此时接收数据节点的心跳信息和块状态报告。其中块状态报告包括这个数据节点全部的数据块列表。每个数据块都有一个设置的最小副本备份个数。当控制节点检测到数据块的副本备份个数达到设置值的时候，这个数据块就会被认为是副本备份安全的，当达到配置要求比例的数据块被控制节点检测确认是安全之后，再等待30s，控制节点就会退出安全模式的状态。之后那些数据块的副本没有达到安全状态的将被复制到其他数据节点上直到达到系统设置的副本备份个数。

大数据环境下，数据的存储一般都使用了HDFS自身的备份与恢复机制，但对于核心的数据，远程的容灾备份仍然是必需的。其他额外的数据备份和恢复策略需要根据实际需求来制定，例如，对于统计分析来说，部分数据的丢失并不会对统计结果产生重大影响，但对于细节的查询，例如用户上网流量情况的查询，数据的丢失是不可接受的。

第三节　数据挖掘安全技术

数据挖掘是大数据应用的核心部分，是发掘大数据价值的过程，即从海量的数据中自动抽取隐藏在数据中有用信息的过程，有用信息可能包括规则、概念、规律及模式等。数据挖掘融合了数据库、人工智能、机器学习、统计学、高性能计算、模式识别、神经网络、数据可视化、信息检索和空间数据分析等多个领域的理论和技术，数据挖掘的专业性决定了拥有大数据的机构又往往不是专业的数据挖掘者，因此在发掘大数据核心价值的过程中，可能会引入第三方挖掘机构，如何保证第三方在进行数据挖掘的过程中不植入恶意程序，不窃取系统数据，这是大数据应用进程中必然要面临的问题。

对数据挖掘者的身份认证和访问管理是需要解决的首要安全问题，本节在介绍这两类技术机制的基础上，总结其在大数据挖掘过程中的应用方法。数据库系统是大数据存储和处理的核心，针对数据库的攻击将直接导致敏感与隐私信息泄露。

一、身份认证

身份认证是指计算机及网络系统确认操作者身份的过程，也就是证实用户的真实身份与其所声称的身份是否符合的过程。根据被认证方能够证明身份的认证信息，身份认证技术可以分为三种。

（1）基于秘密信息的身份认证技术。所谓的秘密信息指用户所拥有的秘密知识，如用户ID、口令、密钥等。基于秘密信息的身份认证方式包括基于账号和口令的身份认证、基于对称密钥的身份认证、基于密钥分配中心（Key Distribution Center，KDC）的身份认证、基于公钥的身份认证、基于数字证书的身份认证等。

（2）基于信物的身份认证技术。主要有基于信用卡、智能卡、令牌的身份认证等。智能卡也叫令牌卡，实质上是IC卡的一种。智能卡的组成部分包括微处理器、存储器、输入/输出部分和软件资源。为了更好地提高性能，通常会有一个分离的加密处理器。

（3）基于生物特征的身份认证技术。基于生理特征（如指纹、声音、虹膜）的身份认证和基于行为特征（如步态、签名）的身份认证等。

本节简要介绍几种常用的认证机制。

（一）Kerberos认证

Kerberos是一种基于可信任第三方的网络认证协议，其设计目标是解决在分布式网络环境下，服务器如何对某台工作站接入的用户进行身份认证的问题。除了服务器和用户以外，Kerberos还包括可信任第三方密钥发放中心（KDC），它包括两部分：认证服务器（AS），在登录时用于验证用户的身份；凭据发放服务器（TGS），发放“身份证明许可证”。

Kerberos协议的前提条件：用户与KDC，KDC与服务器在协议工作前已经有了各自的共享密钥，流程如下。

（1）Client向KDC发送TGT（ticket-granting ticket）请求信息（其中包含自己的身份信息）。

（2）KDC从TGS得到TGT，并用协议开始前Client与KDC之间的密钥将TGT加密回复给Client。

（3）Client将之前获得TGT和要请求的服务信息发送给KDC，TGS为Client和Server之间生成一个Session Key，用于Server对Client的身份鉴别，生成Ticket用于服务请求。

（4）KDC将密文的Session Key和服务Ticket发送给Client。

（5）Client将刚才收到的Ticket和密文的Session Key转发到Server。

（6）Server验证Client的身份。

（7）如果Server有返回结果，将其返回给Client。

概括起来说，Kerberos协议主要做了两件事：一是Ticket的安全传递；二是Session Key的安全发布，再加上时间戳的使用，这就在很大程度上保证了用户鉴别的安全性，并且利用Session Key，在通过鉴别之后，Client和Server之间传递的消息也可以获得机密性和完整性的保证。同时，Kerberos也存在如下局限性。

①以对称加密算法作为协议的基础，给密钥的交换、密钥存储和密钥管理带来了安全上的隐患。

②利用字典攻击对Kerberos系统进行攻击是简单有效的，Kerberos防止口令猜测攻击的能力很弱。

③Kerberos协议最初设计是用来提供认证和密钥交换的，它不能用来进行数字签名，也不能提供非否认机制。

④在分布式系统中，认证中心星罗棋布，域间会话密钥的数量惊人，密钥的管理、分配和存储都是很严峻的问题。

（二）基于公共密钥的认证机制

公钥基础设施PKI，是一种运用非对称密码技术来实施并提供安全服务的具有普适性的网络安全基础设施。它采用了证书管理公钥，通过第三方的可信任机构认证中心，把用户的公钥和用户的其他标识信息捆绑在一起，在Internet上验证用户的身份，从而保证网上数据的安全传输。

PKI的最基本元素是数字证书，所有安全操作主要是通过数字证书来实现。而核心的实施者是认证中心CA，它是PKI中不可缺少的一部分，具有权威性，是一个普遍可信的第三方，主要向用户颁发数字证书。PKI体制的基本原理是利用“数字证书”这一静态的电子文件来实施公钥认证。

数字证书是一段包含用户身份信息、用户公钥信息以及身份验证机构数字签名的数据。身份验证机构的数字签名可以确保证书信息的真实性，用户公钥信息可以保证数字信息传输的完整性，用户的数字签名可以保证数字信息的不可否认性。

通过使用数字证书，使用者可以得到如下保证。

（1）信息除发送方和接收方外不被其他人窃取。

（2）信息在传输过程中不被篡改。

（3）发送方能够通过数字证书来确认接收方的身份。

（4）发送方对于自己的信息不能抵赖。

（5）信息自数字签名后到收到为止未曾做过任何修改，签发的文件是真实文件。在多数场合下，最广泛接受的证书格式是X.509标准，使用最多的是X.509 v3标准。

（三）基于动态口令的认证机制

动态口令机制是为了解决静态口令的不安全问题而提出的，基本思想是用动态口令代替静态口令，其基本原理是：在客户端登录过程中，基于用户的秘密通行短语（SPP，secure pass phrase）加入不确定因素，SPP和不确定因素进行变换（如使用MDS信息摘录），所得的结果作为认证数据（动态口令）提交给认证服务器。由于客户端每次生成认证数据都采用不同的不确定因素值，保证了客户端每次提交的认证数据都不相同，因此动态口令机制有效地提高了身份认证的安全性。

基于时间同步（time synchronization）的动态口令机制的特点是选择单向散列函数作为认证数据的生成算法，以种子密钥和时间值作为单向散列函数的输入参数。由于时间值是不断变化的，因此散列函数运算所得的认证数据也在不断变化，保证了每次产生的认证数据不相同。时间同步方式的关键在于认证服务器和客户端的时钟要保持同步，只有在两端时钟同步的情况下才能做出正确的判断。一旦发生了时钟偏移，就需要进行时钟校正。

基于事件同步的动态口令机制同样存在失去同步的风险，如用户多次无目的地生成口令就会造成失步。对于事件的失步，认证服务器可增大偏移量再进行同步，即服务器端自动向后推算一定次数的密码。

基于挑战/应答的动态口令机制属于异步方式，其基本原理为：选择单向散列函数或加密算法作为口令生成算法。当用户请求登录时，认证服务器产生一个挑战码（通常是随机数）发送给用户，用户端将口令（密钥）和挑战码作为单向散列函数的参数，进行散列运算，得到的结果（应答数）作为动态口令发送给认证服务器。认证服务器用同样的单向散列函数做验算即可验证用户身份。挑战应答机制中的不确定因素是由认证服务器产生的随机数。由于每个随机数是唯一的，因此保证了每次产生的应答数都不相同。相比上两种方式，挑战应答机制不会出现失步的问题，安全性也更高，但是其使用过程烦琐，占用通信带宽资源较多。

（四）基于生物识别技术的认证方式

为了解决用户身份认证过程的安全问题，目前业界已经提出了一种利用生物特征识别技术用于识别人类真实身份。用户可以利用自身的生物特征，如指纹、声纹、人脸、虹膜等，无须记忆密码。采用生物特征识别技术用于用户身份登录可以克服传统密码认证手段存在的缺点。

（1）采用用户的生物特征作为用户的唯一身份标识取代传统密码进行登录，由于生物特征属于人体的自然属性，因此无须用户记忆。

（2）由于生物特征属于与生俱来的自然属性，所以不涉及记录到纸张上失窃的情况，安全性大大提升。

（3）相对于传统密码登录，生物特征更难以被复制、分发、伪造、破坏，以及被攻击者破解。

（4）生物特征属于私人的自然属性，因此不可能出现一个账号被共享的情况，避免法律纠纷。

二、访问控制

访问控制是指主体依据某些控制策略或权限对客体或其资源进行的不同授权访问，限制对关键资源的访问，防止非法用户进入系统及合法用户对资源的非法使用。访问控制是进行数据安全保护的核心策略，为有效控制用户访问数据存储系统，保证数据资源的安全，可授予每个系统访问者不同的访问级别，并设置相应的策略保证合法用户获得数据的访问权。访问控制一般可以是自主或者非自主的，最常见的访问控制模式有如下三种。

（一）自主访问控制

自主访问控制是指对某个客体具有拥有权（或控制权）的主体能够将对该客体的一种访问权或多种访问权自主地授予其他主体，并在随后的任何时刻将这些权限回收。这种控制是自主的，也就是指具有授予某种访问权限的主体（用户）能够自己决定是否将访问控制权限的某个子集授予其他主体或从其他主体那里收回他所授予的访问权限。自主访问控制中，用户可以针对被保护对象制定自己的保护策略。这种机制的优点是具有灵活性、易用性与可扩展性，缺点是控制需要自主完成，这带来了严重的安全问题。

（二）强制访问控制

强制访问控制是指计算机系统根据使用系统的机构事先确定的安全策略，对用户的访问权限进行强制性的控制。也就是说，系统独立于用户行为强制执行访问控制，用户不能改变他们的安全级别或对象的安全属性。强制访问控制进行了很强的等级划分，所以经常用于军事用途。强制访问控制在自主访问控制的基础上，增加了对网络资源的属性划分，规定不同属性下的访问权限。这种机制的优点是安全性比自主访问控制的安全性有了提高，缺点是灵活性要差一些。

（三）基于角色的访问控制

数据库系统可以采用基于角色的访问控制策略，建立角色、权限与账号管理机制。基于角色的访问控制方法的基本思想在用户和访问权限之间引入角色的概念，将用户和角色联系起来，通过对角色的授权来控制用户对系统资源的访问。这种方法可根据用户的工作职责设置若干角色，不同的用户可以具有相同的角色，在系统中享有相同的权利，同一个用户又可以同时具有多个不同的角色，在系统中行使多个角色的权利。RBAC的基本概念包括：许可也叫权限（privilege），就是允许对一个或多个客体执行操作；角色（role），就是许可的集合；会话（session），一次会话是用户的一个活跃进程，它代表用户与系统交互。从标准上说，每个session是一个映射，一个用户到多个role的映射。当一个用户激活他所有角色的一个子集的时候，建立一个session。活跃角色（active role），一个会话构成一个用户到多个角色的映射，即会话激活了用户授权角色集的某个子集，这个子集称为活跃角色集。

RBAC的关注点在于角色与用户及权限之间的关系。关系的左右两边都是Many-to-Many关系，就是user可以有多个role，role可以包括多个user。由于基于角色的访问控制不需要对用户一个一个地进行授权，而是通过对某个角色授权来实现对一组用户的授权，因此简化了系统的授权机制。可以很好地描述角色层次关系，能够很自然地反映组织内部人员之间的职权、责任关系。利用基于角色的访问控制可以实现最小特权原则。RBAC机制可被系统管理员用于执行职责分离的策略。

虽然这三种访问模式在底层机制上不同，但它们本身却可以相互兼容，并以多种方式组合使用。自主访问控制一般包括一套所有权代表（在UNIX中：用户、组和其他），一套权限（在UNIX中：可读、可写、可执行），以及一个访问控制列表（Access Control List，ACL），访问控制列表列出了个体及其对目标、组合其他对象的访问模式。自主访问控制比较容易设置，如果出现人员调整或者当个体列表增长时，自主访问控制就会变得难以处理、难以维护；相对而言，基于强制访问控制的执行可以扩展到巨大的用户群，基于角色的访问控制可以结合其他方案，以相同的角色管理用户池。

三、关系型数据库安全策略

我国《计算机信息系统安全保护等级划分准则》（GB 17859—1999）中“计算机信息系统安全等级保护数据库管理系统技术要求”对数据库安全的定义：数据库安全就是保证数据库信息的保密性、完整性、一致性和可用性。

（1）保密性指保护数据库中的数据不被泄露和未授权的获取。

（2）完整性指保护数据库中的数据不被破坏和删除。

（3）一致性指确保数据库中的数据满足实体完整性、参照完整性和用户定义完整性要求。

（4）可用性指确保数据库中的数据不因人为的和自然的原因对授权用户不可用。

数据库安全研究的基本目标是研究如何利用信息安全技术，实现数据库内容的机密性、完整性与可用性保护，防止非授权的信息泄露、内容篡改以及拒绝服务。数据库安全通常通过存取管理、安全管理和数据库加密来实现。存取管理就是一套防止未授权用户使用和访问数据库的方法、机制和过程。安全管理指采取安全管理机制实现数据库管理权限分配，一般分集中控制和分散控制两种方式。数据库加密主要包括两种模式：一种是库内加密（以一条记录或记录的一个属性值作为文件进行加密）；一种是库外加密（整个数据库包括数据库结构和内容作为文件进行加密）。

关系型数据库都设置了相对完备的安全机制，在这种情况下，大数据存储可以依赖于数据库的安全机制，安全风险大大降低。下面简单介绍两种常见关系型数据库的安全机制。

（一）Oracle安全机制

Oracle数据库系统是美国ORACLE公司（甲骨文）提供的以分布式数据库为核心的一组软件产品，是目前最流行的客户/服务器（client/server）或B/S体系结构的数据库之一。Oracle支持多种操作系统，可在大、中、小型机等几十种机型之上运行，Oracle8i以上的版本都增加了Internet功能，支持各种分布式功能，特别是支持Internet处理，可通过网络读写远程数据库里的数据。目前最新的版本是11g。但是由于计算机系统软/硬件故障、数据库口令泄密、黑客攻击等客观因素或人为因素影响都可能导致数据信息丢失、泄露或者被恶意篡改，为了解决这些安全问题，Oracle设计了下列安全机制。

1.用户管理机制

在Oracle系统中，根据工作性质和特点，用户可以分为三类：数据库管理员（DBA）、数据库开发人员和普通用户。不同类型的用户分别赋予不同的权限，从而保证数据库系统的安全。任何需要进入数据库的操作都需要在数据库中有一个合法的用户名，每个用户必须通过一个密码连接到数据库，以便被确认，只有经过系统核实的用户才可以访问数据库。用户配置文件主要用于控制用户使用主机系统资源，可以通过该文件进行账号管理。

2.审计机制

在Oracle系统中，利用审计跟踪来监视用户对数据库施加的操作，通常用于调查非法活动以及监控、收集特定数据库的活动信息。审计功能启用一个专用的审计日志（audit log），系统自动将用户对数据库的所有操作记录在上面，包括操作用户、操作对象、操作时间、操作名称等。

3.授权与检查机制

Oracle的权限分为系统级权限和对象（或实体）级权限。系统级权限：完成某种特定操作的权限或者对某一特定类型实体执行特定操作的权限，如删除配置文件、查询任意表。实体级权限：对特定的表、视图、序列生成器、过程等执行特定操作的权限。角色指可以授予用户或其他角色的一组相关权限的集合，通过角色可以简化权限管理，减少权限的授予工作，实现动态权限管理，即随着任务的变化可通过改变角色的权限，达到对用户权限的改变。

4.视图机制

视图机制是利用一个虚表，反映一个或多个基表的数据。视图可以由基表中的某些行和列组成，也可以由几个表中满足一定条件的数据行组成。利用视图可以对无权用户屏蔽数据，用户只能使用视图定义中的数据，而不能使用视图定义外的其他数据。例如，只读视图只能读，不能改，可以有效保护基表中的数据。

5.触发器机制

触发器是一个与表相关联的、被存储的PL/SQL程序。每当一个特定的数据操作语句在指定的表上发生时，就会引发触发器的执行。利用触发器可以定义特殊的更复杂的用户级安全措施，保护粒度可以细化到行和列。

6.数据加密机制

Oracle提供了加密程序接口，允许用户自由选择加密算法。

7.数据备份与恢复机制

Oraclc数据库的备份分为两种：物理备份和逻辑备份。前者是实际物理数据库文件从一处复制到另一处的备份，操作系统备份、使用恢复管理器的备份、冷备份和热备份都是物理备份；后者是利用SQL从数据库中提取数据，并将其存入二进制文件中，这些数据可以重新导入原来的数据库，或者以后导入其他数据库。

（二）SQL Server

SQL Server是微软公司开发和推广的数据库管理系统（DBMS），在Windows NT或Windows 2000下运行，是一个客户服务器关系式数据库系统。由于SQL Server实现和管理数据库应用程序最为容易，是设计中、小型数据库的首选工具，在各个方面得到了广泛的应用。

1.身份认证

对用户的身份认证是数据库管理系统提供的最外层安全保护措施，其方法是用户进入系统时通过输入ID和密码向系统出示自己的身份证明，系统对用户身份进行审查核实，经过确认后才提供与之相对应的系统服务。SQL Server支持两种身份认证模式：windows NT认证模式和混合认证模式。

（1）Windows NT认证模式

在该模式下，使用Windows NT操作系统的安全机制验证用户身份。当用户通过Windows NT认证并成功登录后，在连接数据库时，SQL Server直接接收用户的连接请求。

（2）混合认证模式，又称为SQL Server认证模式

在这种模式下，用户要用SQL Server的登录标识和口令登录，当登录账户和口令通过认证后，用户应用程序才可连接到服务器，否则服务器将会拒绝用户的连接请求。

2.访问控制

为了保证用户只能存取有权存取的数据，数据库系统要求对每个用户定义存取权限。在SQL Server中，用户是属于特定数据库的，数据库用户与登录标识相关联，一个应用程序使用登录标识向SQL Server登录成功后，能否对某个数据库进行操作，由该数据库中是否有相应的数据库用户来决定。SQL Server可根据访问用户所属的用户类型，利用GRANT等语句来对数据库或数据库对象做权限的控制，能够较为完善地支持自主访问经制策略。

为了达到管理的便利和灵活，SQL Server引入了角色的概念，可以支持基于角色的访问控制策略。对于具有相同权限的用户，可以创建一个角色并对其赋予权限，然后将这些用户添加到该角色中使它们成为这个角色的成员。若要改变这些用户的权限，只需对角色的权限进行设置，不必对每一个用户进行权限设置。

3.审计功能

数据库审计是监视和记录用户对数据库所施加的各种操作的机制。通过审计机制，可以自动记录用户操作，利用审计跟踪的信息，便于追查有关责任，也有助于发现系统安全方面的弱点和漏洞。SQL Server能提供较为完善的审计功能，用来监视各用户对数据库施加的动作。SQL Server审计方式具体分用户审计和系统审计两种，审计工作一般通过SQL事件探查器完成。启用用户审计功能时，审计系统可记下所有对该数据库表或视图进行访问的企图（包括成功的和不成功的）及每次操作的用户名、时间、操作代码等信息；系统审计由系统管理员进行，其审计内容主要是系统一级命令以及数据库客体的使用情况。

4.数据库加密

数据库加密通过将数据用密文形式存储或传输的手段保证高敏感数据的安全，这样可以防止那些企图通过不正常途径存取数据的行为。SQL Server也提供了加密的功能，以强化对分布式数据库的安全管理。SQL Server使用名为pwdencrypt的散列函数来加密隐藏用户存储在Master数据库中系统表内的密码，将已定义的视图、存储过程、触发器等都存储在系统表syscomments中，SQL Server提供了内部加密机制，可以使用with encryption语句来进行加密。在条件允许情况下，可以通过启动相应加密功能，让SQL Server在通过网络传输数据时将数据按照SSL协议加密处理后传输。

5.完整性机制

数据库的完整性机制用于规定数据库中数据应满足的语义，并对其进行检查，以保证数据的正确性和相容性。SQL Server提供了完善的数据完整性定义和检查机制，可以通过SQL语句或企业管理器中的可视化界面进行完整性定义，不用额外书写代码，可以有效地支持数据的实体完整性、参照完整性检查，并且提供比较灵活的用户自定义完整性定义检查机制。

（1）实体完整性

在SQL Server实际运用中，建表时可以用primary key子句定义主码或在企业管理器中指定主码，在用户程序每次对主码进行插入、删除、修改等更新操作时，SQL Server自动进行完整性检查，若操作违反要求，则拒绝操作和给出错误信息。

（2）参照完整性

在SQL Server中，可以通过foreign key和references短语或在企业管理器中指定的方式定义主表与从表间的参照关系，当主表删除元组、修改数据或子表插入元组，修改数据时，SQL Server自动进行完整性检查，若此操作违反要求，则按用户自己选择处理参照关系中对应元组的方法给出处理及相关信息。

（3）自定义完整性

SQL Server提供了全面而灵活的自定义完整性定义途径，可分为属性上的约束条件定义和元组上约束条件的定义，前者定义利用如SQL语句中的列值非空（NOT NULL），列值唯一（UNIQUE），检查列值是否满足一个布尔表达式（CHECK）以及属性的数据类型、企业管理器中的属性取值约束、掩码等方式定义完整性要求；后者的定义则主要利用CHECK子句等进行定义，当定义成功，在用户程序进行插入、删除、修改等更新操作时，SQL Server自动进行自定义完整性检查，若操作违反要求，则给出错误信息。

6.触发器机制

SQL Server还提供了触发器机制。当对数据库表进行插入、更新和删除操作时，触发器能够自动根据实际情况触发执行，产生一系列操作或回退那些破坏数据库完整性的操作。触发器可以包含非常复杂的程序设计逻辑，能提供约束、规则和默认的功能。

7.视图和存储过程机制

视图是从一个或几个基本表（视图）中导出的虚表。在数据库系统中，可以利用视图通过授予用户操作特定视图的权限，限制用户访问表的特定行和特定列来保证数据的安全，防止用户对基本表的操作，实现行级或列级的安全性。在SQL Server中，系统较好地支持了视图定义和访问机制，如可利用CREAT EVIEW语句建立视图，利用SELECT子句行视图访问等，通过建立视图以及将视图表中的不同记录分成不同的保密级别，甚至将同一字段中的不同值分成不同的保密级别，控制用户可以看到的数据，实现安全性。

在SQL Server中存储过程是存储于数据库内部经过编译可执行的SQL语句，它可被其他应用程序调用执行，彻底隐藏了用户可用的数据和数据操作中涉及的某些保密处理。存储过程可用来保护基表的数据。为了禁止用户直接更改基表，可通过存储过程来更改基表，然后授予用户具有执行该存储过程的权利，这就限制了用户对基表的不当操作，从而保证了数据的安全。

8.备份、恢复和并发控制机制

为防止系统发生故障导致重要数据的丢失或损坏，保证数据库系统在最短时间内恢复运行，数据库管理系统应具备备份和恢复机制。SQL Server 支持静态备份和动态备份，并提供了四种备份方案：完全备份、差异数据库备份、事务日志备份、文件备份。而在系统恢复方式上，SQL Server 可以选择三种模型进行恢复：简单恢复、完全恢复、批量日志记录恢复。在 SQL Server 中，无论备份或恢复均可方便地通过 Transact-SQL 语句或企业管理器来设置。作为网络数据库管理系统，SQL Server 可以提供完善的并发控制机制，通过支持事务机制来管理多个事务，保证数据的一致性，并使用事务日志保证修改的完整性和可恢复性。SQL Server 遵从三级封锁协议，从而有效地控制并发操作可能产生的丢失更新、读“脏”数据、不可重复读等错误。SQL Server 具有多种不同粒度的锁，允许事务锁定不同的资源，并能自动使用与任务相对应的等级锁来锁定资源对象，以使锁的成本最小化。

四、非关系型数据库安全策略

越来越多的企业采用非关系型数据库存储大数据，因此非关系型数据库存储的安全问题的探讨十分必要。关系型数据库主要通过事务支持来实现数据存取的原子性、一致性、隔离性和持久性，保证数据的完整性和正确性，同时对数据库表、行、字段等提供基于用户级别的权限访问控制以及加密机制。NoSQL数据库为大数据处理提供了高可用、高可扩展的大规模数据存储方案，但缺乏足够的安全保障。如NoSQL数据库缺少Schema，因此不能对数据库进行较好的完整性验证。同时，多数NoSQL数据库为了提高处理效率，采用最终同步而并非每次交易同步，影响了数据的正确性。目前，多数NoSQL数据库没有提供内建的安全机制，这在一定程度上限制了其应用的领域及范围，但随着NoSQL的发展，越来越多的人开始意识到安全的重要性，部分NoSQL产品逐渐开始提供一些安全方面的支持。

第四节 数据发布安全技术

数据发布是指大数据在经过挖掘分析后，向数据应用实体输出挖掘结果数据的环节，也就是数据“出门”的环节，其安全性尤其重要。数据发布前必须对即将输出的数据进行全面审查，确保输出的数据符合“不泄密、无隐私、不超限、合规约”等要求。本节介绍了数据输出环节必要的安全审计技术。

当然，再严密的审计手段，也难免有疏漏之处，在数据发布后，一旦出现机密外泄、隐私泄露等数据安全问题，必须要有必要的数据溯源机制，确保能够迅速地定位到出现问题的环节、出现问题的实体，以便对出现泄露的环节进行封堵，追查责任者，杜绝类似问题的再次发生。本节介绍了数字水印技术，可以对输出的数据进行标记，便于对数据信息进行溯源。

一、安全审计

安全审计是指在记录一切（或部分）与系统安全有关活动的基础上，对其进行分析处理、评估审查，查找安全隐患，对系统安全进行审核、稽查和计算，追查造成事故的原因，并作出进一步处理。目前常用的审计技术有如下几种。

（一）基于日志的审计技术

通常SQL数据库和NoSQL数据库均具有日志审计的功能，通过配置数据库的自审计功能，即可实现对大数据的审计。

日志审计能够对网络操作及本地操作数据的行为进行审计，由于依托于现有数据存储系统，兼容性很好。但这种审计技术的缺点也比较明显，首先在数据存储系统上开启自身日志审计对数据存储系统的性能有影响，特别是在大流量情况下，损耗较大；其次日志审计在记录的细粒度上较差，缺少一些关键信息，如源IP、SQL语句等，审计溯源效果不好；最后就是日志审计需要到每一台被审计主机上进行配置和查看，较难进行统一的审计策略配置和日志分析。

（二）基于网络监听的审计技术

基于网络监听的审计技术是通过将对数据存储系统的访问流镜像到交换机某一个端口，然后通过专用硬件设备对该端口流量进行分析和还原，从而实现对数据访问的审计。

基于网络监听的审计技术最大的优点就是与现有数据存储系统无关，部署过程不会给数据库系统带来性能上的负担，即使是出现故障也不会影响数据库系统的正常运行，具备易部署、无风险的特点；但是，其部署的实现原理决定了网络监听技术在针对加密协议时，只能实现会话级别审计，即可以审计到时间、源IP、源端口、目的IP、目的端口等信息，而没法对内容进行审计。

（三）基于网关的审计技术

该技术通过在数据存储系统前部署网关设备，在线截获并转发到数据存储系统的流量而实现审计。

该技术起源于安全审计在互联网审计中的应用，在互联网环境中，审计过程除了记录以外，还需要关注控制，而网络监听方式无法实现很好的控制效果，故多数互联网审计厂商选择通过串行的方式来实现控制。不过，数据存储环境与互联网环境大相径庭，由于数据存储环境存在流量大、业务连续性要求高、可靠性要求高的特点，在应用过程中，网关审计技术往往主要运用在对数据运维审计的情况下，不能完全覆盖所有对数据访问行为的审计。

（四）基于代理的审计技术

基于代理的审计技术是通过在数据存储系统中安装相应的审计Agent，在Agent上实现审计策略的配置和日志的采集，该技术与日志审计技术比较类似，最大的不同是需要在被审计主机上安装代理程序。代理审计技术从审计粒度上要优于日志审计技术，但是，因为代理审计不是基于数据存储系统本身的，性能上的损耗大于日志审计技术。在大数据环境下，数据存储于多种数据库系统中，需要同时审计多种存储架构的数据，基于代理的审计，存在一定的兼容性风险，并且在引入代理审计后，原数据存储系统的稳定性、可靠性、性能或多或少都会有一些影响，因此，基于代理的审计技术实际的应用面较窄。

通过对以上四种技术的分析，在进行大数据输出安全审计技术方案的选择时，需要从稳定性、可靠性、可用性等多方面进行考虑，特别是技术方案的选择不应对现有系统造成影响，可以优先选用网络监听审计技术来实现对大数据输出的安全审计。

二、数据溯源

数据溯源是一个新兴的研究领域，诞生于20世纪90年代，普遍理解为追踪数据的起源和重现数据的历史状态，目前还没有公认的定义。在大数据应用领域，数据溯源就是对大数据应用周期的各个环节的操作进行标记和定位，在发生数据安全问题时，可以及时准确地定位到出现问题的环节和责任者，以便于对数据安全问题的解决。

目前学术界对数据溯源的理论研究主要基于数据集溯源的模型和方法展开，主要方法有标注法和反向查询法，这些方法都是基于对数据操作记录的，对于恶意窃取、非法访问者来说，很容易破坏数据溯源信息，在应用方面，包括数据库应用、工作流应用和其他方面的应用，目前都处在研究阶段，没有成熟的应用模式。大多数溯源系统都是在一个独立的系统内部实现溯源管理，数据如何在多个分布式系统之间转换或传播，没有统一的业界标准。随着云计算和大数据环境的不断发展，数据溯源问题变得越来越重要，逐渐成为研究的热点。

数字水印是将一些标识信息（数字水印）直接嵌入数字载体（包括多媒体、文档、软件等）中，但不影响原载体的使用价值，也不容易被人的知觉系统（如视觉或听觉系统）觉察或注意到。通过这些隐藏在载体中的信息，可以达到确认内容创建者、购买者、传送隐秘信息或者判断载体是否被篡改等目的。数字水印的主要特征有如下几个方面。

（一）不可感知性（imperceptible）

包括视觉上的不可见性和水印算法的不可推断性。

（二）强壮性（robustness）

嵌入水印难以被一般算法清除，抵抗各种对数据的破坏。

（三）可证明性

对有水印信息的图像，可以通过水印检测器证明嵌入水印的存在。

（四）自恢复性

含有水印的图像在经受一系列攻击后，水印信息也经过了各种操作或变换，但可以通过一定的算法从剩余的图像片段中恢复出水印信息，而不需要整改原始图像的特征。

（五）安全保密性

数字水印系统使用一个或多个密钥以确保安全，防止修改和擦除。

数字水印利用数据隐藏原理使水印标志不可见，既不损害原数据，又达到了对数据进行标记的目的。利用这种隐藏标识的方法，标识信息在原始数据上是看不到的，只有通过特殊的阅读程序才可以读取，基于数字水印的篡改提示是解决数据篡改问题的理想技术途径。

基于数字水印技术的以上性质，可以将数字水印技术引入大数据应用领域，解决数据溯源问题。在数据发布出口，可以建立数字水印加载机制，在进行数据发布时，针对重要数据，为每个访问者获得的数据加载唯一的数字水印。当发生机密泄露或隐私问题时，可以通过水印提取的方式，检查发生问题数据是发布给哪个数据访问者的，从而确定数据泄露的源头，及时进行处理。

第五节　防范APT攻击

一方面，APT攻击是大数据时代面临的最复杂的信息安全问题之一；另一方面，大数据分析技术又为对抗APT攻击提供了新的解决手段。本节从APT攻击的定义讲起，全面分析APT攻击的特征、流程，在分析的基础上提出APT攻击检测的技术手段，并提出防范APT攻击的策略。

一、APT攻击的概念

美国国家标准技术研究所（NIST）对APT的定义为：攻击者掌握先进的专业知识和有效的资源，通过多种攻击途径（如网络、物理设施和欺骗等），在特定组织的信息技术基础设施建立并转移立足点，以窃取机密信息，破坏或阻碍任务、程序或组织的关键系统，或者驻留在组织的内部网络，进行后续攻击。

APT攻击的原理相对于其他攻击形式更为高级和先进，其高级性主要体现在APT发动攻击之前需要对攻击对象的业务流程和目标系统进行精确的收集，在收集的过程中，此攻击会主动挖掘被攻击对象受信系统和应用程序的漏洞，在这些漏洞的基础上形成攻击者所需的命令与控制（C&C）网络，此种行为没有采取任何可能触发警报或者引起怀疑的行动，因此更接近于融入被攻击者的系统。

大数据应用环境下，APT攻击的安全威胁更加凸显。首先，大数据应用对数据进行了逻辑或物理上的集中，相对于从分散的系统中收集有用的信息，集中的数据系统为APT攻击收集信息提供了“便利”；其次，数据挖掘过程中可能会有多方合作的业务模式，外部系统对数据的访问增加了防止机密、隐私出现泄露的途径。因此，大数据环境下，对APT攻击的检测和防范，是必须考虑的问题。本节在分析APT攻击特征与流程的基础上，研究APT攻击检测方法与防范策略。

二、APT攻击特征与流程

（一）APT攻击特征

APT攻击特征如下。

1.极强的隐蔽性

APT攻击与被攻击对象的可信程序漏洞与业务系统漏洞进行了融合，在组织内部，这样的融合很难被发现。

2.潜伏期长，持续性强

APT攻击是一种很有耐心的攻击形式，攻击和威胁可能在用户环境中存在一年以上，他们不断收集用户信息，直到收集到重要情报。他们往往不是为了在短时间内获利，而是把“被控主机”当成跳板，持续搜索，直到充分掌握目标对象的使用行为。所以这种攻击模式，本质上是一种“恶意商业间谍威胁”，因此具有很长的潜伏期和持续性。

3.目标性强

不同于以往的常规病毒，APT制作者掌握高级漏洞发掘和超强的网络攻击技术。发起APT攻击所需的技术壁垒和资源壁垒，要远高于普通攻击行为。其针对的攻击目标也不是普通个人用户，而是拥有高价值敏感数据的高级用户，特别是可能影响到国家和地区政治、外交、金融稳定的高级别敏感数据持有者。

4.技术高级

攻击者掌握先进的攻击技术，使用多种攻击途径，包括购买或自己开发的零day漏洞，而一般攻击者却不能使用这些资源。而且，攻击过程复杂，攻击持续过程中攻击者能够动态调整攻击方式，从整体上掌控攻击进程。

5.威胁性大

APT攻击通常拥有雄厚的资金支持，由经验丰富的黑客团队发起，一般以破坏国家或大型企业的关键基础设施为目标，窃取内部核心机密信息，危害国家安全和社会稳定。

（二）APT攻击一般流程

APT攻击的流程一般包括如下步骤。

1.信息侦查

在入侵之前，攻击者首先会使用技术和社会工程学手段对特定目标进行侦查。侦查内容主要包括两个方面：一是对目标网络用户的信息收集，例如高层领导、系统管理员或者普通职员等员工资料、系统管理制度、系统业务流程和使用情况等关键信息；二是对目标网络脆弱点的信息收集，例如软件版本、开放端口等。随后，攻击者针对目标系统的脆弱点，研究零day漏洞、定制木马程序、制订攻击计划，用于在下一阶段实施精确攻击。

2.持续渗透

利用目标人员的疏忽、不执行安全规范，以及利用系统应用程序、网络服务或主机的漏洞，攻击者使用定制木马等手段，不断渗透以潜伏在目标系统，进一步在避免用户觉察的条件下取得网络核心设备的控制权。例如，通过SQL注入攻击手段突破面向外网的Web服务器，或通过钓鱼攻击，发送欺诈邮件获取内网用户通信录，并进一步入侵高管主机，采用发送带漏洞的Office文件诱骗用户将正常网址请求重定向至恶意站点。

3.长期潜伏

为了获取有价值的信息，攻击者一般会在目标网络长期潜伏，有的达数年之久。潜伏期间，攻击者还会在已控制的主机上安装各种木马、后门，不断提高恶意软件的复杂度，以增强攻击能力并避开安全检测。

4.窃取信息

目前，绝大部分APT攻击的目的都是窃取目标组织的机密信息。攻击者一般采用SSL VPN连接的方式控制内网主机，对于窃取到的机密信息，攻击者通常将其加密存放在特定主机上，再选择合适的时间将其通过隐秘信道传输到攻击者控制的服务器。由于数据以密文方式存在，APT程序在获取重要数据后向外部发送时，利用了合法数据的传输通道和加密、压缩方式，难以辨别出其与正常流量的差别。

三、APT攻击检测

从APT攻击的过程可以看出，整个攻击循环包括多个步骤，这就为检测和防护提供了多个契机。当前APT检测方案主要有如下几种。

（一）沙箱方案

针对APT攻击，攻击者往往使用了零day的方法，导致特征匹配不能成功，因此需要采用非特征匹配的方式来识别，智能沙箱技术就可以用来识别零day攻击与异常行为。智能沙箱技术最大的难点在于客户端的多样性，智能沙箱技术对操作系统类型、浏览器的版本、浏览器安装的插件版本都有关系，在某种环境中检测不到恶意代码，或许另外一个就能检测到。

（二）异常检测

异常检测的核心思想是通过流量建模识别异常。异常检测的核心技术是元数据提取技术、基于连接特征的恶意代码检测规则，以及基于行为模式的异常检测算法。其中，元数据提取技术是指利用少量元数据信息，检测整体网络流量的异常。基于连接特征的恶意代码检测规则，是检测已知僵尸网络、木马通信的行为。而基于行为模式的异常检测算法包括检测隧道通信、可疑加密文件传输等。

（三）全流量审计

全流量审计的核心思想是通过对全流量进行应用识别和还原，检测异常行为。核心技术包括大数据存储及处理、应用识别、文件还原等。如果做全流量分析，面临的问题是数据处理量非常大。全流量审计与现有的检测产品和平台相辅相成，互为补充，构成完整防护体系。在整体防护体系中，传统检测设备的作用类似于“触发器”，检测到APT行为的蛛丝马迹，再利用全流量信息进行回溯和深度分析，可用一个简单的公式说明：全流量审计+传统检测技术=基于记忆的检测系统。

（四）基于深层协议解析的异常识别

基于深层协议解析的异常识别，可以细细查看并一步步发现是哪个协议，如一个数据查询，有什么地方出现了异常，直到发现异常点为止。

（五）攻击溯源

通过已经提取出来的网络对象，可以重建一个时间区间内可疑的WebSession、E-mail、对话信息。通过将这些事件自动排列，可以帮助分析人员快速发现攻击源。

在APT攻击检测中，存在的问题包括：攻击过程包含路径和时序；攻击过程的大部分貌似正常操作；不是所有异常操作都能立即被检测；不能保证被检测到的异常在APT过程的开始或早期。基于记忆的检测可以有效缓解上述问题。现在对抗APT的思路是以时间对抗时间。既然APT是在很长时间发生的，我们的对抗也要在一个时间窗内来进行对抗，对长时间、全流量数据进行深度分析。针对A问题，可以采用沙箱方式、异常检测模式来解决特征匹配的不足；针对P问题，可将传统基于实时时间点的检测，转变为基于历史时间窗的检测，通过流量的回溯和关联分析发现APT模式。而流量存储与现有检测技术相结合，构成了新一代基于记忆的智能检测系统。此外，还需要利用大数据分析的关键技术。

四、APT攻击防范策略

目前的防御技术、防御体系很难有效应对APT攻击，导致很多攻击直到很长时间后才被发现，甚至可能还有很多APT攻击未被发现。通过前面APT攻击背景以及攻击特点、攻击流程的分析，我们认为需要一种新的安全思维，即放弃保护所有数据的观念，转而重点保护关键数据资产，同时在传统的纵深防御的网络安全防护基础上，在各个可能的环节上部署检测和防护手段，建立一种新的安全防御体系。

（一）防范社会工程

木马侵入、社会工程是APT攻击的第一个步骤，防范社会工程需要一套综合性措施，既要根据实际情况，完善信息安全管理策略，如禁止员工在个人微博上公布与工作相关的信息，禁止在社交网站上公布私人身份和联络信息等；又要采用新型的检测技术，提高识别恶意程序的准确性。社会工程是利用人性的弱点针对人员进行的渗透过程。因此提高人员的信息安全意识，是防止社工攻击最基本的方法。传统的办法是通过宣讲培训的方式来提高安全意识，但是往往效果不好，不容易对听众产生触动；而比较好的方法是社会工程测试，这种方法已经是被业界普遍接受的方式，有些大型企业都会授权专业公司定期在内部进行测试。

绝大部分社工攻击是通过电子邮件或即时消息进行的。上网行为管理设备应该做到阻止内部主机对恶意URL的访问。垃圾邮件的彻底检查，对可疑邮件中的URL链接和附件应该做细致认真的检测。有些附件表面上看起来就是一个普通的数据文件，如PDF或Excel格式的文档等。恶意程序嵌入在文件中，且利用的漏洞是未经公开的。通常仅通过特征扫描的方式，往往不能准确识别出来。比较有效的方法是用沙箱模拟真实环境访问邮件中的URL或打开附件，观察沙箱主机的行为变化，可以有效检测出恶意程序。

（二）全面采集行为记录，避免内部监控盲点

对IT系统行为记录的收集是异常行为检测的基础和前提。大部分IT系统行为可以分为主机行为和网络行为两个方面。更全面的行为采集还包括物理访问行为记录采集。

1.主机行为采集

主机行为采集一般是通过允许在主机上的行为监控程序完成。有些行为记录可以通过操作系统自带的日志功能实现自动输出。为了实现对进程行为的监控，行为监控程序通常工作在操作系统的驱动层，如果在实现上有错误，很容易引起系统崩溃。为了避免被恶意程序探测到监控程序的存在，行为监控程序应尽量工作在驱动层的底部，但是越靠近底部，稳定性风险就越高。

2.网络行为采集

网络行为采集一般是通过镜像网络流量，将流量数据转换成流量日志。以Netflow记录为代表的早期流量日志只包含网络层信息。近年来的异常行为大都集中在应用层，仅凭网络层的信息已难以分析出有价值的信息。应用层流量日志的输出，关键在于应用的分类和建模。

3.IT系统异常行为检测

从前述APT攻击过程可以看出，异常行为包括对内部网络的扫描探测、内部的非授权访问、非法外联。非法外联即目标主机与外网的通信行为，可分为以下三类。

（1）下载恶意程序到目标主机，这些下载行为不仅在感染初期发生，在后续恶

意程序升级时还会出现。

（2）目标主机与外网的C&C服务器进行联络。

（3）内部主机向C&C服务器传送数据，其中外传数据的行为是最多样、最隐蔽，也是最终构成实质性危害的行为。

第四章　通信与通信系统的基础

第一节　通信与通信系统

一、通信的概念

“信息”被认为是构成客观世界的三大要素（物质、能量和信息）之一。信息作为一种资源，只有通过传播、交流与共享，才能为人所用并产生价值。“通信”作为信息传输的手段或方法，已经成为人类生活和社会生产实践中的一个重要组成部分。

通信就是利用信号将含有信息的消息进行空间传递的方法或过程。

简单地说，通信就是信息的空间传递。

信息是一切事物运动状态或存在方式的不确定性描述，是人们欲知或欲表达的事物运动规律。信息是抽象的，是消息的内涵，可泛指人们欲知而未知的一切内容。

消息是语音、文字、音乐、数据、图片或活动图像等能够被人所感知的信息表达形式，是信息的形式载体。

显然，消息类似容器，信息好比容器中的物品。一条消息可以包含丰富的信息，也可以不包含信息。一种信息可以由多种消息形式表示，比如天气信息可以在报纸上以文字形式出现，也可以在广播或电视上以语音或图像形式发布。

消息可以分成两大类：连续（模拟）消息和离散（数字）消息。连续消息是指消息的状态是连续变化或不可数的，如连续变化的语音、图像等；离散消息则是指消息的状态是可数的或离散的，如符号、数据等。

在通信技术中，“信息”与“消息”不用严格区分。

信号是信息或消息的物理载体，是通信任务实施的具体对象。

随着计算机技术和计算机网络技术的飞速发展，网络（数据）通信应运而生。通过互联网，人们足不出户就可看报纸、听新闻、查资料、逛商店、玩游戏、上课、看病、下棋、购物、发电子邮件。网络通信丰富多彩的功能极大地拓宽了通信技术的应用领域，使通信渗入人们物质与精神生活的各个角落，成为人们日常生活中不可缺少的组成部分，有关通信方面的知识与技术也就成为当代人应该关注的热点。

作为一门科学，现代通信所研究的主要问题概括地说就是如何把信息大量、准确、快速、广泛、方便、经济、安全、长距离地从信源通过传输介质传送到信宿。各种通信技术都是围绕这几个目的展开的。“通信原理”课程就是介绍支撑各种通信技术的基本概念和数学理论基础的一门课程。

二、通信系统

（一）通信系统的定义与组成

交通是把货物（乘客）从出发地运输（搬移）到目的地，通信是把信息从信源传输到信宿。如果把用于运输货物或乘客的人、车、路的集合称为交通系统，那么，用于进行通信的设备硬件、软件和传输介质的集合就称作通信系统。

从硬件上看，通信系统主要由信源、信宿、传输介质、发送设备和接收设备五部分组成。比如，有线长途电话系统就包括送话器、电线、载波机、受话器等要素。无线广播通信系统包括话筒、发射设备、无线电波、接收设备等。

1.信源

通信系统的起点，是指能把欲传送的各种消息转换成原始电信号的人（生物）、设备或装置。根据消息的种类不同，信源可分为模拟信源和数字信源。模拟信源输出连续的模拟信号，如话筒（声音→音频信号）、摄像机（图像→视频信号）；数字信源输出离散的数字信号，如计算机的键盘（字符/数据→数字信号）。

2.信宿

通信系统的终点，其功能与信源相反，是指能把原始电信号（如上述音频信号、视频信号、数字信号）还原成原始消息的人（生物）、设备或装置，如扬声器可将音频信号还原成声音，显示屏可将视频信号还原成图像。

3.传输介质

能够传输电信号、光信号或无线电信号的物理实体。比如，电缆、光纤、空间或大气。

4.发送设备

能将原始电信号变换为适合信道传输的信号的设备或装置。其主要功能是使发送信号的特性与信道特性相匹配，能够抗干扰且具有足够的功率以满足远距离传输的需要。发送设备可能包含变换器、放大器、滤波器、编码器、调制器、复用器等功能模块。

5.接收设备

与发送设备作用相反，是指能够接收信道传输的信号并将其转换为原始电信号的设备或装置。其主要功能是将信号放大和反变换（如译码、解调、解复用等），目的是从受到减损的接收信号中正确恢复出原始信号。

（二）通信系统的分类

根据不同标准，通信系统有多种分类。

1.按信道传输信号分类

按信道传输信号的不同，通信系统可分为模拟通信系统和数字通信系统。

模拟通信是指以模拟信号携带模拟消息的通信过程或方法。其特征是信源和信宿处理的都是模拟消息，信道传输的是模拟信号。因此，以模拟信号携带模拟消息的通信系统就是模拟通信系统，如普通电话通信系统。

数字通信是指以数字信号携带模拟消息的通信过程或方式。其特征是信源和信宿处理的都是模拟消息，但信道传输的是数字信号。因此，以数字信号携带模拟消息的通信系统就是数字通信系统，如移动通信系统（手机）。

电信号或光信号在传输时的一个主要特征是“衰减”，即信号强度的减小。信号传输距离越长，衰减越大；信号频率越高，衰减越快。另一个特征是信号的波形发生畸变（主要由衰减和噪声引起）。高质量的模拟通信应该是衰减和畸变都比较小，但实际模拟通信系统很难满足人们对通信质量越来越高的指标要求。

数字通信产生的直接原因是为了提高模拟通信的质量。宏观上看，数字通信与模拟通信的主要差别体现在信宿接收到的信号质量更好。

模拟通信在信号传输上采用逐级“放大”方式，而数字通信多采用的是“再生”方式。比如，一队游客在导游的带领下，沿着窄小的山道拾级而上。最前面的导游（信源）拿起话筒对着最后面的人（信宿）喊：“张先生，快跟上，别掉队！”这是模拟通信的信号传输方式；他也可以用传口令的方式让游客们依次将“张先生，快跟上，别掉队！”的命令传下去，这就是数字通信的信号传输方式。

从信息传输的角度上看，模拟通信系统是一种信号波形传输系统，而数字通信系统以及数据通信系统则是一种信号状态传输系统。

数字通信具有以下特点：（1）抗干扰能力强。由于数字信号的取值个数有限（大多数情况只有“0”和“1”两个值），所以在传输过程中我们可以不太关心信号幅度的绝对值，只注意相对值的大小即可。同时，传输时中继器可再生信号，消除噪声积累。（2）便于进行信号加工与处理。由于信号可以储存，所以可以像处理照片一样随意加工处理（在技术允许的范围内）。（3）传输中出现的差错（误码）可以设法控制，提高了传输质量。（4）数字消息易于加密且保密性强。（5）可传输话音、图像、图片、数据等多种消息，增加了通信系统的灵活性和通用性。总之，数字通信的优点很多，但事物总是一分为二的。数字通信的许多长处是以增加信号带宽为代价的。比如，一路模拟电话信号的带宽为4kHz，而一路数字电话信号要占20～60kHz的带宽，这说明数字通信的频带利用率较低。尽管如此，数字通信仍将是未来通信的发展方向。

2.按传输介质分类

按传输介质的不同，通信系统可分为无线通信系统和有线通信系统。

利用无线电波、红外线、超声波、激光进行通信的系统统称为无线通信系统。广播系统、移动电话系统、电视系统、卫星通信系统、无线个域网等都是无线通信系统。利用导线（包括电缆、光纤等）作为介质的通信系统就是有线通信系统，如市话系统、闭路电视系统、普通的计算机局域网等。

随着通信、计算机和网络技术的飞速发展，单纯的有线或无线通信系统越来越少，实际通信系统常常是“无线”中有“有线”，“有线”中有“无线”。因此，无论是作为科学知识还是专业学科，当代的无线通信、有线通信和计算机网络三者的关系都已变得密不可分。

3.按调制与否分类

按调制与否，通信系统可分为基带通信系统和调制通信系统。

基带通信系统传输的是基带信号，而调制通信系统传输的是已调（带通）信号。

4.按通信业务分类

按通信业务的不同，可分为电话通信系统、电报通信系统、广播通信系统、电视通信系统、数据通信系统等。

5.按工作波长分类

按工作波长的不同，通信系统可分为长波通信系统、中波通信系统、短波通信系统、微波通信系统和光通信系统等。

一种通信系统可以分属不同的种类，如我们熟悉的无线电广播既是中波通信系统（短波通信系统），调制通信系统、模拟通信系统，也是无线通信系统。

无论我们怎样划分通信系统，都只是在信号处理方式、传输方式或传输介质等外在特征上做文章，其通信的实质并没改变，即大量、准确、快速、广泛、方便、经济、安全、长距离地传送信息。因此，我们在分析、研究、设计、搭建和使用一个通信系统时，只要抓住这个实质，就不会被系统复杂的结构、先进的技术和生僻的技术术语所迷惑。

第二节 通信方式与传输介质

一、通信方式

通信方式是指通信双方（或多方）之间的工作形式和信号传输方式。它是通信各方在通信实施之前必须首先确定的问题。根据不同的标准，通信方式也有多种分类。

按通信对象数量的不同，通信方式可分为点到点通信（通信是在两个对象之间进行）、点到多点通信（一个对象和多个对象之间的通信）和多点到多点通信（多个对象和多个对象之间的通信）三种。

根据信号传输方向与传输时间的不同，任意两点间的通信方式可分为：

单工通信（Simplex）：在任何一个时刻，信号只能从甲方向乙方单向传输，甲方只能发信，乙方只能收信。比如，广播电台与收音机的通信、电视台与电视机的通信（点到多点）、遥控玩具、航模（点到点）等均属此类。车辆沿单行道行驶可类比单工通信。

半双工通信（Half-Duplex）：在任何一个时刻，信号只能单向传输，或从甲方向乙方，或从乙方向甲方，每一方都不能同时收、发信息，如对讲机之间的通信。过独木桥可类比半双工通信。

全双工通信（Full-Duplex）：在任何一个时刻，信号能够双向传输，每一方都能同时进行收信与发信工作。全双工以太网是典型的全双工通信实例。大家所熟悉的电话通信在功能上具有全双工通信的特性，但在技术上不是采用收、发两个信道，而是利用消侧音技术克服双向传输的干扰。双向两车道的交通可类比全双工通信。

按通信终端之间的连接方式，通信方式可划分为两点间直通方式和交换方式。直通方式是通信双方直接通过有线或无线方式连接；而交换方式的通信双方必须经过一个称为交换机的设备才能连接起来，如电话系统。

在数据通信中，按数字信号传输的顺序，通信方式又有串行通信与并行通信之分。按同步方式的不同，又分为同步通信和异步通信。

一种通信方式可以具有多类性，比如广播电视既是一种单工通信方式，也是一种点到多点的通信方式。

二、信道和传输介质

（一）信道的概念

信道就是为信号传输提供的物理通道或路径。

要完成通信过程，信号必须依靠传输介质传输，因此，传输介质被定义为狭义信道。另外，信号还必须经过很多设备（发送机、接收机、调制器、解调器、放大器等）进行各种处理，这些设备显然也是信号经过的通道。因此，把传输介质（狭义信道）和信号必须经过的各种通信设备统称为广义信道。

除了上述基于传输介质的基本信道概念外，为了便于分析与研究，在通信领域还有基于信号处理方式或过程的其他信道概念，比如，基于处理方式的频率信道（频道）和时间信道等；基于处理过程的调制信道和编码信道等。

调制信道是指在具有调制和解调过程的任何一种通信方法中，从调制器输出端到解调器输入端之间的信号传输过程或途径。对于研究调制与解调的性能而言，我们可以不管信号在调制信道中做了什么变换，也可以不管选用了什么传输介质，只需关心已调信号通过调制信道后的最终结果，即只关心调制信道输出信号与输入信号之间的关系，而不考虑具体的物理过程。

对于数字通信系统来说，如果仅关心编码和译码，那么引入编码信道的概念将十分方便。我们把从编码器输出端到译码器输入端之间的信号传输过程途径称为编码信道。

调制信道对信号的影响是通过乘性干扰和加性干扰使已调制信号发生模拟性（波形上）的变化；而编码信道对信号的影响则是一种数字序列的变换，即把一种数字序列变成另一种数字序列（产生误码）。虽然调制信道与编码信道在形式上对通信的影响有明显的不同，但本质上都是信息失真，或者说都影响通信的可靠性和准确性。

（二）传输介质

传输介质（通信介质）是指可以传播（传输）电信号（光信号）的物质，主要分为有线介质和无线介质。有线介质主要是各种线缆和光缆（类比铁轨、公路）；无线介质主要是指可以传输电磁波（类比飞机），即无线电波和光波的空间或大气。从通信系统的角度上看，传输介质就是连接通信双方收、发信设备并负责信号传输的物质（物理实体）。

下面我们简要介绍几种常用的传输介质。

1.有线介质

有线介质通常指双绞线、同轴电缆、架空明线、多芯电缆和光纤等。

（1）双绞线（Twisted Pair，TP）

双绞线是由若干对且每对有两条相互绝缘的铜导线按一定规则绞合而成。采用这种绞合结构是为了减少对邻近线对的电磁干扰。为了进一步提高双绞线的抗电磁干扰能力，还可以在双绞线的外层再加上一个用金属丝编织而成的屏蔽层。根据双绞线是否外加屏蔽层，又可分为屏蔽双绞线（Shield Twisted Pair，STP）和非屏蔽双绞线（Unshield Twisted Pair，UTP）两类。

双绞线既可用于模拟信号传输，也可用于数字信号传输，其通信距离一般为几公里到十几公里。导线越粗，通信距离越远（衰减越小），但导线价格也越高。由于双绞线的性价比相对其他传输介质要高，所以应用十分广泛。

美国电子工业协会的远程通信工业分会（EIA/TIA）在“商用建筑物电信布线标准”EIA/TIA-586-A中给出了五种UTP的标准。

· 第一类双绞线就是住宅常用的缠绕式电话线，只适合于语音传输，不适合高速数据传输。

· 第二类传输速率为4 Mb/s，可用于传输语音和数据。

· 第三类是LAN采用的最低档双绞线，传输速率可达10Mb/s。

· 第四类主要用于令牌环网，传输速率为16Mb/s。

· 第五类可提供100Mb/s的传输速率，而超五类双绞线可保证155Mb/s的传输速率。

五类双绞线可用于FDDI、快速以太网和异步转移模式（ATM）。

最常用的UTP是第三类线和第五类线。第五类线的特点是：大大增加了每单位长度的绞合次数；在线对间的绞合度和线对内两根导线的绞合度上都经过了精心的设计，并在生产中加以严格的控制，使干扰在一定程度上得以抵消，从而提高了线路的传输特性。

（2）同轴电缆（Coaxial Cable）

同轴电缆由内部导体（单股实心线或多股绞合线）、内部绝缘体、网状编织的外导体屏蔽层以及外部绝缘体（塑料外层）组成。同轴电缆的这种结构使其具有高带宽和较好的抗干扰特性，适合频分复用。按特性阻抗数值的不同，同轴电缆又分为50Ω的基带同轴电缆和75Ω的宽带同轴电缆两种。

基带同轴电缆的特性是：一条基带同轴电缆只支持一个信道，传输带宽为1 ~ 20Mb/s。它能够以10Mb/s的速率把基带数字信号传输1 ~ 1.2km远。它是局域网中广泛使用的一种信号传输介质。

宽带同轴电缆支持的带宽为300 ~ 450MHz，可用于宽带数据信号的传输，传输距离可达100km。所谓宽带数据信号传输，是指利用频分复用技术在宽带介质上进行的多路数据信号传输，它既能传输数字信号，也能传输诸如话音、视频等模拟信号。

（3）光导纤维（Optical Fiber）

光导纤维简称光纤，是光纤通信系统的传输介质。由于可见光的频率非常高，约为10^8MHz的量级，因此，一个光纤通信系统的传输带宽远远大于其他各种传输介质的带宽，是目前应用最广、最有发展前途的有线传输介质。

多模光纤意指可能有多条不同角度入射的光线在一条光纤中同时传播。这种光纤所含纤芯的直径较粗，其范围是50 ~ 100μm。光线在多模光纤中传输时因入射角的不同，会导致不同的光线行进的距离不同，即光线在光纤中传输的时间不一样。由此产生的一个结果是：输入的光脉冲在光纤的输出端离开时可能会有些扩散（或色散），从而导致光脉冲的波形失真。

光纤不易受电磁干扰和噪声影响，可进行远距离、高速率的信息传输，而且具有很好的保密性能。但是，光纤的衔接、分岔比较困难，一般只适应于点到点或环形连接。

2.无线介质

如果通信要经过一些高山、岛屿、沼泽、湖泊、偏远地区或穿过鳞次栉比的楼群时，用有线介质铺设通信线路就非常困难；另外，对于处于移动状态的用户来说，有线传输也无法满足他们的通信要求，而采用无线介质就可以解决这些问题。

无线介质是指可以传输电磁波（光波和无线电波）、超声波等无线信号的空间或大气。

在光波中，红外线、激光是常用的信号类型。前者广泛地用于短距离通信，如电视、录像机、空调器等家用电器使用的遥控装置；后者可用于建筑物之间的局域网连接。另外，超声波信号主要用于工业控制与检测中，如液位检测、距离检测等。

因为无线电波容易产生，传播距离远，能够穿过建筑物，且既可以全方向传播，也可以定向传播，所以绝大多数无线通信采用无线电波作为传输信号。

在电信领域，把一个信号单位时间变化的周期数称为该信号的频率，用单位“赫兹（Hz）”表示。亨利希·鲁道夫·赫兹是一位德国物理学家，他的研究导致无线电波（电磁波）的发现，论证了电磁波以光速传播，得出无线电波是电磁辐射的一种形式的重要结论。为纪念他的杰出贡献，人们用他的名字作为频率的单位。

无线电波的传播方式主要有地面波传播、天波传播、地—电离层波导传播、视距传播、散射传播、外大气层及行星际空间电波传播等几种。

地面波传播：是指无线电波沿地球表面传播。地面波在传播过程中，其场强因大地吸收会衰减，频率愈高则衰减愈大。长波、中波由于频率低，加上绕射能力强，所以利用这种传播方式可以实现远距离通信。地波传播受季节、昼夜变化影响小，信号传输比较稳定。

天波传播：是利用电离层对电波的一次或多次反射进行的远距离传播，是短波的主要传播方式。中波只有在夜间才能以天波形式传播。天波传播存在严重的信号衰落现象。所谓电离层是大气中具有离子和自由电子的导电层。

地—电离层波导传播：是指电波在从地球表面至低电离层下缘之间的球壳形空间（地—电离层波导）内的传播。长波、甚长波在该波段内能以较小的衰减传播数千千米，且受电离层扰动影响小，传播稳定，故可用于远距离通信。

视距传播：视距传播是这两种传播方式的统称，在接收点所接收的电波一般是直射波与大地反射波的合成。由发射天线辐射的电波像光线一样直线传到接收点，这种传播方式称为直射波传播。另外还有由发射天线发射、经地面反射到达接收点的传播方式，称为大地反射波传播。视距传播的距离一般为20～50km，主要用于超短波及微波通信。

散射传播：是利用对流层或电离层介质中的不均匀体或流星余迹对无线电波的散射作用而进行的传播。利用散射传播实现通信的方式目前主要是对流层散射通信，其常用频段为0.2～5MHz，单跳距离可达100～500km。电离层散射通信只能工作在较低频段30～60MHz，单跳距离可达1000～2000km，但因传输频带窄，其应用受到限制。流星余迹持续时间短，但出现频繁，可用于建立瞬间通信，常用通信频段为30～70MHz，单跳通信可达2000km。实际的流星余迹通信除了散射传播外，还可利用反射进行传播。

外大气层及行星际空间电波传播：是以宇宙飞船、人造地球卫星或星体为对象，在地—空，空—空之间进行的电波传播。卫星通信利用的就是这种传播方式。这种传播方式在自由空间的传输损耗达200dB左右；此外还受对流层、电离层、地球磁场、宇宙空间各种辐射和粒子的影响等。大气吸收及降雨衰减对10GHz以上频段影响严重。

第三节　信号与噪声

一、信号的定义与分类

通信的根本任务是传递信息，但必须以信号的传输为前提。

近代一切通信系统都是把信息（消息）转化为电压、电流或无线电波（光波）等信号形式，再利用各种传输手段将这些信号进行传输，从而完成通信任务；另外，古时的烽火、抗战年代的消息树以及军队中的冲锋号、信号弹、信号灯与信号旗等都是携带信息的信号实例。

通过对上述信号概念的抽象与概括，可以给出信号的基本定义：信号指可以携带消息的各种物理量、物理现象、符号、图形等。

在现代通信系统中，信号主要指变化的电压、电流、无线电波或光波。普通信号必须具有可观测性、可变化性，而用于通信的信号还必须具有可控制性。

我们知道，信息的最终使用者是人或与之相关的机器设备。信号作为信息的物理载体必须能被人的视觉、听觉、味觉、嗅觉、触觉感受到，或被机器设备检测到，否则就失去了信息传输的意义；而信号如果不可变，则无法携带丰富多彩的信息；信号必须能够通过物理方法产生或实现。比如，打雷和闪电具有信号的前两个性质，但它们无法由人控制、产生，因此不能作为通信用信号。

信号可以类比卡车，消息就是卡车上的集装箱，而信息则是集装箱中的货物。根据不同标准，信号有多种形式和种类，通常对信号做如下分类。

根据信号来源不同，信号可分为自然信号和人工信号。如打雷、闪电、地震波、生物电等由自然现象产生的信号就是自然信号。自然信号通常携带有人们感兴趣的信息，比如，气象、地质、自然灾害、物质结构、物质特性等信息，人们可以利用各种传感器“采集”自然信号，进行处理和分析。由人为方式产生的电压、电流等信号就是人工信号，根据消息载体的不同，信号可分为电信号和光信号两大类。电信号主要包括电压信号、电流信号和无线电信号等；而光信号则是利用光亮度的强弱或有无来携带信息的。

按信息的类别不同，信号主要可分为声音（音频）信号、活动图像（视频）信号和数据信号等。音频信号指频率在20Hz～20kHz内的携带语音、音乐和各种声效的电信号，其中包含频率在300Hz～3.4kHz内的话音信号（电话专用）。视频信号指直接携带活动图像信息的0～6MHz的电信号。数据信号主要指携带“0”、“1”数据的数字电信号（通常以电脉冲序列形式出现），它通常不能直接携带信息，而需要根据协议通过编码技术赋予。

按传输介质不同，信号可分为有线信号和无线信号。通过导线（电缆）或光缆进行传输的信号叫有线信号，如电话信号、有线电视信号；利用无线电波、激光、红外线等空间介质进行传输的信号叫无线信号，如广播和电视信号。

根据信号的变化规律可分为确知信号和随机信号。确知信号的变化规律是已知的，比如正弦型信号、指数信号等；随机信号的变化规律是未知的，比如我们打电话时的语音信号、电视节目中的图像信号还有一些噪声等。

当然，按不同的性质与要求，对信号还可进行其他分类，比如功率信号和能量信号等。限于篇幅与大纲要求，在此不一一介绍。

二、噪声的定义与分类

噪声（Noise）是生活中出现频率颇高的一个词，也是通信领域中与信号齐名的专业术语。但通信领域中所谓的噪声不同于我们所熟悉的以音响形式反映出来的各种噪声（如交通噪声、风声、雨声、人们的吵闹声、建筑工地的机器轰鸣声等），它其实是一种不携带有用信息的电信号，是对有用信号以外的一切信号的统称。概括地讲，不携带有用信息的信号就是噪声。显然，噪声是相对于有用信号而言的。

根据来源的不同，噪声可分为自然噪声、人为噪声和内部噪声。自然噪声是指存在于自然界的各种电磁波，如闪电、雷暴及其他宇宙噪声。人为噪声来源于人类的各种活动，如电焊产生的电火花、车辆或各种机械设备运行时产生的电磁波和电源的波动，尤其是为某种目的而专门设置的干扰源（如下述的电子对抗）。内部噪声指通信系统设备内部由元器件本身产生的热噪声、散弹噪声及电源噪声等。

根据噪声表现形式可分为单频噪声、脉冲噪声和起伏噪声。

单频噪声是一种以某一固定频率出现的连续波噪声，如50 Hz的交流电噪声。

脉冲噪声是一种随机出现的无规律噪声，如闪电、车辆通过时产生的噪声。

起伏噪声主要指内部噪声。由于它普遍存在且对通信系统有着长期影响，因此是噪声研究的主要对象。它也是一种随机噪声，其研究方法必须运用概率论和随机过程知识。因为元器件本身的热噪声、散弹噪声都可看成无数独立的微小电流脉冲的叠加，它们服从高斯分布，即热噪声、散弹噪声都是高斯过程，所以，这类噪声也被称为高斯噪声。

除了用概率分布描述噪声的特性外，还可用功率谱密度加以描述。若噪声的功率谱密度在整个频率范围内都是均匀分布的，即称其为白噪声。其原因是谱密度类似于光学中包含所有可见光光谱的白色光光谱。不是白色噪声的噪声称为带限噪声或有色噪声。通常把统计特性服从高斯分布、功率谱密度均匀分布的噪声称为高斯白噪声。

与噪声紧密相关的一个概念是干扰。干扰也是一种电信号，是一种由噪声引起的对通信产生不良影响的效应。干扰通常指来自通信系统内、外部的噪声对接收信号造成的骚扰或破坏。或者说在接收所需信号时，由非所需能量造成的扰乱效应。简言之，干扰就是能够降低通信质量的噪声。

从通信的角度上看，干扰是一件坏事，应尽量避免和消除。但在军事上却有一种叫作“电子对抗”的技术专门制造和产生各种干扰，以破坏敌方的各种通信，借以取得主动权。

信号在通信系统中传输时，会受到两类干扰。

第一类干扰是由系统或信道本身特性不良而造成的。比如，因各种线性、非线性畸变，交调畸变和衰落畸变等系统不良特性对信号的干扰。这类干扰可类比为道路因坡度、弯度、平整度等道路本身特性不良而对交通带来的不利影响。

第二类干扰是指由通信系统内部和外部噪声（信道噪声）对接收信号造成的骚扰或破坏，或者说在接收所需信号时，由非所需能量造成的扰乱效应。比如，导线内部的热噪声和系统外部的雷电噪声都会干扰通信，影响通信质量。又如，我们通过收音机正在收听一个电台的新闻，忽然其他台的音乐窜了进来，这个音乐影响了收听新闻，因此，它就是一种干扰。这类干扰可用车道中的人力车和畜力车、横穿马路的行人或突降的雨雪对行车的影响类比。

从信号传输的角度看，不同信道的差异就在于传输方式（有线或无线）、传输损耗和频响特性的不同。抗干扰是通信系统所研究的主要问题之一，除了在理论与方法上寻求解决之外（如角调制比幅度调制抗干扰性好，数字通信系统比模拟通信系统抗干扰性好），在实用技术上也有很多措施（如屏蔽、滤波等）。

现在很多通信、电子设备（包括网络设备）都有一项很重要的技术指标——电磁兼容性（EMC，Electromagnetic Compatibility）俗称抗电磁干扰，就是指该设备在预定的工作环境下，既不受外界电磁场的影响，也不影响周围的环境，按设计要求正常工作的能力。

注意：在通信原理中，通常认为“噪声”与“干扰”同义，且多用“噪声”一词。

第四节 信号频谱与信道通频带

我们已经知道，通信实际上就是信号在信道中的传输过程，而信道的频率特性直接影响信号的传输质量。因此，下面介绍两个重要概念——信号频谱和信道通频带。

通常，我们习惯于在时间域（简称时域）考虑问题，研究信号幅度（因变量）与时间（自变量）的关系。而在通信领域还常常需要了解信号幅度与相位或频率（自变量）之间的关系，即要在频率域（简称频域）中研究信号。下面分别对周期信号和非周期信号的频域特性进行研究和讨论。

这里需要声明两点，一是为方便起见，在谈论信号频率的时候，不严格区分频率f和角频率ω；二是数学概念上的“函数”在这里与“信号”同义。

一、周期信号的频谱

在高等数学中我们学过傅里叶级数，其内容是：任意一个满足狄里赫利条件的周期信号$f(t)$（实际工程中的周期信号一般都满足）可用三角函数的线性组合来表示，即：

$$f(t)=a_0+\sum_{n=1}^{\infty}\left(a_n\cos n\omega_0 t+b_n\sin n\omega_0 t\right)$$

式中

$$a_0=\frac{1}{T_0}\int_{-T_0/2}^{T_0/2}f(t)\mathrm{d}t$$

$$a_n=\frac{2}{T_0}\int_{-T_0/2}^{T_0/2}f(t)\cos n\omega_0\mathrm{d}t$$

$$b_n=\frac{2}{T_0}\int_{-T_0/2}^{T_0/2}f(t)\sin n\omega_0\mathrm{d}t$$

式中：n为正整数；a_0是常数。$T_0=2\pi/\omega_0$是$f(t)$的周期。利用三角函数公式，可以将$f(t)=a_0+\sum_{n=1}^{\infty}\left(a_n\cos n\omega_0 t+b_n\sin n\omega_0 t\right)$中的正弦和余弦分量合并，即有：

$$f(t)=c_0+\sum_{n=1}^{\infty}c_n\cos\left(n\omega_0 t+\varphi_n\right)$$

式中：$c_0=a_0$；$c_n=\sqrt{a_n^2+b_n^2}$；$\varphi_n=-\arctan\dfrac{b_n}{a_n}$

从电学的角度上讲，$f(t)=c_0+\sum_{n=1}^{\infty}c_n\cos\left(n\omega_0 t+\varphi_n\right)$第一项$c_0$表示直流分量；当$n$=1时，$c_1cos(\omega_0t+\varphi_1)$叫作基波，也就是基础波的意思，因为频率为$\omega_0$；当$n$=2时，$c2cos(2\omega_0t+\varphi_2)$叫二次谐波，因为频率是基波的二倍；以此类推，$c_ncos(n\omega_0t+\varphi n)$叫作$n$次谐波。

$f(t)=c_0+\sum_{n=1}^{\infty}c_n\cos\left(n\omega_0 t+\varphi_n\right)$在这里被称为傅氏级数的标准式，其物理意义就是一个周期信号可用一直流分量和以其频率（周期的倒数）为基频的各次谐波（正弦型信号）的线性叠加表示。假设有一个周期性方波如图4-1（a）所示，其表达式可用$f(t)=c_0+\sum_{n=1}^{\infty}c_n\cos\left(n\omega_0 t+\varphi_n\right)$表示。那么，在$f(t)=c_0+\sum_{n=1}^{\infty}c_n\cos\left(n\omega_0 t+\varphi_n\right)$中，我们按只取基波、只取到3次谐波、只取到5次谐波和只取到7次谐波四种情况画出信号的波形，如图4-1（a）~（d）所示。可见谐波次数取得越高，近似程度越好。由此得出结论，基波决定信号的形状，谐波改变信号的“细节”。

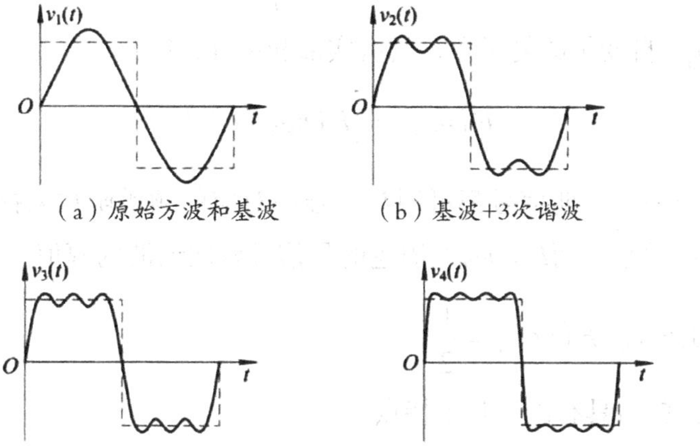

（a）原始方波和基波　（b）基波+3次谐波

（c）基波+3次谐波+5次　（d）基波+3次谐波+5次谐波+7次谐波

图4-1　方波及其谐波示意图

需要强调的是，若把4-1方波及其谐波反顺序理解，就是低通滤波的概念。比如对于图（d）所示的信号，若用低通滤波器将7次谐波滤掉，就会得到图（c）所示的信号；若将所有谐波滤掉，就得到图（a）所示的基波信号。也就是说，低通滤波可以去除高频纹波或抖动，起到圆滑波形的作用。

由“电路分析”中的正弦交流电知识可知，三角函数与复指数函数之间满足尤拉公式：

$$\cos n\omega_0 t = \frac{e^{j\omega_0 t} + e^{-j\omega_0 t}}{2}$$

$$\sin n\omega_0 t = \frac{e^{jm\omega_0 t} - e^{-i\omega_0 t}}{2j}$$

经整理得到：

$$f(t) = \sum_{n=-\infty}^{\infty} F\left(n\omega_0\right) e^{in\omega_0 t}$$

$$F\left(n\omega_0\right) = \frac{1}{T_0}\int_{-T_0/2}^{T_0/2} f(t) e^{-j\omega_0 t} dt$$

$f(t)=\sum_{n=-\infty}^{\infty} F\left(n\omega_0\right)\mathrm{e}^{in\omega_0 t}$是傅氏级数的复指数表达形式，表明一个周期信号可以由无穷个复指数信号线性组合而成。$F\left(n\omega_0\right)=\frac{1}{T_0}\int_{-T_0/2}^{T_0/2} f(t)\mathrm{e}^{-\mathrm{j}\omega_0 t}\mathrm{d}t$表明$F(n\omega_0)$是一个以离散变量$n\omega_0$为自变量的复函数，具有实部和虚部，即：

$$F\left(n\omega_0\right)=\left|F\left(n\omega_0\right)\right|\mathrm{e}^{j\varphi(n\omega_0)}$$

这样，任何一个周期信号都可用与其唯一对应的频谱函数来描述。$f(t)$描述的是信号与时间的关系，而$F(n\omega_0)$描述的是信号各次谐波的幅值、相位与频率之间的关系，有$|F(0)|=c_0,\left|F\left(n\omega_0\right)\right|=\frac{1}{2}c_n$。

周期信号的频谱具有以下几个特点。

（1）谱线只出现在基波频率的整数倍处，即各次谐波点上，具有非周期性、离散性的特点。谱线的间隔就是基频ω_0，因为$\omega_0=2\pi/T_0$，所以，周期越大，谱线越密，也就是单位频带中谐波个数越多。

（2）各次谐波振幅（谱线的高低）的总变化规律是随着谐波次数的增加而逐渐减小。

（3）各次谐波振幅随频率的衰减速度与原始信号的波形有关，即时域波形变化越慢，频谱的高次谐波衰减越快，高频成分越少，反之，时域波形变化越剧烈，频谱中高次谐波成分越多，衰减就越慢。

总之，周期信号的频谱具有离散性、谐波性和收敛性三大特点。

为了帮助读者更好地理解频谱概念，我们把对称方波的时域和频域波形用图4-2示出。

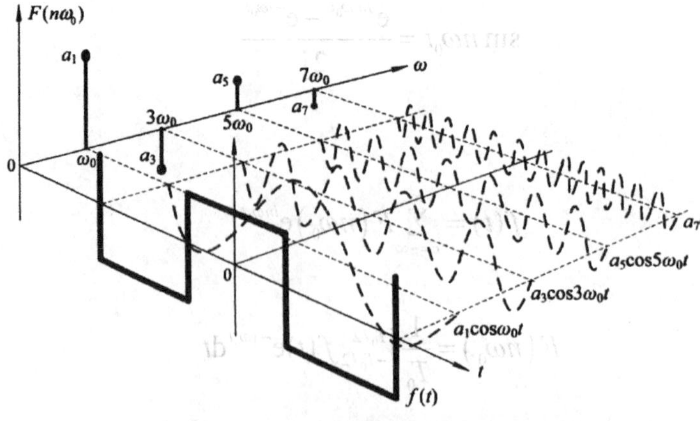

图4-2　对称方波的时域和频域波形

二、非周期信号的频谱

傅里叶级数为研究周期信号提供了一个强有力的工具，使得我们能从一个与时域完全不同的角度——频域去分析周期信号。那么对于工程中经常遇到的非周期信号是否也可以像周期信号一样在频域上进行研究分析？是否也可以找到一个与时域信号相对应的频谱函数呢？

傅里叶变换回答了上述问题。即对于一个非周期信号$f(t)$，其傅里叶变换为：

$$F(\omega)=\int_{-\infty}^{\infty} f(t)e^{-j\omega t}\mathrm{d}t$$

$F(\omega)$也可称为$f(t)$的频谱密度，简称频谱。这样，该信号可以用其频谱表示为：

$$f(t)=\frac{1}{2\pi}\int_{-\infty}^{\infty} F(\omega)\mathrm{e}^{\mathrm{j}\omega t}\mathrm{d}\omega$$

以上两个共同被称为傅里叶变换对。

通过上述分析可知，无论是周期信号还是非周期信号都可在频域进行研究分析。对于周期信号，借助于数学工具傅里叶级数可得到与该信号相对应的频谱函数；而对于一个非周期信号，可用傅里叶变换求得该信号的频谱函数。虽然都叫频谱函数，但概念不一样，希望读者一定注意。不过为了方便记忆，不管是周期信号还是非周期信号，都可把频谱统一理解为：频谱就是信号幅度（或相位）随频率变化的关系。

需要说明的是，在通信领域，人们还关心信号能量或功率的大小随频率的变化关系（如随机信号和噪声），这就引出了“能量谱”和“功率谱”的概念。通常，对于能量信号用“能量谱”描述，而功率信号用“功率谱”描述。

任何一个工程信号都具有频谱。根据频谱宽度的不同可以把非周期信号分为频带有限信号（简称带限信号）和频带无限信号。带限信号又包括低通型信号和带通型信号。低通型信号的频谱从零或很低的频率开始到某一个较高频率截止，信号能量集中在从直流到截止频率的频段上。带通型信号的频谱存在于从不等于零的某一频率到另一个较高频率的频段。

三、信道通频带

有了信号频谱的概念，下面介绍信道（广义信道）的通频带。任何一个信道不管是一个设备、一个电路或一个传输介质，对信号的传输都有影响，主要表现在两个方面：一个是对不同频率信号的幅度衰减，通常是传输信号的频率越高，信道对信号的衰减越大；再一个就是对不同频率信号的延迟。信道对信号的这两个影响正好可以用信道的频率特性（也叫频响特性），即幅频特性和相频特性来表示。

如果把一个幅值恒定、频率连续可调的正弦型信号加到一个信道的输入端，那么当把该信号的频率从小到大连续改变时，所对应的信道输出信号与频率的关系就是信道的频响特性（频率特性）。输出信号幅度随频率变化的关系叫作幅频特性，输出信号相位随频率变化的关系叫作相频特性（它正好反映了输出对输入的延迟）。在很多情况下，我们只关心其幅频特性，因此把输出信号的幅值与频率的变化曲线叫作频率响应曲线，简称频响曲线。大多数信道的频响曲线都是带通型的，也就是说，信道对某一频率段的信号幅度影响不大且基本上一致，而对大于或小于该频率段的信号影响很大，直至衰减到零。

通常我们以幅频曲线的最大值为标准（一般是曲线中心频率所对应的值），把幅频值下降到最大值的70%时所对应的两个频率之间的频段叫作通频带。频率低的点叫下截止频率，频率高的点叫上截止频率。由于这两点的幅值与最大值之比为0.7，对应的分贝值是-3dB，所以，截止频率也叫3分贝频率，通频带也叫3分贝带宽。从概念上讲，通频带是指一个信道为信号传输所能提供的频带宽度。

为什么要对信号幅度比值（通常为电压比值）取对数？为什么把通频带的截止点定在70%处，而不是80%或90%呢？

第一个问题的答案是这样的：通信技术在发展的早期主要应用于无线电广播和话音通信，通信的终端往往是人耳（现代数据通信的终端往往是计算机）。由于人耳对声音的频响特性呈对数关系，而不是线性关系，即在大音量下，音量如果增大一倍，人耳的听觉增加不到一倍；而小音量时，人耳听觉却比较敏感。所以，为了更好地衡量通信质量，人们对输出信号的电压（比）或功率（比）取对数，使听觉特性能接近线性。对输出电压取对数（以10为底）后要乘上一个常数20，并改称为电平；对输出功率取对数后要乘上一个常数10。比如，我们说一个放大器的电压增益是40dB，就意味着放大器输出电压与输入电压之比为100；说一个系统的信噪比是30dB，则信号与噪声的功率比为1000。

从输出信号的功率上看，电压下降到70%所对应的功率正好是电压最大值功率的一半，因此3分贝点也叫半功率点。另外，无线电技术约定，当输出电压下降到其最大值的70%以下时，就认为该频率分量对输出的贡献很小了，故把3分贝点定为截止点。这就是第二个问题的答案。

对于一般信道而言，我们希望通频带越宽越好（对于模拟信号来说，意味着频分复用的信号路数就越多，或者信号的保真程度越高；对于数字信号意味着波特率越大，可以传输的信息越多），频响曲线越平越好（输出信号的一致性好）。比如，我们要买一套高保真音响设备（主要包括音源，放大器和音箱三部分），就要求各部分的频响曲线在通频带内尽可能“平”，否则，在听音乐时就可能会出现特别强的笛声或特别弱的鼓声，因为某一频率的放大量比其他频率大得多或小得多。同时还要求通频带在低频段越低越好，最好低于20Hz，在高频段最好高于20kHz。这是因为音频的范围为20Hz ~ 20kHz。如果音响设备的通频带达不到这个要求，我们就可能听不到震人心魄的低音鼓声或清脆悦耳的三角铁声。另外，三个设备的频响特性最好一致。如果音箱的特性不好，那么再好的放大器和音源（CD机、录音机等）都是浪费。显然，信号的高保真（Hi-Fi）传输除了要求信道通频带大于带宽之外，还必须要求通频带内的频响特性保持平坦。

对于某些电路来说，有可能要求通频带窄一些好。比如，收音机、电视机和电台等设备中的调谐电路和一些带通滤波器就要求通频带在不失真的前提下尽可能窄，以提高选择性。

信号频谱宽度可类比汽车的车身宽度，信道通频带可类比道路宽度。显然，一条道路要想让汽车顺利通过，其宽度必须大于车身宽度，否则，车辆无法在道路上行驶；而信道通频带小于信号带宽时，虽然信号仍可在信道中传输，但已丢失了很多信息，信号在信道中是以失真的形式进行传输，就好像把汽车超宽部分切掉在路上跑一样。因此，一条信道要不失真地传送一个信号，其通频带应大于信号的频谱宽度。

生活中很多音响设备，比如汽车音响、家庭影院等都设有音调控制旋钮或均衡器。音调控制旋钮的作用就是人为地改变放大器频响特性，提升或降低音频信号中的某些频率成分（通常是高音、中音或低音部分），以满足人们的不同听觉需求；而均衡器是通过改变多段频响曲线的方式，以弥补放大器频响特性的不平坦或起与音调控制旋钮相同的作用。

第五节 信息的度量与香农公式

一、信息的度量

传输信息是通信系统的本质。在传输过程中，信息被各种具体的物理信号所携带。为了对通信系统的性能与质量进行定量的分析、研究与评价，就需要对信息进行度量。定义能够衡量信息多少的物理量叫信息量，通常用I表示。

信息是一个抽象的概念，它能否被量化且如何被量化？让我们看看下面的例子，比如，“明天太阳从东边出来”绝对没有“明天太阳从西边出来”对信息的受者更有吸引力；同样，当你听说“有人被狗咬了”并不会感到惊奇，但若有人告诉你“一条狗被人咬了”，你一定非常吃惊。这说明信息有量值可言，并且信息所包含的事件越不可能发生，人们就越感兴趣，信息量就越大。显然，信息量与事件发生的概率有关，事件出现的概率越小，信息量就越大，必然事件的概率为1，则它传递的信息量就为零。据此可得信息量与事件概率之间的关系式：

$$I=\log_a\frac{1}{P}$$

式中：P表示某事件发生的概率；I为从该事件发生的信息中得到的信息量。如果消息由若干个互相独立的事件构成，则该消息所含信息量等于各独立事件所含信息量之和。

消息是信息的载体，信息是消息的内涵。通过对消息的分析就可得到其中所含的信息量。由离散信源产生的消息称为离散消息，由连续信源产生的消息就是连续消息。

离散消息只能用有限个符号表示，可看成一种具有有限个状态的随机序列，可以用离散型随机过程的统计特性进行描述。离散消息x所含信息量I与消息出现概率$P(x)$的关系为：

$$I = \log_a \frac{1}{P(x)} = -\log_a P(x)$$

信息量单位的确定取决于上式中的对数底a。若$a=2$，则信息量的单位为比特（bit）；若$a=e$，则信息量的单位为奈特（nit）；若取10为底，则信息量的单位称为十进制单位或哈特莱。通常广泛使用的单位为比特。

下面讨论等概率出现的离散消息的信息度量。若要传递的离散消息是在M个消息中独立地选择其一，且认为每个消息的出现概率是相同的，则可采用一个M进制的波形进行传送。也就是说，传送M个消息之一与传送M进制波形之一是完全等价的。在等概率出现时，每个波形（或每个消息）的出现概率为$1/M$，取对数底为2，则上式变为：

$$I = \log_a \frac{1}{P(x)} = \mathrm{lb}\frac{1}{1/M} = \mathrm{lb}M$$

式中，当$M=2$，即二进制时，$I=1$，也就是说，每个二进制波形等概出现时所含信息量是1比特。在数据通信（或数字通信）中，通常取M为2的整数幂，即$M=2^k$，则每个波形等概出现时所含信息量就是k比特。

再来考察非等概的情况。设离散信息源是一个由m个符号组成的集合，称符号集。符号集中的每一个符号x_i在消息中是按一定概率$P(x_i)$独立出现的，即符号概率场为：

$$\begin{bmatrix} x_1 & x_2 & \cdots & x_n \\ P(x_1) & P(x_2) & \cdots & P(x_n) \end{bmatrix}$$

且有$\sum_{i=1}^{n} P(x_i) = 1$。若消息由一个符号序列组成，则整个消息的信息量为：

$$I = -\sum_{i=1}^{n} n_i \log_a P(x_i)$$

式中，n_i和$P(x_i)$分别为第i个符号出现的次数和概率。

二、信道容量与香农公式

供车辆行驶的道路有一个重要指标——道路通行能力。它是指一条道路某一断面上单位时间能够通过的最大车辆数，亦称道路容量，通常用“辆/小时”表示。

信道为信号的传输提供途径，那么类比上述道路容量的概念，信道也应该有一个衡量其性能的指标。人们把单位时间内信道上所能传输的最大信息量称为信道容量。它可用信道的最大信息传输速率来表示。

由于信道有数字（离散）和模拟（连续）之分，所以，信道容量也不相同。在此只讨论有扰模拟（连续）信道的信道容量问题。

也许有人会问，信道容量是用比特率来衡量的，也就是说，是针对数字信道而言的，而模拟信道没有比特率的概念，如何衡量信道容量？其实，不仅是模拟信道的容量，包括模拟信息的信息量在内都是基于数字信息理论或分析方法得出的。其要旨就是，模拟信号可以通过抽样定理变为数字信号。

信号在信道中传输要受到干扰的影响，以致引起信息传输错误，我们把具有干扰的信道称为有扰信道。那么，在怎样的条件下，信道可以无失真（不丢失）地将信息以速率R进行传输呢？香农定理给出了理论答案。

对于一个给定的有扰信道，如果信息源的信息发出速率小于或等于信道容量，即$R \leqslant C$，则理论上存在一种方法可使信息以任意小的差错概率通过该信道传输。反之，若$R>C$，该信道将无法正确传递该信息。

那么，一个给定连续信道的信道容量与什么因素有关呢？我们知道，一个频带受限的模拟信号所携带的信息量与它的带宽有关。比如，话音信号的带宽约为4kHz，电视图像信号的带宽为6MHz，通过抽样，离散话音信号的最低抽样频率为8kHz，离散图像信号的最低抽样频率为12MHz。显然电视图像信号的信息量比话音信号大。信号的频带宽，意味着携带的信息量大，传输该信号的信道带宽也要随之增大。因此，信道容量与衡量信道优劣的一个重要指标——通频带宽度有直接关系。另外，在一个实际信道中，除了被传输的有用信号之外，不可避免地混有各种干扰信号，而干扰信号会直接影响信号（信息）的传输。可见，信道容量受到噪声和带宽的双重制约。

美国数学家香农在论文"通信的数学理论"中提出了著名的"香农公式"。该公式给出了信道带宽、信道容量和白色高斯噪声干扰信号（或信道输出信噪比）之间的关系：

$$C = Blb\left(1+\frac{S}{N}\right)\text{b/s}$$

式中：C为信道容量（单位为b/s或bps）；B为信道带宽（Hz）；S为信号功率；N为噪声功率。"信噪比"是通信技术中一个很重要的概念，其定义是信号功率与噪声功率之比，简记为SNR。通常取分贝值：

$$SNR=\frac{S}{N}=10\lg\frac{P_S}{P_N}$$

$C=Blb\left(1+\frac{S}{N}\right)$可通过下例帮助理解：设有一段公路（类比一个信道），用每秒通过这段公路的汽车数作为交通量（类比信息量C），公路的宽度类比信道宽度B，S代表汽车数，N表示公路上行人的数量（类比干扰信号）。显然，交通量与道路宽度成正比，路越宽，单位时间通过的车辆数就越多；交通量还与路上车辆数与行人数之比有关系，行人越多，占据的路面就越宽，可供车辆通行的路面也就越窄，S/N就越小，反之，S/N越大，交通量就越大。

如果信道的传输速率R等于信道容量C（$R=C=1.44S/n_0$，即达到极限传输速率），则此时所需的最小信噪比为：

$$\frac{E_b}{n_0}=\frac{1}{\text{lbe}}\approx-1.6\ (\text{dB})$$

其中，$E_b=S/R$为每比特的信号能量。

通常，把以极限速率传输信息且可使差错率达到任意小的通信系统称为理想通信系统。

带宽与信噪比互换的概念非常重要，香农公式虽未给出具体的实现方法，但却在理论上阐明了这一概念的极限情况，为后人指出了努力的方向。比如"编码"和"调制"等技术就可在一定程度上实现带宽与信噪比互换。

在实际应用中，具体以"谁"换"谁"要视情况而定。比如，地面与卫星或宇宙飞船的通信，由于信噪比很低，且功率十分宝贵，所以常用加大带宽来保证通信；而在有线载波通信中，信道频带很紧张，这时就要考虑用提高信号功率来减少各路信号的带宽，以增大载波路数。

三、信道带宽与信道容量的关系

信道容量就是信道允许的最大比特率。在信噪比一定的前提下，信道容量主要由信道通频带的宽度决定。

下面从傅里叶级数、奈奎斯特定理和香农定理三个方面对信道容量与信道带宽之间的关系进行定性的分析与研究。

首先介绍一个术语——话音级信道。话音级通道来源于传统的模拟电话系统。因为人类对频率在300～3400Hz范围内的话音比较敏感，并且该频段的语音信号基本能表现出说话人的语音特色，即可以辨别出不同的说话人，所以，电话系统中人为地将每路电话的带宽限制在3000Hz左右。通常把具有3000Hz通频带的信道就称为话音级信道。

（一）傅里叶级数分析

信道中传播的电压或电流信号都可以用傅氏级数表示为无穷个谐波的代数和。而信道是有一定带宽的，带宽决定信道所能传送信号的有效频率范围。因此，上述谐波信号只能有一部分通过信道传输而其余的将被抑制。假设信道所能通过的最高谐波数为n，显然，信道带宽越大，通过的谐波数n越大，原始信号所表示的信息丢失就越少，信号失真就越小。

（二）香农定理分析

香农定理告诉我们，有扰信道的最大信息传输速率（信道容量）是有限的，信道容量受信道带宽和信道信噪比的制约，只要给定了信道信噪比和带宽，则信道的最大信息传输速率就确定了，并且该容量与信号取的离散值个数无关，无论用什么调制方式都无法改变。因此根据奈奎斯特定理，通过加大M值提高的信息速率不能超过香农公式所给出的信道容量。

在实际应用中，并不用S/N直接表示信噪比，而是用公式$10\lg S/N$计算后，以分贝值（dB）表示。比如，信噪比为30dB，意味着$S/N=1000$。

第六节　多路复用的基本概念

为了更好地理解多路复用，我们认为应该提出物理信道和抽象（逻辑）信道概念。物理信道是具象的，指信号经过的通信设备和传输介质，强调信道的物质存在性（与广义信道强调的内容不同）；而抽象信道是指在一个物理信道中通过各种信号处理技术而划分出来的多个信号虚拟通道。换句话说，就是一个物理信道可以包含多个抽象信道。比如一根导线是一条物理信道，利用频分复用技术，该导线通频带内的不同小频段就可构成多个抽象频率信道；利用时分复用技术，该导线传输信号过程中的不同小时隙可构成多个抽象时间信道；利用码分复用技术，该导线可以构成多个抽象码型信道。

所谓多路复用就是在同一个物理信道（如一对线缆、一条光纤或空间）中利用复用技术传输多路信号的过程或方法。即在一条物理信道内产生多个抽象信道，每个抽象信道传送一路信号。

目前常用的复用技术主要有频分复用技术、时分复用技术、空分复用技术、码分复用技术、波分复用技术。

频分复用（FDM）是指在一个具有较宽通频带的物理信道中，通过调制技术将多路频谱重叠的信号分别调制到不同的频带上，使得它们的频谱不再重叠（并保证都处在信道的通频带内）的一种多路复用方式。频分复用的特点是各路信号在时间上相互重叠，而在频率上各占其位、互不干扰。它要求信道具有较宽的通频带以保证容纳多路信号的频谱。

时分复用（TDM）是指在一个物理信道中，根据抽样定理通过脉冲调制等技术将多路频谱重叠的信号分时在信道中传输的一种多路复用方式。时分复用的特点是各路信号（调制后）传输时在时间上相互不重叠，而在频率上频谱重叠，任意时刻信道上只有一路信号，各路信号按规定的时间定时传送。

空分复用（SDM）是指利用空间位置的不同，划分出多路信道进行通信的复用方式。比如，一根多芯电缆，其中每一对芯线都可作为一个独立的信道，它们是靠占据不同的空间而存在的。再如，卫星可以靠多个覆盖不同区域的天线，将空间分为多个信道。注意：这里的信道不是虚拟的。

码分复用（CDM）是指利用一种特殊的调制技术将多路时间重叠、频谱重叠的信号变为传输码型不同的信号在信道中传输的一种方式。其特征是多路信号无论在时间上还是频谱上都重叠，但它们的码型不一样。

波分复用（WDM）是光通信中的复用技术，其原理与频分复用类似。

上述复用概念可以用交通现象类比理解："频分复用"相当于把一条道路分为几个车道，不同的车辆（信号）可以同时在不同的车道上跑，靠车道区分不同出发地和目的地的车辆；不同出发地和目的地的车辆分时在一个车道（一条道路）顺序行驶，靠不同的时隙区分就是"时分复用"；不同出发地和目的地的车辆垂直叠在一起（信号是混在一起），同时在一个车道（一条道路）上运行，最后靠车型加以区分就是"码分复用"。

如前所述，根据不同的划分标准，通信系统有多种多样。那么如何评价一个通信系统性能的优劣，就是选择和使用一个通信系统所面临的首要问题。这就需要我们找出能够反映通信系统性能的各种技术指标。然而，研究通信系统性能指标是一个非常复杂的问题，包括的内容很多，涉及通信的有效性、可靠性、标准性、快速性、方便性、经济性以及实用维护等诸多方面。另外，很多特性之间是矛盾的，此消彼长，如果把所有因素都考虑进去，面面俱到，不但系统的设计难以完成，对系统的评价也无法开展。因此，在评价通信系统时，就要从诸多矛盾中找出具有代表性、起主要作用的主要矛盾作为评价标准。由于在设计和使用通信系统时，通信的有效性和可靠性常常是我们首要考虑的问题，所以，把通信的有效性和可靠性这对矛盾作为评价通信系统性能的主要指标。有效性反映信息传输的速率大小，而可靠性则代表信息传输的质量（准确程度）的高低。信息传输得越快，出错的概率就越大，因此速率和质量显然是一对矛盾。在实际工程中可在一定的可靠性要求的前提下，尽量提高信息传输速率，也可保持一定的有效性，从而设法提高信息的准确性。从香农公式中可以看到二者能够在一定的条件下互相转换。

有效性和可靠性是根据对通信质量的要求而定义出的客观标准，但它们是抽象的，没有可操作性，也很难量化。因此，必须在通信系统中找到具体的、可以操作且能够反映有效性和可靠性的参数或指标。

一、模拟通信系统的性能指标

对于模拟通信系统，有效性用系统的传输频带宽度来衡量，而可靠性则常用接收端最终输出的信噪比来评价。

系统的传输带宽主要取决于两个方面：一是传输介质；二是对信号的处理方式。通常传输介质的带宽都比较大，完全能够满足传输要求，系统的带宽主要由对信号的处理方式决定。系统的输出信噪比不但和信号的处理方式有关，还和系统的抗干扰措施或技术有关。采用屏蔽线传输的系统通常要比非屏蔽线系统输出信噪比高。

二、数字通信系统的性能指标

为了评价数字通信系统的有效性和可靠性，我们需要了解如下概念。

（一）码元

实际应用中，表示M进制数字信号每一个状态的电脉冲被称为码元。

理论研究中，因为用于通信的数字信号需要被由若干符号或元素构成的数据序列$\{a_i\}$编码，则码元也可认为是构成数据序列的一个基本符号或元素。

码元与数字信号的关系可类比车厢与火车，在这个概念下，数字信号可以理解为由一系列码元构成的时间序列。通常，数字通信系统传输的是表示“0”“1”的码元序列，即二进制数字信号。

（二）码元传输速率R_B

通信系统单位时间传输的码元个数被称为码元传输速率，用R_B表示，单位为波特（Baud），故也称为波特率。单位“波特”是以法国工程师琼·莫里斯·埃米尔·波特的名字命名。波特率可类比汽车站单位时间内发出的车辆数。

比如一个系统1s传送了1200个二进制码元，其波特率就是1200Baud。

（三）信息传输速率R_b

波特率仅仅反映系统传输数字信号快慢的能力，我们还不知其传输信息量的多少，就好像只知道一条路一小时能过多少辆车，而不知道运送了多少吨货物或多少名乘客一样。因此，人们又定义了一个物理量——信息传输速率。通信系统单位时间传输的信息量被称为信息传输速率。用R_b表示，单位是比特/秒（b/s），因此也称为比特率。比特率可类比汽车站单位时间内发出的货物吨数。

信息传输速率的单位除了基本的比特/秒（常记作b/s—bit per second）外，还有kb/s、Mb/s、Gb/s等，它们之间的关系为：1kb/s=1000b/s、1Mb/s=1000kb/s、1Gb/s=1000Mb/s。

通常，对于“0”“1”等概出现的二进制数字信号，规定一个码元携带1比特（1 bit）的信息量，则二进制数字信号的码元速率和信息速率在数值上相等。

（四）有效性的衡量

显然，对于数字通信系统，在不考虑系统占用频带资源多少的前提下，波特率或比特率的大小可以反映系统的有效性。但因为频带资源有限，常常需要以尽可能小的频带资源浪费，传输尽可能多的信息量，所以，频带利用率也就成为衡量系统有效性的另一个重要指标。

为了提高有效性，在技术与成本允许的情况下，数字通信系统也常采用多进制（M进制）数字信号（通常M取2的各次幂，比如4、8、16等）进行传输。M进制数字信号可以理解为由M种不同码元构成的时间序列。

多进制信号的每一种码元都可用多位二进制码表示（编码），比如，四进制信号的四种码元都可用2位二进制码表示；八进制信号的每个状态可用3位二进制码表示。因为一个二进制码元携带1bit信息量，所以，一个四进制或一个八进制信号码元就包含2bit或3bit信息量。可见，传输多进制信号的好处是可以在波特率不变的情况下提高比特率。比如，波特率为1200Baud的通信系统，现改为传输四进制信号，则其信息传输速率就为2400b/s，比二进制信号提高了一倍。由此得到波特率R_B、比特率R_b与数制M三者之间的关系：

$$R_b=R_B 1bM \text{（b/s）}$$

式中：R_b为信息传输速率（b/s），R_B为码元传输速率（Baud），M是采用信号的进制数。

如果用一辆只坐一个人的小车对应一个二进制码元，那么，一个能坐两个人的大车就像一个四进制码元。显然，在单位时间通过车辆数相同的前提下，大车运送的乘客是小车的两倍。利用多进制信号传输信息的目的，就如同寻求用更大的车载客一样。

第五章　通信技术与应用

第一节　通信技术类型

一、基带传输技术

基带传输是一种最简单、最基本的传输方式。从信号分析角度来看，基带信号是指没有经过任何波形变换、直接包含特征信息的信号。在信道中直接传输基带信号的通信系统被称为基带传输系统。根据基带信号的不同，可将其分为模拟基带传输系统和数字基带传输系统。

由贝尔（Bell）设计的最早的电话系统就是一种典型的模拟基带信号传输系统，它的形式非常简单，通常由发送端的话筒、接收端的听筒和传输信号的电话线三部分组成。在发送端，人们对着话筒讲话，声音就会振动话筒表面的薄膜，引起话筒内部电阻阻值的变化，并进一步产生与声音信号相对应的电压或电流信号。这个信号的波形跟声音信号的波形是一致的，都是关于时间和状态连续变化的，所以通常被称为模拟基带信号。基带信号产生后，系统不对该信号进行波形变换，直接将这个携带了语音信息的基带信号通过电话线传输到接收端，这就完成了模拟基带信号的信道传输。在接收端，用接收的基带电信号驱动听筒发出声音，就可以把电信号重新恢复成原始的声音信号。

随着通信技术的发展，数字基带信号传输方式被普遍用于计算机局域网的信号传输中。在计算机系统中，我们通常对要发送的信息进行编码，形成由“1”和“0”构成的二进制码组序列。而二进制码组序列最基本的电信号形式为方波，即“1”和“0”分别用高（或低）电平和低（或高）电平表示，人们通常把方波固有的频带称为基带，把方波电信号称为数字基带信号。而在计算机间相互连接的网线直接传输这种方波信号则被称为数字基带传输方式。一般来说，要将信源的数据经过变换变为直接传输的数字基带信号，这项工作由编码器完成。在发送端，由编码器实现编码；在接收端，由译码器进行解码，恢复发送端发送的原始数据。

比较以上两种基带传输系统可以发现，基带传输的特点就是直接将携带有原始信息的电信号进行传输，而不对其进行复杂的信号处理。采用基带传输的通信系统，优点是技术简单、设备便宜，缺点是由于基带信号中含有直流和低频分量，容易造成信号波形衰减变形或受干扰和噪声影响，从而造成信噪比下降和误码，因此基带信号不适合长距离传输。所以基带传输系统通常用于近距离信号传输，另外，虽然长距离通信时需要采用频带传输方式，但是频带信号是由基带信号调制而来的，所以频带传输系统中实际上也包含了基带传输系统。

二、调制解调技术

计算机是一种数字设备，通常从计算机通信端口输出的都是二进制的数字基带信号，若传输距离不太远且通信容量不太大时，数字基带信号可以直接传送，我们称之为数字信号的基带传输。但是当需要进行长距离传输的时候，或者利用电话线、光纤或者无线信道传输时，数字基带信号则必须经过调制将信号频谱搬移到高频处才能在信道中传输，我们把这种传输称为数字信号的频带传输。完成这一变换的设备称为调制器，接收端可以通过与之对应的解调器将频带信号恢复成基带数字信号，调制器和解调器通常被集成在一个终端里，称为调制解调器。这种包括了调制和解调过程的传输系统称为频带传输系统，采用频带传输系统可充分利用现有公用电话网的模拟信道，使其进行数据通信。

常见的调制方式包括三类，分别为调幅、调频和调相，它们是用基带信号分别对高频正弦载波信号的幅度、频率和相位进行调制，形成具有相应特征的频带信号。这些频带信号既包含基带信号的信息，又具有载波信号频率高、无直流分量的特点，适合进行远距离的传输。数字系统的调制方式跟模拟系统的调制方式原理相同，调制数字基带信号时，这三种调制方式通常对应振幅键控、频移键控和相移键控。不管应用于哪种系统，调制目的主要包括以下三个方面。

一是将基带信号变换成适合在信道中传输的已调信号。人们发出的语音信号的频率在几十赫兹到几万赫兹范围内，它同计算机的数字基带信号一样都属于低频信号。这种信号在进行远距离传输时容易受到干扰和衰减的影响发生变形，因此在传输此类信号时必须通过调制，把频率搬移到适合传播的信道频谱范围内。

二是通过调制，增强信息信号的抗噪声能力。通信的可靠性和有效性是相互矛盾的，我们可以通过牺牲其中的一方面来换取另一方面的提高。例如，当信道噪声比较严重时，为了确保通信可靠，可以选择某种合适的调制方式（如调频）来增加信号频带的宽度。这样，虽然传输信息的速率相同而所需的频带却得以加宽，显然信息传输的效率（有效性）降低了，但抗干扰能力却增强了。

三是实现信道的多路复用。信道的频率资源十分宝贵，在一个物理信道上仅传输一个信息信号就像在一条宽阔的公路上只允许通过一辆汽车一样，是极大的浪费。为了提高信道频率资源的利用率，可以采用调制的方法对多个信号进行频谱搬移，将它们的频谱按一定的规则排列在信道带宽的相应频段内，从而实现同一信道中多个信号互不干扰地同时传输，这就是频分多路复用技术，它是以调制技术为基础的。

由于具有以上功能，调制技术在现代的通信中已经变得不可或缺。任何一种通信设备中都有相关的调制解调模块。近年来，随着通信技术的飞速发展，新的调制技术和相关设备不断涌现，确保了当前通信的顺利进行。

三、多路复用技术

随着通信技术的发展和通信系统的广泛使用，通信网的规模和需求越来越大。因此通信系统的容量就成为一个非常重要的问题。一方面，原来只传输一路信号的链路上，现在可能要求传输多路信号；另一方面，常见通信系统一条链路的频带很宽，足以容纳多路信号传输。比如，通常人们的语音信号的带宽约为4千赫，即使是数字电话也只不过占用64千赫的带宽，而家里电话线的带宽大概是100兆赫。如果每条电话线路只传输一路电话，就像是在一座有着10条车道的大桥上面，每次只允许一辆汽车通过，的确太浪费信道资源了。可以将多路信号通过一条信道来传输，这种技术被称为多路复用技术。

要想实现一条传输信道的多路复用，关键在于把多路信号汇合到一条信道上之后，在接收端必须能正确地分割出各路信号。分割信号的依据是各信号之间参数的差别，信号之间的差别可以是频率上的不同、信号出现时间的不同或者信号码型结构上的不同。所以多路复用技术实质上也是信号的分割技术。目前，常用的多路复用技术分为三种：频分多路复用、时分多路复用和码分多路复用。

（一）频分多路复用

当要传输的信号带宽小于传输媒质的可用带宽时，可以采用频分多路复用技术。

频分多路复用时把每路信号调制到不同的载波频率上，而且各载频之间保留足够的距离，可避免相邻的频带之间互相重叠，同时在相邻的频率之间设置一定的保护带宽，可避免接收到的各路信号相互干扰。这样在接收端，我们通过调谐就能把需要的信号分离出来。家用有线电视就是采用了这种方式，可以在一条同轴电缆中发送数十路电视信号。

当频分多路复用技术用于光纤通信的时候，被称为波分复用技术。它可以实现在同一根光纤中同时让两个或两个以上的光波长信号通过不同光信道各自传输信息。其具体方式是，在发送端将各路光信号先通过棱柱/衍射光栅聚在一起，共同使用一条光纤进行数据传输，到达目的节点后，再经过棱柱/衍射光栅分开。频分多路复用（FDM）技术和波分复用（WDM）技术无明显区别，因为光波是电磁波的一部分，所以光的频率与波长具有单一对应关系。

（二）时分多路复用

时分多路复用是以时间作为分割信号的依据的，它是利用各信号样值之间的时间空隙，使各路信号互相穿插而不重叠，从而达到在一个信道中同时传输多路信号的目的。在时分多路复用方式下，各路信号占用不同的时隙，因此各路信号是周期性间断发射的。时分多路复用实际上是多个发送端轮流使用信道的一种方式，看似多个发送端在同时发送数据，但实际上每一时刻只有一个发送端在发送数据。

（三）码分多路复用

各种复用技术都是利用信号的正交性来区分信号的，在码分复用方式下，各路信号码元在频谱和实践上都是混叠的。但是代表每个码元的码组是正交的，因此在发送端首先将各路信号调制到不同的正交码组序列上，而接收端可以根据码组序列的不同将各路信号区分开。

四、异步传输与同步传输

同步就是步调一致的意思。在数字通信中，同步是十分重要的。常见的同步方式包括载波同步、位同步、帧同步和网同步。

载波同步主要用于频带信号的相干解调，保证接收端的本地载波与发送端的载波频率相同，以便于正确地恢复载波所携带的数字基带信号。

位同步是指使接收端与发送端保持相同的时钟频率，以保证单位时间读取的信号单元数相同，使得我们能够正确地判断每个码元的起止位置，也保证传输信号的准确性。

帧同步是指当发送端通过信道向接收端传输数据信息时，如果每次发出一个字符（或一个数据帧）的数据信号，接收端必须识别出该字符（或该帧）数据信号的开始位和结束位，以便在适当的时刻正确地读取该字符（或该帧）数据信号的每一位信息，否则就会造成错误。

网同步是指在整个通信网内部实现同步，解决网中各站的载波同步、位同步和帧同步的问题。

如果通信两端不能够保持同步就称为失步，这对于数字通信来讲是致命的，它会导致通信双方无法正常地传输信号，使整个系统陷于瘫痪。

根据通信系统收发两端实现同步方式的不同，我们可以将通信方式分为异步传输与同步传输。二者之间的主要区别在于发送器或接收器是否向对方发送时钟同步信号。但是它们均存在上述基本同步问题：一般采用字符同步或帧同步信号来识别传输字符信号或数据帧信号的开始和结束。

异步传输以字符为单位传输数据，发送端和接收端具有相互独立的时钟（频率相差不大），并且二者中的任一方都不向对方提供时钟同步信号。异步传输的发送器与接收器双方在数据可以传送之前不需要协调。发送端可以在任何时刻发送数据，而接收端必须随时都处于准备接收数据的状态。计算机主机与输入、输出设备之间一般采用异步传输方式。

同步传输以数据帧为单位传输数据，可采用字符形式或位组合形式的帧同步信号，由发送端向接收端提供专用于同步的时钟信号。在短距离的高速传输中，该时钟信号可由专门的时钟线路传输；而在长距离的信号传输过程中，比如在计算机网络中采用同步传输方式时，常将该时钟同步信号插入数据信号帧中，在接收端可以通过提取该同步信号来实现与发送端的时钟同步。为了实现同步，除在通信设备中要相应地增加硬件和软件外，还时常要在信号中增加使接收端同步所需要的信息。这意味着在我们所发送的信息中，同步信号占据了一部分位置，这样虽降低了信息传输速率，但带来了系统可靠性的提高。

五、光纤和光缆

光纤是由高纯度的石英玻璃拉制而成的，直径约为125μm，由纤芯、包层和涂敷层构成。成品光纤的最外层往往还包有缓冲层和套塑层，用以保护光纤。纤芯和包层是两种不同折射率的石英玻璃，包层的折射率要小于纤芯的折射率，只要入射光的入射角足够小，就会在两种介质的分界面上发生全反射，可避免光线信号从纤芯中泄露出去，使其一直沿着光纤传输。光纤可以按照不同的属性进行分类。

根据管线断面折射率的不同，光纤可分为阶跃型光纤和渐变型光纤。阶跃型光纤纤芯的折射率和保护层的折射率都是一个常数。在纤芯和保护层的交界面，折射率呈阶梯形变化。渐变型光纤纤芯的折射率随着半径的增加按一定规律减小，在纤芯与保护层交界处减小为保护层的折射率。纤芯的折射率的变化近似于抛物线。

按照光纤中光信号的传输模式划分，可以分为单模光纤和多模光纤。单模光纤的纤芯直径很小，在给定的工作波长上只能以单一模式传输，传输频带宽、传输容量大。多模光纤是在给定的工作波长上，能以多个模式同时传输的光纤。与单模光纤相比，多模光纤的传输性能较差。

光纤与传统的电线电缆相比具有诸多优点，如通信容量大、传输损耗低、泄露小、保密性好、抗干扰能力强等。但是同时光纤的连接方式也比较复杂，常见的光纤连接方式包括：①可以把光纤接入连接头并插入光纤插座实现连接，这种方式下在连接头要损耗10%～20%的光，但是它使重新配置系统变得很容易；②可以用机械方法将其接合，方法是将两根切割好的光纤的一端放在一个套管中，然后钳起来；③可以让光纤通过结合处来调整，以使信号达到最大，两根光纤可以合在一起形成坚实的连接。融合形成的光纤和单根光纤差不多是相同的，但也有一点衰减。对于这三种连接方法，结合处都有反射，并且反射的能量会和信号交互作用。

光导纤维的线径比较小，机械强度比较差。为了能够在工程中使用，往往需要把多根光纤和一些加强部件共同组成光缆，使它具有一定的强度，并且能适用于不同的环境。光缆是数据传输中最有效的一种传输介质，常见的通信光缆的结构有层绞式光缆、单位式光缆、骨架式光缆和带状式光缆，可以根据不同的使用环境选择不同的光缆。

由于光缆传输具有巨大传输容量，同时还具有不怕电磁干扰和保密性强等优点，所以光缆已经成为下一代通信网络的物理基础。传统的单模光纤在适应超高速、长距离传送网络的发展需要方面已暴露出力不从心的态势，开发下一代新型光纤已成为开发下一代网络基础设施的重要组成部分。

第二节　移动通信网

“任何时刻”，在“任何地方”可以同“任何人”通信，这一直是人类对通信的追求。要实现这一目标，只有移动通信才能做到。虽然在电磁波发现之后，就有人尝试过移动通信，然而移动通信的高速发展与普及大约要滞后固定电话通信100年，这是因为移动通信技术要比固定通信复杂得多，只有在通信理论、集成电路技术进步到20世纪80年代前后，发展与普及移动通信的条件才完全成熟。

一、移动通信的发展历程和趋势

移动通信可以说从无线电通信发明之日起就产生了。1897年，意大利发明家伽利尔摩·马可尼（Guglielmo Marconi）所完成的无线通信试验就是在固定站与一艘拖船之间进行的，之后经历了5个发展阶段。

（一）早期发展阶段

20世纪20年代至20世纪40年代，首先在短波几个频段上开发出专用移动通信系统，其代表是美国底特律市警察使用的车载无线电台。该系统工作频率为2MHz，到20世纪40年代提高到30～40MHz。可以认为这一时期是现代移动通信的起步阶段，特点是系统专用、工作频率较低、数量少。

（二）初级发展阶段

20世纪40年代中期至20世纪60年代初期，公用移动通信业务开始问世。1946年，根据美国联邦通信委员会（FCC）的计划，在圣路易斯城建立了世界上第一个公用汽车电话网，称为“城市系统”。当时使用3个频道，间隔为120kHz，通信方式为单工。随后，联邦德国（1950年）、法国（1956年）、英国（1959年）相继研制了公用移动电话系统。美国贝尔实验室解决了人工交换系统的接续问题。这一阶段的特点是开始向公用移动通信网过渡，人工接续，网络容量较小。

（三）改进完善阶段

20世纪60年代中期至20世纪70年代中期，美国推出了改进型移动电话系统（IMTS），使用150MHz和450MHz频段，采用大区制、中小容量，实现了无线频道的自动选择，并能够自动接续到公用电话网。德国也推出了具有相同技术水平的B网。可以说，在这一阶段，移动通信系统逐步改进与完善，其特点是大区制、中小容量，使用450MHz频段，实现了自动选频与自动接续。

（四）模拟蜂窝移动通信阶段

20世纪70年代中期至20世纪80年代中期是移动通信的蓬勃发展时期。1978年底，美国贝尔实验室成功研制模拟移动电话系统（AMPS），建成了蜂窝状移动通信网，大大提高了系统容量。1983年，首次在芝加哥投入商用，同年12月，在华盛顿也开始启用。之后，服务区域在美国逐渐扩大，到1985年3月已扩展到47个地区，约10万移动用户。其他工业化国家也相继开发出蜂窝式公用移动通信网。日本于1979年推出800MHz汽车电话系统（HAMTS），在东京、大阪、神户等地投入商用；联邦德国于1984年完成C网，频段为450MHz；英国在1985年开发出全地址通信系统（TACS），首先在伦敦投入使用，以后覆盖了全国，频段为900MHz；法国开发出450系统；加拿大推出450MHz移动电话系统MTS；瑞典等北欧四国于1980年开发出NMT–450移动通信网，并投入使用，频段为450MHz。这一阶段的特点是蜂窝状移动通信网已投入使用，并在世界各地迅速发展。移动通信大发展在此时到来有如下几方面的技术原因：①微电子技术在这一时期得到长足进步，使得通信设备的小型化、微型化有了可能。②提出并形成了蜂窝移动通信的新体制。这是因为随着用户数量增加，大区制所能提供的容量很快饱和，贝尔实验室在20世纪70年代提出的蜂窝网的概念成功地解决了这一问题，形成了蜂窝网、小区制的蜂窝概念的新体制，实现了频率再利用，有效地解决了公用移动通信系统要求大容量与频率资源有限之间的矛盾，大大提高了系统容量。③通信理论和信号处理技术的发展，包括调制理论、编码理论和DSP数字信号处理技术等，使得语音信号的传输速率大大降低。④随着大规模集成电路的发展而出现的微处理器技术日趋成熟及计算机技术的发展，为大型通信网的管理与控制提供了技术手段。

（五）数字蜂窝移动通信阶段

20世纪80年代中期是数字移动通信系统发展和成熟时期。以AMPS和TACS为代表的第一代蜂窝移动通信网是模拟系统。模拟蜂窝网虽然取得了很大成功，但也暴露了无法克服的体制缺陷。例如，频谱利用率低、移动设备复杂、造价较贵、业务种类受限制，以及通话易被窃听等。最主要的问题是其容量已不能满足日益增长的移动用户数量需求。解决这些问题的方法是开发新一代数字蜂窝移动通信系统。数字无线传输的频谱利用率高，可大大提高系统容量。另外，数字网能提供语音、数据多种业务，并与ISDN兼容。20世纪80年代中期，欧洲首先推出了泛欧数字移动通信网（GSM）的体制，随后，美国和日本也制定了各自的数字移动通信体制。GSM于1991年7月开始投入商用，1995年覆盖欧洲主要城市、机场和公路。之后，数字蜂窝移动通信的发展浪潮席卷全球，用户数逐渐超过了固定电话，成了通信的主要方式。这个阶段是数码移动通信系统发展和成熟时期。该阶段可以再分为2G、2.5G、3G、4G、5G。

1.2G

2G是第二代手机通信技术规格的简称，一般定义为以数码语音传输技术为核心，无法直接传送如电子邮件、软件等信息；只具有通话和一些如时间日期等传送的手机通信技术规格。不过，手机短信SMS在2G的某些规格中能够被执行。主要采用的是数码的时分多址（TDMA）技术和码分多址（CDMA）技术，与之对应的是GSM和CDMA两种体制。

2.2.5G

2.5G是从2G迈向3G的衔接性技术，由于3G是个相当浩大的工程，牵扯的层面多且复杂，要从2G迈向3G不可能一下就衔接得上，因此出现了介于2G和3G之间的2.5G。HSCSD、WAP、EDGE、蓝牙（bluetooth）、EPOC等技术都是2.5G技术。2.5G功能通常与GPRS技术有关，GPRS技术是在GSM的基础上的一种过渡技术。GPRS的推出标志着人们在GSM的发展史上迈出了意义最重大的一步，GPRS在移动用户和数据网络之间提供一种连接，给移动用户提供高速无线IP和X.25分组数据接入服务。相较2G服务，2.5G无线技术可以提供更高的速率和更多的功能。

3.3G

3G是指支持高速数据传输的第三代移动通信技术。与从前以模拟技术为代表的第一代和第二代移动通信技术相比，3G有更宽的带宽，其传输速度最低为384K，最高为2M，带宽可达5MHz以上；不仅能传输话音，还能传输数据，从而为移动用户提供快捷、方便的无线应用，如无线接入Internet。能够实现高速数据传输和宽带多媒体服务是第三代移动通信的另一个主要特点。目前3G有四种标准：CDMA2000、WCDMA、TD-SCDMA、WiMAX。第三代移动通信网络能将高速移动接入和基于互联网协议的服务结合起来，提高无线频率利用效率。提供包括卫星在内的全球覆盖并实现有线和无线，以及不同无线网络之间业务的无缝连接。满足多媒体业务的要求，从而为用户提供更经济、内容更丰富的无线通信服务。相对第一代模拟制式手机（1G）和第二代GSM、TDMA等数字手机（2G），第三代手机是指将无线通信与国际互联网等多媒体通信结合的新一代移动通信系统，是基于移动互联网技术的终端设备。3G手机完全是通信业和计算机工业相融合的产物，和此前的手机相比差别实在是太大了，因此越来越多的人开始将这类新的移动通信产品称为“个人通信终端”。即使是对通信业最外行的人也可从外形上轻易地判断出一台手机是否是“第三代”：第三代手机都有一个超大的彩色显示屏，往往还是触摸式的。3G手机除了能完成高质量的日常通信，还能进行多媒体通信。用户可以在3G手机的触摸显示屏上直接写字、绘图，并将其传送给另一台手机，而所需时间可能不到一秒。当然，也可以将这些信息传送给一台计算机，或从计算机中下载某些信息。用户可以用3G手机直接上网，查看电子邮件或浏览网页。将有不少型号的3G手机自带摄像头，这将使用户可以利用手机进行计算机会议，甚至替代数码相机。

4.4G

4G是第四代移动通信及其技术的简称，是集3G与WLANT于一体并能够传输高质量视频图像，以及图像传输质量与高清晰度电视不相上下的技术产品。4G系统能够以100Mbps的速度下载，比拨号上网快2000倍，上传的速度也能达到20Mbps，并能够满足几乎所有用户对于无线服务的要求。而在用户最为关注的价格方面，4G与固定宽带网络在价格方面不相上下，而且计费方式更加灵活机动，用户完全可以根据自身的需求选择所需的服务。此外，4G可以在DSL和有线电视调制解调器尚未覆盖的地方进行部署，然后再扩展到整个地区。很明显，4G有着不可比拟的优越性。

5.5G

2012年以来，全球一些主流的移动通信基础网络运营商就开始建立了旨在定义并发展未来5G无线移动宽带通信系统的多个研发组织。同时，很多的相关组织（如政府、无线移动宽带通信系统架构方案提供商等）也先后发表相关声明，表明自己的支持态度。由于在4G无线移动宽带通信系统的商用部署及大规模普及方面，欧洲已经远远地落后于东亚与北美，因此欧盟意欲在未来5G无线移动宽带通信系统的研发方面领先于全球其他地区——欧盟负责“数字议程”发展的副主席尼莉·克罗斯（Neelie Kroes）曾在多个场合发表相关言论。除欧盟外，日本、韩国、中国的国家级政府部门也相当积极地大力推进本国的5G无线移动宽带通信系统研发工作。

二、未来移动通信技术的发展

（一）光明前景

与其他现代技术的发展一样，移动通信技术的发展也显现加快趋势，数字蜂窝网刚刚进入实用阶段。近年来各种方案纷纷出台，其中最热门的是“个人移动通信网”。未来几代移动通信系统最明显的趋势是要求高数据速率、高机动性和无缝隙漫游。实现这些要求在技术上将面临更大的挑战。此外，系统性能（如蜂窝规模和传输速率）在很大程度上将取决于频率的高低。考虑到这些技术问题，有的系统将侧重于提供高数据速率，有的系统将侧重于增强机动性或扩大覆盖范围。然而，技术成熟并不等于市场成熟，未来移动通信技术发展和应用密切相关，只有市场选择的技术才会有生命力。

（二）技术融合与网络融合

应用决定产业，市场选择技术，运营商向全IP过渡，固网和移动网络融合一直都是热点，IMS则是推进实现融合的平台。IMS的特点是核心网络与其他网络公用，只有接入部分不同，网络的很多资源都是公用的。引入IMS后能帮助运营商快速推出新业务。例如，爱立信的WeShare业务。WeShare有白板功能，可以在打电话的时候，将手写的信息同时传给对方，这在以前的电路交换网络当中很难做到。在现场演示中可以看到，如果你要给对方指路，在通话的同时可以在双方手机屏幕上共享地图，一方在手机上标出路线，另一方屏幕上同时显现。另外，通话中不方便说的话，如密码等可以写在手机屏幕上来传送。

三、我国的移动通信产业

几乎全球有名和小有名气的通信设备厂商自中国改革开放以来都来到了中国，他们把各种各样的产品卖给当时中国唯一的运营商（中国电信总局）。然而当网络建好之后，产生了“后遗症”，这就是所谓的“七国八制”，在一张全程全网的通信网络上，存在着十几个品牌的设备，这些设备都声称符合国际标准，但之间仍有互联互通问题。为了让这些设备能够协同工作，运营商不得不做补充性开发，或者增购设备，前后投资巨大。

回顾我国电信过去几十年在运营体制、技术和产业方面所取得的成就，实在令人欣慰。当前，我国电信产业面临的主要问题是以半导体集成电路（特别是高频集成电路）为代表的电子信息基础产业与世界的差距还较大，加速电子信息基础产业的发展迫在眉睫。

四、蜂窝移动通信系统

蜂窝移动通信系统有多种体制，第二代有GSM、CDMA，第三代有WCDMA、CDMA-2000和TD-SCDMA。不同体制的数字蜂窝移动通信系统，它们的无线工作环境、系统的模块组成和网络的结构形式等方面都基本相同，不同的只是信号接口协议、信道编码方式、信号调制方式和在信号无线传输过程中对信号、信道的分配、处理等参数有所不同。

（一）移动通信系统的工作环境

相对于固定通信而言，移动通信采用无线传输，工作在电磁波环境中，它不仅要给用户提供与固定通信一样的通信业务，而且由于用户的移动性，其管理技术要比固定通信复杂得多。同时，由于移动通信网中无线电波的传播环境复杂，有高楼、山脉等物体对电波的反射，会使接收信号电平极不稳定。归纳起来，移动通信有如下主要特点。

1.用户的移动性

移动性引起电平变化，距离近强，距离远弱；移动性造成位置变化，可能进入其他小区，使网络必须跟踪用户的进入或者退出。

2.移动通信的电波多径传播

移动台很少会处在电波的直射路径上，而是处在建筑和障碍物之间、之后，这时移动台接收的电波往往是多条路径反射的叠加。各条路径由于所走距离不同，因而到达移动台的相位也不同，同相相加，反相相消，使信号电平起伏可达40dB以上。相位与波长有关，对于30cm波长（1000MHz）的电波，路径相差15cm的两条路径的信号将相差180°，从而使两信号相消。

3.移动台运动会产生多普勒频移

多普勒频移会改变1.0数码的波形，使接收判决错误，增加误码。人们在日常生活中也可感受到多普勒频移的存在。当两列火车对开时，听到的鸣笛声调是有变化的，这就是因为产生了多普勒频移。

4.多用户工作

在一个小区内，通常会有数人或者数十人同时通话，此时就会引起移动台之间的相互干扰。

（二）工作频段

移动通信宜选择微波频段的低频区段300～3000MHz作为工作频率。频率太高，电磁波的“似光性”明显，使室内、室外及车内、车外的电平相差会更大，会增加系统调整电平的难度；频率太低，天线尺寸过大，不便携带。但在这一区段可供移动通信使用的频段总共还只有约700MHz的带宽，其他区段都已分配有其他应用。例如，300～456.25MHz是电视（增补）第18～37频道，471.25～559.25MHz是电视第13～24频道，567.25～599.25MHz是电视（增补）第38～42频道，607.25～863.25MHz是电视第25～57频道，等等。还有手机电视、卫星移动通信、无线接入、无线数据传输、无线集群通信等也需占用这一区段，因而这一区段的频率资源十分紧张，这就要求移动通信在体制设计方面要提高频谱利用率。

目前，所谓移动通信系统使用800MHz频段、900MHz频段、1800MHz频段等，实际上只是在那一频率区间的一小段。频率资源是由国际电联和各国政府的管理机构掌握分配和管理的。另外，无线接入系统不存在漫游问题，因而可在不同的地区、不同的用户、不同的环境，在不干扰已有无线电业务的情况下，灵活使用不同的频段。由于无线接入只是有线的补充和延伸，因而目前未给无线接入分配专用的频段，而是与其他无线电业务在互不干扰的前提下共用一个频段。

（三）无线蜂窝结构

为什么要划分成“蜂窝”呢？一个蜂窝内放置一个基站，即放置一台收发信机，工作在某一频道。以当前的技术条件，一个频道内最多可容纳约30个用户。每一个小蜂窝内都可以有30个人打电话，10个小蜂窝就可以增加至300人接入容量。人口越密，蜂窝越小，微型蜂窝的直径只有几十米。每一个蜂窝内架设一个基站，通常还划分3～4个扇区，由定向天线向扇区内发射。实际的小区可能有大有小，结构也可能不是六边形，它取决于各地点的信号电平。各小区基站分别和手机（移动台）进行通信。其网络电子硬件设备的配置大致是几个小区配一台基站控制器（BSC），一个地区配一台市话交换机，或者配一台局用交换机。市话交换机和局用交换机的区别是市话交换机不能转接固定电话。

（四）网络结构与功能

蜂窝移动通信用户在一次通话过程中，可能要从一个小区漫游到另一个小区，从一台交换机漫游到另一台交换机，通话不能中断，信号传输不能受丝毫影响。这就要求网络在完成一次通话服务中要进行很多硬件、软件的操作，而且要使用户完全不会察觉到网络对手机所进行的操作。除在一个地区漫游之外，还可能在城市之间漫游、国家之间漫游。如何才能做到这些呢？这是由移动通信网络实现的。各种数字蜂窝移动通信系统的网络结构略有不同，但主要模块的基本功能和原理是相同的。

GSM数字蜂窝移动通信系统网络结构包含两个子系统：基站子系统和网络子系统。基站接收到手机的信号送基站控制器。基站控制器要对各基站的参数（如发射功率等）实施控制，同时也要对基站中各手机的参数进行控制，此外还要控制手机的越区切换等。基站控制器还要完成对信号的信道解码、解交织，而后将语音数码信号送移动交换机。移动交换机和固定交换机的硬件结构、原理基本相同，只是交换的数据不同、接口协议不同、数据库不同，因而可以由一台固定交换机在基本不改变硬件系统的前提下，只更新软件就可以将其改造成一台数字移动交换机。移动交换机和固定交换机的主要不同是它有两个数据库，分别为访问位置寄存器和归属位置寄存器。所有处在交换机连接的各小区之内的手机用户，只要接通了电源，都将定时发信号和网络联系，并会将用户参数记录在VLR中。网络也会不断发信号告知手机现在处在何小区、何服务区，以及有关参数等。

五、移动通信的其他类型

移动通信的种类繁多，除数字蜂窝移动通信外，其他应用较广的有以下几种类型。

（一）集群移动通信

集群移动通信也称为大区制移动通信。它的特点是只有一个基站，天线高度为几十米至百余米，覆盖半径约30km，发射机功率可高达60W，甚至更大。用户数可以是几十人、几百人、几万人，甚至数十万人，可以是车载台，也可以是手持台。它们可以与基站通信，也可通过基站与其他移动台及市话用户通信，基站与市站通过有线网连接。集群移动通信多为单工制，单工制是指通信双方交替地发送和接收的通信方式，适用于用户量不大的专业移动通信业务，通常用于点到点通信。根据使用频率的情况，单工制通信又可分为同频单工和双频单工。

同频单工是通信双方使用相同的工作频率，其操作采用“按、讲”开关方式。平时，电台甲和电台乙均处于收听状态。当电台甲欲与电台乙通信时，则按下甲方的发话控制按钮，即关闭甲方的接收机，使其发射机处于发射状态。此时，因乙方处于接收状态，因而可实现甲到乙的通信。若乙方要与甲方通信，过程与上相同。由于同一部电台的收发信机是交替工作的，故收发信机是使用同一副天线，而无须天线共用器。这种通信方式具有设备简单、功耗小及组网方便等优点，但操作极不方便。

（二）卫星移动通信

卫星移动通信是利用卫星转发信号实现的移动通信，可采用赤道固定卫星，也可以采用中低轨道的多颗星座卫星转接。卫星移动通信的代表是铱星系统。

所谓铱星系统，是美国摩托罗拉公司提出的第一代真正依靠卫星通信系统提供联络的全球个人通信方式，旨在突破现有基于地面的蜂窝无线通信的局限，通过太空向任何地区、任何人提供语音、数据、传真及寻呼信息。铱星系统是66颗无线链路相连的卫星（外加6颗备用卫星）组成的一个空间网络。设计时原定发射77颗卫星，因铱原子外围有77个电子，故取名为铱星系统。后来又对原设计进行了调整，卫星数目改为66颗，但仍保留原名称。

铱星系统工作于L波段的1616～1626MHz，卫星在780km的高空，100min左右绕地球一圈。系统主要由三部分组成：卫星网络、地面网络、移动用户。系统允许在全球任何地方进行语音、数据通信。铱星系统有66颗低轨卫星分布在6个极平面上，每个平面分别有一个在轨备用星。用户由所在地区上空的卫星服务，网络的特点是星间交换，极平面上的12颗工作卫星，就像无线电话网络中的各个节点一样，进行数据交换。6颗备用星随时待命，准备替换由于各种原因不能工作的卫星，保证每个平面至少有1颗卫星覆盖地球。每颗卫星与其他4颗卫星交叉连接，两个在同一个轨道面，两个在邻近的轨道面。地面网络包括系统控制部分和关口站。系统控制部分是铱星系统管理中心，它负责系统的运营，业务的提供，并将卫星的运动轨迹数据提供给关口站。系统控制部分包括4个自动跟踪遥感装置和控制节点、通信网络控制、卫星网络控制中心。关口站的作用是连接地面网络系统与铱星系统，并对铱星系统的业务进行管理。铱星电话的全球卫星服务，使人们无论在偏远地区或地面有线、无线网络受限制的地区，都可以进行通话。当你拨了电话号码以后，信号首先到达离你最近的一颗铱星，然后转送到地面上该手机归属的关口站，关口站相当于一个呼叫中心，用户必须向它登记，以便在使用铱星电话时能进行校验、寻找路由及计费。随后关口站再把信号转送到铱星网上并在铱星间传送，直到到达目的地为止。目的地可以是另一部铱星手机，也可以是一部普通固定电话或蜂窝移动电话手机。整个过程会在10s内完成。

（三）无绳电话

无绳电话是对于室内外慢速移动的手持终端的通信，特点是小功率、通信距离近、轻便。它们可以点到点通信，或者与市话用户进行单向或双向的通信。

六、移动通信的主要技术

可以说现代移动通信是现代电子信息技术和通信技术的集成。首先是半导体集成电路，包括微波集成电路和多芯片组装，只有利用了这些技术才能实现移动终端（手机）的小型化；其次是通信理论和技术的进步，包括语音编码技术、信号调制理论、信道编码技术和信号检测理论等。

（一）通信理论和技术

1.语音编码技术

在固定通信中采用PCM编码，语音的数据速率是64kbit/s，在CDMA移动通信系统中已将其压缩至1.2kbit/s，使得在原固定电话的带宽内可以容纳53人同时通话。语音编码技术的进步对于解决移动通信频率资源有限和系统大容量之间的矛盾发挥了重大作用。

2.信号调制理论

视频应用要求高速率，从互联网上下载资料也要求高速率，目前WCDMA的增强型技术HSPDA在1.25MHz的带宽内的下行速率可达到14Mbit/s，如果没有先进的调制技术是不可能做到的。OFDM、64QAM和MIMO等先进的调制技术已普遍应用于移动通信和无线接入等系统中。

3.信道编码技术

移动通信的信道条件是所有通信信道中最恶劣的，接收信号电平存在快衰落和多普勒频移，由于采用了先进的信道纠错编码和交织技术保证了信号传输的可靠性，降低了误码。在移动通信系统中应用较多的有卷积码、Turbo码和LDPC码等。信道编码技术包括编码理论和实现技术，在实现技术中又有硬件实现和软件实现两类。信道编码是一个技术含量高、应用范围广的重要领域。

4.信号检测理论

在信噪比很低条件下的信号检测、在衰落信道条件下的信号检测，以及在多重调制制度信号结构条件下的信号检测等，是先进的信号检测理论和技术保证了移动通信信号的正确接收。

（二）系统集成技术

现代数字蜂窝移动通信系统是现代电子信息技术、器件，从微波到基带的集成；是各类复杂软件，包括数据库、实时操作系统、单片机、DSP等的集合；所传送的信息包括语音、数据和视频。数字蜂窝移动通信，包括第二代、第三代和B3G，它的技术代表了当代电子信息技术的最高水平。要实现这一系统的集成，使之发挥其技术的潜力，则是一项名副其实的系统工程。我国提出的第三代移动通信TD-SCDMA的体制，说明了我国技术人员在系统集成技术方面的进步。

1.TD-SCDMA

TD-SCDMA使用了第二代和第三代移动通信中的所有信号接入技术，包括TDMA、CDMA和SDMA，其中的创新部分是SDMA。SDMA可以在时域/频域之外，用来增加容量和改善性能，SDMA的关键技术是利用多天线对空间参数进行估计，对下行链路的信号进行空间合成。另外，将CDMA与SDMA技术结合起来也起到了相互补充的作用，尤其是当几个移动用户靠得很近并使得SDMA无法分出时，CDMA就可以很轻松地起到分离作用了，而SDMA本身又可以将CDMA用户的相互干扰降至最小。SDMA技术的另一重要作用是可以大致估算出每个用户的距离和方位，可应用于对用户的定位，并能为越区切换提供参考信息。总的来讲，TD-SCDMA有价格便宜、容量较高和性能优良等诸多优点。

2.智能天线

智能天线技术是TD-SCDMA中的重要技术之一，是基于自适应天线原理的一种适合于第三代移动通信系统的新技术。它结合了自适应天线技术的优点，利用天线阵列的波束集合和指向，产生多个独立的波束，可以自适应地调整其方向图以跟踪信号的变化，同时可对干扰方向调零以减少甚至抵消干扰信号，增加系统的容量和频谱效率。智能天线的特点是能够以较低的代价换得天线覆盖范围、系统容量、业务质量、抗阻塞和抗掉话等性能的提高。智能天线在干扰和噪声环境下，通过其自身的反馈，控制系统改变天线辐射单元的辐射方向图、频率响应及其他参数，使接收机输出端有最大的信噪比。

3.WAP技术

WAP（无线应用协议）已经成为数字移动电话和其他无线终端上无线信息和电话服务的实际标准。WAP可提供相关服务和信息，提供其他用户进行连接时的安全、迅速、灵敏和在线的交互方式。WAP驻留在因特网上的TCP/IP协议环境和蜂窝传输环境之间，但是独立于所使用的传输机制，可用于通过移动电话或其他无线终端来访问和显示多种形式的无线信息。WAP规范既利用了现有技术标准中适应于无线通信环境的部分，又在此基础上进行了新的扩展。由于WAP一端连接现有的移动通信网网络，一端连接因特网，因此，只要移动用户具有支持WAP协议的媒体手机终端，就可以进入互联网，实现一体化的信息传送，可以开发出无线接口独立、设备独立和完全交互操作的手持设备Internet接入方案，从而使得WAP方案能最大限度地利用用户对Web服务器、Web开发工具、Web编程和Web应用的既有投资，保护用户现有利益，同时也解决了无线环境所带来的有关新问题。

4.无线互联网技术

无线互联网将是未来移动通信发展的重点，宽带多媒体业务是最终用户的基本要求。现代的移动设备越来越多了（手机、笔记本式计算机、PDA等），采用无线IP技术与第三代移动通信技术结合将会实现高速移动这个愿望。由于无线IP主机在通信期间需要在网络上移动，其IP地址就有可能经常变化。传统的有线IP技术将导致通信中断，但第三代移动通信技术因为利用了蜂窝移动电话呼叫原理，将可以使移动节点保持和手机一样的固定不变的IP地址，一次登录即可实现在任意位置上或在移动中保持与IP主机的单一链路层连接，完成移动中的数据通信。

5.软件无线电技术

在不同工作频率、不同调制方式、不同多址方式等多种标准共存的第三代移动通信系统中，软件无线电技术是一种最有希望解决这些问题的技术之一。软件无线电技术可将模拟信号的数字化尽可能地接近天线，即将AD转换器尽量靠近RF射频前端，利用DSP的强大处理能力和软件的灵活性完成信道分离、调制解调、信道编码译码等工作，从而可为第二代移动通信系统向第三代移动通信系统的平滑过渡提供一个良好的无缝解决方案。软件无线电技术基于同一硬件平台，通过加载不同的软件，就可以获得不同的业务特性。相较于系统升级、网络平滑过渡、多频多模的运行环境操作简单、成本低廉；对于移动通信系统的多模式、多额段、多速率、多业务、多环境特别有利，将为移动通信的软件化、智能化、通用化、个人化和兼容性带来方便有效的解决方案。

第三节　卫星通信

一、卫星通信

（一）卫星通信概述

卫星通信是利用人造地球卫星作为中继站转发无线电波，在两个或多个地球站之间进行的通信。卫星天线的波束覆盖了各地球站所在的区域，各地球站的天线均指向卫星。各地球站之间可通过卫星实现互联互通。通信卫星的作用就相当于距地面很远的中继站。当地球上的各个地球站都能同时“看到”卫星时，就能经卫星中继站转发进行全球通信。如果卫星运行的轨道太低，那么距离较远的两个地球站便不能同时“看到”卫星了，此时就需通过其他的卫星转发。卫星通信使用微波频段（300MHz～300GHz），其主要原因是卫星处于外层空间（电离层之外），地面上发射的电磁波必须穿透电离层才能到达卫星。同样，从卫星到地面的电磁波也必须穿透电离层，而微波的上述频段的波束恰好具备这一条件。气象卫星和通信卫星的工作频段、功能等有所不同，它不是转发，而是接受指令向地球传送它探测的图像。

1.卫星通信的优点

（1）通信距离远，覆盖范围大

利用静止卫星，最大的通信距离可达18000km左右，卫星视区（从卫星“看到”的地球区域）可达全球表面积的42.4%，原则上只需3颗卫星，就可建立除地球两极附近以外的全球不间断通信。因此，卫星通信是远距离越洋通信和全球电视转播的重要手段。

（2）便于实现多址连接

微波通信通常为点对点通信，而在卫星通信中，卫星所覆盖的区域内，所有地面站都能利用这一卫星进行相互间的通信，这种能同时实现多方向、多地点通信的能力，称为“多址连接”。卫星通信的这种突出的优点，为通信网络的构成，提供了高效率和灵活性。

（3）卫星通信的频带宽、容量大

由于卫星通信采用微波频段，因而可供使用的频带很宽。而且一颗卫星上可设置多个转发器，可成倍增加卫星通信的容量和传输的业务类型。

（4）卫星通信机动灵活，不受地理条件限制

卫星通信的地面站可以建立在边远山区、岛屿、汽车上、飞机上和舰艇上，既可以是永久站，也可以临时架设，建站迅速，组网快。

（5）卫星通信线路较稳定、通信质量好

卫星通信的电波主要是在大气层以外的自由空间传播，而电波在自由空间传播十分稳定，因此卫星通信几乎不受气候和气象变化的影响，而且通常只经过一次转接，噪声影响小，通信质量好。

（6）卫星通信可以自发自收，有利于监测

由于地球站以卫星为中继站，卫星将系统内所有地球站发来的信号转发回地面。因此，进入地球站接收机的信号中，包含有本站发出的信号，从而可监视本站信息传输质量的优劣。

2.卫星通信的缺点

（1）卫星通信完全依赖于卫星的高可靠、长寿命

实现卫星的高可靠、长寿命并不容易。一个通信卫星内要装几万个电子元件和机械零件，如果在这些元件中有一个出了故障，都可能引起整个卫星失效，修理或替换装在卫星内部的元器件几乎是不可能的。此外，卫星完全依赖太阳能电池供电，电池寿命也是一大挑战。因此，人们在制造和装配通信卫星时，不得不做大量的寿命和可靠性试验。通信卫星的设计寿命一般为10～15年。

（2）静止卫星的发射与控制技术比较复杂

随着季节的变化，卫星在空中的姿态需定期调整，地面卫星接收天线指向也需微调，这些都增加了系统控制的复杂性。同时，随着卫星的传输容量增加，卫星电源的容量和重量也需相应增大，这也增加了卫星本身的能耗和调整的复杂性。

（3）存在日凌中断和星蚀现象

当卫星处在太阳和地球之间，并在一条直线上时，地球站的卫星天线在对准卫星接收信号的同时，也会因对准太阳，受到太阳的辐射干扰，从而造成每天有几分钟的通信中断，这种现象称为日凌中断。另外，当卫星进入地球的阴影区时，还会出现星蚀现象，需由星上电池供电。

（4）电波的传播时延较大且存在回波干扰

利用静止卫星进行通信时，信号由发端地球站经卫星转发到收端地球站，单程传输时间约为0.27s。当进行双向通信时，约为0.54s。如果是进行通话，会给人带来一种不自然的感觉。与此同时，如不采取回波抵消器等特殊措施，还会由于收、发话音的混合线圈的不平衡等原因，产生回波干扰，使发话者在0.5s以后，又听到了自己讲话的回音，从而造成干扰。

总而言之，卫星通信既有许多优点，也存在一些缺点。但卫星通信作为一类独特的通信方式在某些情况下是无法取代的。

3.卫星通信系统的分类

目前，世界上已建有许多卫星通信系统，可从不同的角度，对卫星通信系统进行分类。

（1）按卫星运动轨道分为高轨道同步卫星通信系统和低轨道移动卫星通信系统。

（2）按通信覆盖区分为国际卫星通信系统、国内卫星通信系统和区域卫星通信系统。

（3）按用户性质分为公用卫星通信系统和专用卫星通信系统（气象、军用等）。

（4）按通信业务分为固定业务卫星通信系统、移动业务卫星通信系统、广播业务卫星通信系统和科学试验卫星通信系统。

（5）按多址方式分为频分多址卫星通信系统、时分多址卫星通信系统、空分多址卫星信系统、码分多址卫星通信系统和混合多址卫星通信系统。

（6）按基带信号分为模拟卫星通信系统和数字卫星通信系统。

（二）卫星通信系统

1.卫星通信系统组成

卫星通信系统由空间卫星、地球站、跟踪遥测及指令分系统和监控管理分系统四部分组成。

（1）通信卫星

通信卫星在空中起中继站的作用，即把地球站发上来的电磁波放大后再反送回另一地球站。包括收发天线和通信信号收发分机、星体上遥测指令、控制系统和电源等。

（2）跟踪遥测及指令分系统

跟踪遥测及指令分系统是对卫星进行跟踪测量，控制卫星准确地进入静止轨道上的指定位置，并对卫星的轨道、位置、姿态进行监视和校正。

（3）监控管理分系统

监控管理分系统是对在轨道上的卫星的通信性能及其参数进行业务开通前的监测和业务开通后的例行监测和控制，如转发器功率、天线增益，地球站发射功率、射频频率和带宽，以保证通信卫星正常运行和工作。

（4）地球站分系统

地球站分系统包括地球站和通信业务控制中心设备系统：天线和馈电设备，发、收设备，通信终端，跟踪与伺服系统等。

2.VSAT卫星通信

VSAT是卫星通信的一种，意思是甚小口径卫星通信终端，通常指终端天线口径在1.2m、2.8m左右的卫星通信地球站。VSAT通信之所以得到发展，除它本身固有卫星通信的优势外，还有两个主要特点。

（1）VSAT卫星通信地球站设备结构简单、全固态化、尺寸小、耗能小、系统集成与安装方便。VSAT站设备通常只有室内和室外两个单元（机箱），安装极为方便，可以安装在用户所在地。人们所熟知的并正在大量使用的卫星电视接收站，实际上就是一种单向（只有接收而无发射）的VSAT站。VSAT站由于设备轻巧、机动性好，适于建立流动卫星通信地面站。在汶川大地震期间，临时架设的卫星地面站即VSAT终端。

（2）VSAT卫星通信组网方式灵活方便，通信网络结构形式可分为星形网络、网状网络和混合网络三类，它们各具特色。

星形网络：由一个主站（一般是处于中心城市的枢纽站）和若干个VSAT小站（远端用户终端站）组成。主站具有较大口径的天线和较大功率的发信设备，网络除负责网络管理外，还要承担各个VSAT小站之间信息的发送与接收，即为各小站间提供传输信道和交换功能，因此主站具有控制功能。一个星形网络系统可以容纳数百个至上千个小站，网络内所有小站都与主站建立直接通信链路，可直接通过卫星（小站—卫星—主站）沟通联络。小站与小站之间不能直接进行通信，必须经过主站转接，按“小站—卫星—主站—卫星—小站”方式构成通信链路。由此可以看到小站之间的链路是要两次通过卫星，即经过“双跳”连通，因此具有约0.45s的传输时延，小站之间的用户在通话时会感到有些不习惯。这是星形VSAT网络连接用于通话的一个缺陷，故而这种“双跳”传输适用于数据业务或录音电话，而不适用于实时语音业务。

网状网络：由一个主站和若干小站组成，只是小站之间可以按“小站—卫星—小站”通信链路实现“单跳”通信，而无须再经过主站转接。从而传输时延比星形网络减少一半，只有0.27s，用户在通话时还可适应。此时的主站借助于网络管理系统，负责各VSAT小站分配信道和监控它们的工作状态。

混合网络：集星形网络和网状网络于一体的网络，集中各自有利的方式完成连接。网中各VSAT小站之间可以不通过主站转接，而直接进行双向通信。VSAT通信系统综合了诸如分组信息的传输、交换、多址协议及频谱扩展等多种先进通信技术，进行数据、语音、视频图像、图文传真和随机信息等多种信息的传输。一般情况下，星形网以数据通信为主，兼容语音业务。网状网络和混合网络以语音通信为主，兼容数据传输业务。和通常一般的卫星通信一样，VSAT通信的一个基本优势是可利用同一个卫星实现多个地球站即VSAT小站之间的同时通信，这称为“多址连接”。实现多址连接的关键是各地球站所发信号经过卫星转发器混合与转发后，能为相应的对方站所识别，同时各地球站信号之间的干扰要尽量小一些。实现多址连接的技术基础是信号的分割。只要各信号之间在某一参量上有差别，如信号频率不同、信号出现的时间不同，或信号所处的空间不同，等等，就可将它们分割开来。为达到此目的，需要采用一定的多址连接方式。

在VSAT通信系统中，又常因传输的业务类别而采用不同的多址连接方式。例如，在同一个地球站，传输语音时采用频分多址的单路载波方式，传输数据时则采用时分多址技术。与多址连接方式紧密相关的还有一个信道的分配问题，就是怎样将频带、时隙、地址码等有序地分配给各站使用，称为信道分配技术。

多址方式的信道分配技术方法很多，在VSAT通信系统中，常采用的有预分配方式和按需分配方式。预分配方式中又有固定预分配方式和按时预分配方式。前者是按事先约定固定分配给每个VSAT站一定数目的载波频率，VSAT站只能使用分配给它的专用频率与有关的VSAT站通信，其他站不能占用这些频率，由于各个VSAT站都有专用的载波频率，故建立通信较快。但因各VSAT站不管是否工作始终占据着一个载波频率，也使得频率利用较低。所以这种方式适用于业务量大的线路。后者是为了提高信道利用率，根据VSAT站不同时间的业务量而提出的预分配方式。

按需分配信道方式也称按申请分配信道方式，它克服了预分配信道方式的缺点，而是什么时间需要信道，就什么时间申请信道。通信完毕后，信道返还管理与控制中心再行分配使用，这样便大大提高了利用率。

VSAT通信技术目前已比较成熟，新技术、新产品也在逐步丰富VSAT通信，使其更加完善，运营更加方便。

（四）我国卫星通信技术的发展

我国在卫星通信技术方面已具备了较好基础，今后除加速发展固态微波器件等基础产业外，在卫星通信技术方面主要的发展趋势是专用卫星通信网进一步发展小型化、智能化的VSAT站和VSAT网，采用固态微波组件，更广泛采用超大规模的专用集成电路VLSI和ASIC，以及数字信号处理器（DSP），使VSAT网从单一的数据为主或话音为主，发展为数话兼容的混合网络设备，更进一步发展为话音、数据、图文、电视兼容的综合业务数字网；移动卫星通信网积极发展与同步轨道移动卫星通信系统相关的技术，如同步卫星上的12～18m大天线的制造与展开、拆收技术；功率为0.2W、微带天线长7cm的小型多模卫星通信手持机技术；星上多波束切换技术和信关站技术，在中低轨道移动卫星系统中的星上交换、星上处理、星间链路技术、越区切换技术和信关站有关的技术；开展卫星通信网与其他异构网的互通、互联、网络同步与交换技术，完成该网与异构网协议变换，信令呼叫接口技术等；网络管理和控制及网络动态分配处理的自动化技术；卫星通信网的网络安全、保密技术；与我国卫星通信设备产业化发展有关的生产、工艺加工技术；等等。

在21世纪，卫星通信将获得重大发展，尤其是世界上新技术，如光开关、光信息处理、智能化星上网控、超导、新的发射工具和新的轨道技术的实现，将使卫星通信产生革命性的变化，卫星通信将对我国的国民经济发展，对产业信息化产生巨大的促进作用。

二、GPS全球定位系统

美国从20世纪70年代开始研制GPS全球定位系统，历时20年，耗资200亿美元，于1994年全面建成。GPS是具有在海、陆、空进行全方位实时三维导航与定位能力的新一代卫星导航与定位系统。GPS能够实现数据采集、故障诊断、跟踪监测、卫星调度、导航电文编辑等功能，用户端使用GPS接收设备实现定位导航功能。GPS系统全球地面连续覆盖，能保证全球、全天候连续实时定位的需要，可向全球用户精确、实时、连续地提供动态目标的三维位置、三维速度和时间信息，实时定时速度快；采用伪码扩频通信技术，发送的信号具有良好的抗干扰性和保密性。

（一）GPS系统组成

GPS系统由三大部分组成：GPS卫星星座、地面控制部分和用户部分——GPS信号接收机。

1.GPS卫星星座

由21颗工作卫星和3颗在轨备用卫星组成GPS卫星星座，记作（21+3）GPS星座。24颗卫星均匀分布在6个轨道平面内（每个轨道面4颗），此外还有4颗有源备份卫星在轨运行。卫星的分布使得在全球任何地方、任何时间都可观测到4颗以上的卫星，并能保持良好定位解算精度的几何坐标图形，这就提供了在时间上连续的全球导航能力。在用GPS信号导航定位解算时，地面站为了计算三维坐标，必须观测4颗以上的GPS卫星，以获得定位星座。这4颗卫星在观测过程中的几何位置分布对定位精度有一定的影响。对于某地某时，甚至不能测得精确的点位坐标，这种时间段叫作“间隙段”。但这种时间间隙段是很短暂的，并不影响全球绝大多数地方的全天候、高精度、连续实时的导航定位测量。GPS卫星发送两组电码，一组称为C/A码：C/A码的频率为1.023MHz，重复周期1ms，码间距1μs，相当于300m；P码频率为10.23MHz，重复周期266.4天，码间距0.1μs，相当于30m。由于P码频率较高，不易受干扰，定位精度高，因此受美国军方管制，并设有密码，一般民间无法解读，主要为美国军方服务。C/A码人为采取措施而刻意降低精度后，主要开放给民间使用。

2.地面控制部分

地面控制部分由1个主控站、5个全球监测站和3个地面控制站组成。监测站均配装有精密的铯钟和能够连续测量到所有可见卫星的接收机。监测站将取得的卫星观测数据，包括电离层和气象数据，经过初步处理后，传送到主控站。主控站设在范登堡空军基地。主控站从各监测站收集跟踪数据，计算出卫星的轨道和时钟参数，然后将结果送到3个地面控制站。地面控制站在每颗卫星运行至上空时，把这些导航数据及主控站指令注入卫星。每天对每颗GPS卫星注入一次，并在卫星离开注入站作用范围之前进行最后的注入。如果某地面站发生故障，那么在卫星中预存的导航信息还可用一段时间，但导航精度会逐渐降低。

3.用户部分——GPS信号接收机

用户设备部分即GPS信号接收机。其主要功能是捕获到按一定卫星截止角所选择的待测卫星，并跟踪这些卫星的运行。当接收机捕获到跟踪的卫星信号后，即可测量出接收天线至卫星的伪距离和距离的变化率，解调出卫星轨道参数等数据。根据这些数据，接收机中的微处理计算机就可按定位解算方法进行定位计算，计算出用户所在地理位置的经纬度、高度、速度、时间等信息。接收机硬件和机内软件以及GPS数据的后处理软件包构成完整的GPS用户设备。GPS接收机的结构分为天线单元和接收单元两部分。接收机一般采用机内和机外两种直流电源。设置机内电源的目的在于更换外电源时不中断连续观测。在用机外电源时，机内电池自动充电。关机后，机内电池为RAM存储器供电，以防止数据丢失。目前各种类型的接收机体积越来越小，重量越来越轻，便于野外观测使用。汽车导航仪已成为家用小汽车广泛使用的设备，一些蜂窝移动通信手机也集成有GPS功能，GPS的应用范围已越来越广。全球定位系统的主要特点为全天候、全球覆盖、三维定速定时高精度、快速、省时、高效率等。

（二）GPS系统的特点与应用

1.特点

（1）定位精度高

C/A码的误差是2.93 ~ 29.3m。一般的接收机利用C/A码计算定位。美国在20世纪90年代中期出于自身安全的考虑，在信号上加入了SA，令接收机的误差增大到100m左右。2000年5月2日，SA取消，所以现在的GPS精度能达到20m以内。P码的误差为0.293 ~ 2.93m，是C/A码的1/10。但是P码只供美国军方使用，AS是在P码上加上的干扰信号。

（2）观测时间短

20km以内快速静态相对定位仅需15 ~ 20min；当每个流动站与参考站相距在15km以内时，流动站观测时间只需1 ~ 2min。

（3）可提供三维坐标

GPS可同时精确测定测站点的三维坐标（平面十大地高）。通过局部大地水准面精化，GPS水准可满足四等水准测量的精度。

GPS还有其他特点，如操作简便；全天候作业，GPS观测可在一天24小时内的任何时间进行；功能多、应用广，可用于测量、导航，精密工程的变形监测，还可用于测速、测时。

2.GPS的应用

（1）GPS应用于导航

GPS主要是对船舶、汽车、飞机等运动物体进行定位导航。例如，船舶远洋导航和进港引导、飞机航路引导和进场降落、汽车自主导航、地面车辆跟踪和城市智能交通管理、紧急救生、个人旅游及野外探险、个人通信终端（与手机、PDA、电子地图等集于一体）。

（2）GPS应用于授时校频GPS时间系统

GPS全部卫星与地面测控站构成一个闭环的自动修正时间系统以协调世界时UTC（USNO/MC）作为参考基准。

（3）GPS应用于高精度测量

各种等级的大地测量、控制测量，道路和各种线路放样，水下地形测量，地壳形变测量，大坝和大型建筑物变形监测，GIS数据动态更新，工程机械（轮胎吊、推土机等）控制，精细农业，等等。

（三）其他卫星定位系统

1.欧洲伽利略全球卫星定位导航系统

伽利略全球卫星定位导航系统在卫星与地面站之间信号的传送方式上和美国GPS有所不同。美国GPS的卫星信号上传和控制部分均处于同一个波段，而伽利略全球卫星定位导航系统则有3个波段分别传送，因此可使地面系统在任何时候都可以同任何一个卫星进行信号传递。此外，美国GPS只有24颗运行卫星，而伽利略全球卫星定位导航系统由27颗运行卫星和3颗预备卫星组成，因此全球覆盖面更广。“伽利略”计划为地面用户提供3种信号：免费使用的信号、加密且需交费使用的信号、加密且需满足更高要求的信号。其精度依次提高，最高精度比GPS高10倍，即使是免费使用的信号精度也达到6m，最高可以达到1m。打一个形象的比喻，如果说美国的GPS只能找到街道，那么“伽利略”可找到车库门。

美国GPS由于在建立之初是应用于军事的，因此对民用领域有许多限制。例如，目前GPS的精度虽然可以达到10m以内，但美国出于对本国利益的考虑，对国际开放的民用精度只有30m，而且可在任何时间中断服务。伽利略计划的实施，将结束美国GPS在世界上的垄断局面。

伽利略计划是由欧盟委员会（EC）和欧洲空间局（ESA）共同发起并组织实施的欧洲民用卫星导航计划，旨在建立欧洲自主、独立的民用全球卫星导航定位系统。我国作为第一个非欧盟成员国参加了伽利略卫星导航计划。目前，除我国外，以色列、印度等国家都已经参与伽利略计划。

伽利略系统的另一个优势在于，它能够与美国的GPS、俄罗斯的GLONASS系统实现多系统内的相互兼容。伽利略系统的接收机可以采集各个系统的数据或者通过各个系统数据的组合来达到定位导航的要求。

2.俄罗斯的GLONASS系统

全球导航卫星系统是苏联从20世纪80年代初开始建设的，与美国GPS系统相类似的卫星定位系统，也由卫星星座、地面监测控制站和用户设备三部分组成。现在由俄罗斯空间局管理。GLONASS系统的卫星星座由24颗卫星组成，均匀分布在3个近圆形的轨道平面上，每个轨道面8颗卫星，轨道高度19 100km，运行周期11.025h，轨道倾角64.8°。与美国的GPS系统不同的是，GLONASS系统采用频分多址（FDMA）方式，根据载波频率来区分不同卫星。每颗GLONASS卫星发送两种L波段的载波的频率（约为1575.42MHz和1227.6MHz）。载波上也调制了两种伪随机码：S码和P码。俄罗斯对GLONASS系统采用了军民合用、不加密的开放政策。GLONASS系统单点定位精度水平方向为16m，垂直方向为25m。

3.中国北斗导航系统

我国独立研制的区域性北斗导航系统初期只覆盖中国及周边地区，不能在全球范围提供服务；“北斗”系统有军民两种用途，与美国相类似。1994年，国家正式批准了该项目上马，命名为“北斗卫星定位导航系统”。2000年，发射了第一颗导航试验卫星，2003年又发射了两颗导航试验卫星。第二代“北斗”卫星导航系统空间段由5颗静止轨道卫星和30颗非静止轨道卫星组成，提供两种服务方式，即开放服务和授权服务。开放服务是在服务区免费提供定位、测速和授时服务，定位精度为10m，授时精度为50ns，测速精度为0.2m/s。授权服务是向授权用户提供更安全的定位、测速、授时和通信服务信息。

中国北斗卫星导航系统（BDS）是中国自行研制的全球卫星导航系统，是继美国全球定位系统（GPS）、俄罗斯格洛纳斯卫星导航系统（GLONASS）之后第三个成熟的卫星导航系统。北斗卫星导航系统（BDS）和美国的GPS、俄罗斯的GLONASS、欧盟的GALILEO，是联合国卫星导航委员会认定的供应商。

北斗卫星导航系统由空面段、地面段和用户段三部分组成，可在全球范围内全天候、全天时为各类用户提供高精度、高可靠定位、导航、授时服务，并具短报文通信能力，已经初步具备区域导航、定位和授时能力，定位精度10m，测速精度0.2m/s，授时精度10ns。2018年12月26日，北斗三号基本系统开始提供全球服务。2019年9月，北斗系统正式向全球提供服务，在轨39颗卫星中包括21颗北斗三号卫星，有18颗运行于中圆轨道、1颗运行于地球静止轨道、2颗运行于倾斜地球同步轨道。2019年9月23日5时10分，在西昌卫星发射中心用长征三号乙运载火箭，成功发射第47、48颗北斗导航卫星。2019年11月5日凌晨1时43分，成功发射第49颗北斗导航卫星，北斗三号系统最后颗倾斜地球同步轨道（IGSO）卫星全部发射完毕；12月16日15时22分，在西昌卫星发射中心以“箭双星”方式成功发射第52、53颗北斗导航卫星。至此，所有中圆地球轨道卫星全部发射完毕。2020年3月9日19时55分，中国在西昌P星发射中心用长征三号乙运载火箭，成功发射北斗系统第54颗导航卫星。

北斗卫星导航系统与GPS和GLONASS系统最大的不同，在于它不仅能使用户知道自己的所在位置，还可以告诉别人自己的位置，特别适用于需要导航与移动数据通信场所，如交通运输、调度指挥、搜索营救、地理信息实时查询等。“北斗”系统可满足中国及周边地区用户对卫星导航系统的需求，并将进行系统组网和试验，逐步扩展为全球卫星导航系统。

第六章　计算机网络技术

第一节　局域网技术

一、局域网概述

局域网（Local Area Network），简称LAN，是指在某一区域内由多台计算机互联成的计算机组。“某一区域”指的是同一办公室、同一建筑物、同一公司或同一学校等，一般是方圆几千米以内。局域网可以实现文件管理、应用软件共享、打印机共享、扫描仪共享、工作组内的日程安排、电子邮件和传真通信服务等功能。局域网是封闭型的，可以由办公室内的两台计算机组成，也可以由一个公司内的上千台计算机组成。

（一）局域网的功能和分类

局域网的产生始于20世纪60年代，到20世纪70年代末，由于微型计算机价格不断下降，因而获得了广泛的使用，促进了计算机局域网技术的飞速发展，使得局域网在计算机网络中占有十分重要的位置。

1.局域网的功能

LAN最主要的功能是提供资源共享和相互通信，它可提供以下几项主要服务：

（1）资源共享

包括硬件资源共享、软件资源共享及数据库共享。在局域网上各用户可以共享昂贵的硬件资源，如大型外部存储器、绘图仪、激光打印机、图文扫描仪等特殊外设。用户可共享网络上的系统软件和应用软件，避免重复投资及重复劳动。网络技术可使大量分散的数据能被迅速集中、分析和处理，分散在网内的计算机用户可以共享网内的大型数据库而不必重复设计这些数据库。

（2）数据传送和电子邮件

数据和文件的传输是网络的重要功能，现代局域网不仅能传送文件、数据信息，还可以传送声音、图像。局域网站点之间可提供电子邮件服务，某网络用户可以输入信件并传送给另一用户，收信人可打开“邮箱”阅读处理信件并可写回信再发回电子邮件，既节省纸张又快捷方便。

（3）提高计算机系统的可靠性

局域网中的计算机可以互为后备，避免了单机系统无后备时可能出现的故障导致系统瘫痪，大大提高了系统的可靠性，特别在工业过程控制、实时数据处理等应用中尤为重要。

（4）易于分布处理

利用网络技术能将多台计算机连成具有高性能的计算机系统，通过一定算法，将较大型的综合性问题分给不同的计算机去完成。在网络上可建立分布式数据库系统，使整个计算机系统的性能大大提高。

2.局域网的分类

局域网有许多不同的分类方法，如按拓扑结构分类、按传输介质分类、按介质访问控制方法分类等。

（1）按拓扑结构分类

局域网根据拓扑结构的不同，可分为总线网、星状网、环状网和树状网。总线网各站点直接接在总线上。总线网可使用两种协议，一种是传统以太网使用的CSMA/CD，这种总线网已演变为目前使用最广泛的星状网；另一种是令牌传递总线网，即物理上是总线网而逻辑上是令牌网，这种令牌总线网已成为历史，早已退出市场。近年来，由于集线器（hub）的出现和双绞线大量使用于局域网中，星状以太网以及多级星状结构的以太网得到了广泛使用。环状网的典型代表是令牌环网（token ring），又称令牌环。

（2）按传输介质分类

局域网使用的主要传输介质有双绞线、细同轴电缆、光缆等。以连接到用户终端的介质可分为双绞线网、细缆网等。

（3）按介质访问控制方法分类

介质访问控制方法提供传输介质上网络数据传输控制机制。按不同的介质访问控制方式局域网可分为以太网、令牌环网等。

（二）局域网的特点

局域网是在较小范围内，将有限的通信设备连接起来的一种计算机网络。其最主要的特点是网络的地理范围和站点（或计算机）数目均有限，且为一个单位拥有。除此以外还有一些特点，局域网与广域网相比较有以下特点：（1）具有较高的数据传输速率，较低的时延和较小的误码率。（2）采用共享广播信道，多个站点连接到一条共享的通信媒体上，其拓扑结构多为总线状、环状和星状等。在局域网中，各站是平等关系而不是主从关系，易于广播（一站发，其他所有站收）和组播（一站发，多站收）。（3）低层协议较简单。广域网范围广、通信线路长、投资大，面对的问题是如何充分有效地利用信道和通信设备，并以此来确定网络的拓扑结构和网络协议。在广域网中多采用分布式不规则的网状结构，低层协议比较复杂。而局域网由于传输距离短、时延小、成本低，相对而言通道利用率已不是人们考虑的主要问题，因而低层协议较简单，允许报文有较大的报头。（4）局域网不单独设置网络层。由于局域网的结构简单，网内一般无须中间转接，流量控制和路由选择大为简化，通常不单独设立网络层。因此局域网的体系结构仅相当于OSI/RM的最低两层，只是一种通信网络。高层协议尚没有标准，目前由具体的局域网操作系统来实现。（5）有多种媒体访问控制技术。由于局域网采用广播信道，而信道可以使用不同的传输媒体。因此，局域网面对的问题是多源、多目的管理，由此引出多种媒体访问控制技术，如载波监听、多路访问/冲突检测（CSMA/CD）技术、令牌环控制技术、令牌总线控制技术和光纤分布式数据接口（FDDI）技术等。

实际上，一个工作在多用户系统下的小型计算机，基本上能完成局域网的工作。但是，二者相比，局域网具有以下优点：（1）能方便地共享主机及软件、数据和昂贵的外部设备，从一个站可访问全网。（2）便于系统扩展和逐渐演变，可以灵活地改变各设备的位置。（3）提高了系统的可靠性、可用性和残存性。

二、局域网的组成及工作模式

局域网的组成包括硬件和软件。网络硬件包括资源硬件和通信硬件。资源硬件包括构成网络主要成分的各种计算机和输入/输出设备。利用网络通信硬件将资源硬件设备连接起来，在网络协议的支持下，实现数据通信和资源共享。软件资源包括系统软件和应用软件。不同的需求决定了组建局域网时不同的工作模式。

（一）局域网的组成

1.网络硬件

通常组建局域网需要的网络硬件主要是服务器、网络工作站、网络适配器（网卡）、交换机及传输介质等。

（1）服务器

在网络系统中，一些计算机或设备应其他计算机的请求而提供服务，使其他计算机通过它共享系统资源，这样的计算机或设备称为网络服务器。服务器有保存文件、打印文档、协调电子邮件和群件等功能。

服务器大致可以分为四类：设备服务器，主要为其他用户提供共享设备；通信服务器，它是在网络系统中提供数据交换的服务器；管理服务器，主要为用户提供管理方面的服务；数据库服务器，它是为用户提供各种数据服务的服务器。

由于服务器是网络的核心，大多数网络活动都要与其通信。因此，它的速度必须足够快，以便对客户机的请求做出快速响应；而且它要有足够的容量，可以在保存文件的同时为多名用户执行任务。服务器速度的快慢一般取决于网卡和硬盘驱动器。

（2）网络工作站

网络工作站是为本地用户访问本地资源和网络资源，提供服务的配置较低的微机。

工作站分带盘（磁盘）工作站和无盘工作站两种类型。带盘工作站是带有硬盘（本地盘）的微机，硬盘可称为系统盘。加电启动带盘工作站，与网络中的服务器连接后，盘中存放的文件和数据不能被网上其他工作站共享。通常可将不需要共享的文件和数据存放在工作站的本地盘中，而将那些需要共享的文件夹和数据存放在文件服务器的硬盘中。无盘工作站是不带硬盘的微机，其引导程序存放在网络适配器的EPROM中，加电后自动执行，与网络中的服务器连接。这种工作站不仅能防止计算机病毒通过工作站感染文件服务器，还可以防止非法用户复制网络中的数据。

（3）网络适配器（网络接口卡）

网络适配器俗称网卡，是构成网络的基本部件。它是一块插件板，插在计算机主板的扩展槽中，通过网卡上的接口与网络的电缆系统连接，从而将服务器、工作站连接到传输介质上并进行电信号的匹配，实现数据传输。

（4）交换机

交换机是在局域网上广为使用的网络设备，交换机对数据包的转发是建立在

MAC（Media Access Control）地址，即物理地址基础之上的。交换机在操作过程当中会不断收集资料去建立它本身的一个地址表，这个表相当简单，它说明了某个MAC地址是在哪个端口上被发现的，所以当交换机收到一个TCP/IP数据包时，它便会看一下该数据包的标签部分的目的MAC地址，核对一下自己的地址表以确认该从哪个端口把数据包发出去。

（5）传输介质

传输介质也称为通信介质或媒体，在网络中充当数据传输的通道。传输介质决定了局域网的数据传输速率、网络段的最大长度、传输的可靠性及网卡的复杂性。

局域网的传输介质主要是双绞线、同轴电缆和光纤。早期的局域网中使用最多的是同轴电缆。随着技术的发展，双绞线和光纤的应用越来越广泛，尤其是双绞线。目前在局部范围内的中、高速局域网中使用双绞线，在较远范围内的局域网中使用光纤已很普遍。

2.网络软件

组建局域网的基础是网络硬件，网络的使用和维护要依赖于网络软件。在局域网上使用的网络软件主要是网络操作系统、网络数据库管理系统和网络应用软件。

（1）局域网操作系统

在局域网硬件提供数据传输能力的基础上，为网络用户管理共享资源、提供网络服务功能的局域网系统软件被定义为局域网操作系统。

网络操作系统是网络环境下用户与网络资源之间的接口，用以实现对网络的管理和控制。网络操作系统的水平决定着整个网络的水平，以及能否使所有网络用户都能方便、有效地利用计算机网络的功能和资源。

（2）网络数据库管理系统

网络数据库管理系统是一种可以将网上的各种形式的数据组织起来，科学、高效地进行存储、处理、传输和使用的系统软件。可把它看作网上的编程工具。如Visual FoxPro、SQL Server、Oracle、Informix等。

（3）网络应用软件

软件开发者根据网络用户的需要，用开发工具开发出来各种应用软件。例如，常见的在局域网环境中使用的Office办公套件、收银台应用软件等。

（二）局域网的工作模式

局域网有以下三种工作模式。

（1）专用服务器结构（Server—Baseb）

专用服务器结构又称为“工作站/文件服务器”结构，由若干台微机工作站与一台或多台文件服务器通过通信线路连接起来组成工作站存取服务器文件，共享存储设备，文件服务器自然以共享磁盘文件为主要目的。

对于一般的数据传递来说已经够用了，但是当数据库系统和其他复杂而被不断增加的用户使用的应用系统到来的时候，服务器已经不能承担这样的任务了，因为随着用户的增多，为每个用户服务的程序也会相应增多，每个程序都是独立运行的大文件，给用户感觉极慢，因此产生了客户机/服务器模式。

（2）客户机/服务器模式（client/server）

其中一台或几台较大的计算机集中进行共享数据库的管理和存取，称为服务器，而将其他的应用处理工作分散到网络中其他微机去做，构成分布式的处理系统，服务器控制管理数据的能力已由文件管理方式上升为数据库管理方式，因此，C/S服务器也称为数据库服务器，注重于数据定义及存取安全后备及还原，并发控制及事务管理，执行诸如选择检索和索引排序等数据库管理功能，它有足够的能力做到把通过其处理后用户所需的那一部分数据而不是整个文件通过网络传送到客户机去，减轻了网络的传输负荷。C/S结构是数据库技术的发展和普遍应用与局域网技术发展相结合的产物。

（3）对等式网络（Peer—to—Peer）

在拓扑结构上，与专用Server和C/S相同。在对等式网络结构中，没有专用服务器。每一个工作站既可以起客户机的作用也可以起服务器的作用。

虽然网卡、HUB和交换机都能提供100M甚至更宽的带宽，但一个局域网如果配置不当，尽管配置的设备都非常高档而网络速度仍不能如意；或者经常出现死机、打不开一个小文件或根本无法连接服务器，特别是在一些设备档次参差不齐的网络中这些现象更是时有发生。

在局域网中恰当地进行配置，才能使网络性能尽可能地优化，最大限度地发挥网络设备、系统的性能。

其实局域网也是由一些设备和系统软件通过一种连接方式组成的，所以局域网的优化包括以下几个方面：

设备优化：包括传输介质的优化、服务器的优化、HUB与交换机的优化等。

软件系统的优化：包括服务器软件的优化和工作站系统的优化。

布局的优化：包括布线和网络流量的控制。

第二节　广域网技术

广域网由一些节点交换机以及连接这些交换机的链路组成，这些链路一般采用光纤线路或点对点的卫星链路等高速链路，其距离没有限制。节点交换机采用报文分组的存储转发方式进行交换，而且为了提高网络的可靠性，节点交换机同时与多个节点交换机相连，目的是给某两个节点交换机之间提供多条冗余的链路，这样当某个节点交换机或线路出现问题时不至于影响整个网络运行。在广域网内，这些节点交换机和它们之间的链路由电信部门提供，网络由多个部门或多个国家联合组建而成，并且网络的规模很大，能实现整个网络范围内的资源共享。另外，从体系结构上看，局域网与广域网的差别也很大，局域网的体系结构中主要有物理层和数据链路层两层，而广域网目前主要采用TCP/IP体系结构，所以它的主要层次是网络接口层、网络层、运输层和应用层，其中网络层的路由选择是广域网首先要解决的问题。在现实世界中，广域网往往由很多不同类型的网络互连而成。如果只是把几个网络在物理上连接在一起，它们之间如果不能进行通信的话，那么这种“互连”并没有实际意义。因为通常在谈到“互连”时，就已经暗示这些相互连接的计算机是可以进行通信的。本章主要介绍窄带数据通信网、宽带综合业务网、宽带IP网和DDN网络。

一、广域网的基本概念

（一）广域网简介

当主机之间的距离较远时，例如，相隔几十或几百公里，甚至几千公里，局域网显然就无法完成主机之间的通信任务。这时就需要另一种结构的网络，即广域网。广域网（Wide Area Network）是以信息传输为主要目的的数据通信网，是进行网络互联的中间媒介。由于广域网能连接多个城市或国家，并能实现远距离通信，因而又被称为远程网。广域网与局域网之间，既有区别，又有联系。

对于局域网，人们更多关注的是如何根据应用需求来规划、建立和应用，强调的是资源共享；对于广域网，侧重的是网络能够提供什么样的数据传输服务，以及用户如何接入网络等，强调的是数据传输。由于广域网的体系结构不同，广域网与局域网的应用领域也不同。广域网具有传输媒体多样化、连接多样化、结构多样化、服务多样化的特点，广域网技术及其管理都很复杂。

广域网的特点：（1）对接入的主机数量和主机之间的距离没有限制。（2）大多使用电信系统的公用数据通信线路作为传输介质。（3）通信方式为点到点通信，在通信的两台主机之间存在多条数据传输通路。

广域网和局域网的区别：（1）广域网不限制接入的计算机数量且大多使用电信系统的远程公用数据通信线路作为传输介质，因此可以跨越很大的地理范围。局域网使用专用的传输介质，因此通常局限在一个比较小的地理范围内。（2）广域网可连接任意多台计算机，局域网则限制接入计算机的数量。（3）广域网的通信方式一般为点到点方式，而局域网的通信方式大多是广播方式。

（二）广域网组成与分类

与局域网相似，广域网也由通信子网和资源子网（通信干线、分组交换机）组成。

广域网中包含很多用来运行系统程序、用户应用程序的主机（Host），如服务器、路由器、网络智能终端等。其通信子网工作在OSI/RM的下3层，OSI/RM高层的功能由资源子网完成。

广域网由一些节点交换机以及连接这些交换机的链路组成。节点交换机执行分组转发的功能。节点之间都是点到点连接，但为了提高网络的可靠性，通常一个节点交换机往往与多个节点交换机相连。受经济条件的限制，广域网都不使用局域网普遍采用的多点接入技术。从层次上考虑，广域网和局域网的区别也很大，因为局域网使用的协议主要在数据链路层（还有少量的物理层的内容），而广域网使用的协议在网络层。广域网中存在的一个重要问题就是路由选择和分组转发。

然而，广域网并没有严格的定义。通常广域网是指覆盖范围很广（远远超过一个城市的范围）的长距离网络。由于广域网的造价较高，一般都是由国家或较大的电信公司出资建造。广域网是互联网的核心部分，其任务就是通过长距离（如跨越不同的国家）运送主机所发送的数据。连接广域网各节点交换机的链路都是高速链路，其距离既可以是几千公里的光缆线路，也可以是几万公里的点对点卫星链路。因此，广域网首先要考虑的问题就是它的通信容量必须足够大，以便支持日益增长的通信量。

广域网和局域网都是互联网的重要组成构件。尽管它们的价格和作用距离相去甚远，但从互联网的角度来看，广域网和局域网却都是平等的。这里的一个关键就是广域网和局域网有一个共同点：连接在一个广域网或一个局域网上的主机在该网内进行通信时，只需要使用其网络的物理地址即可。

根据传输网络归属的不同，广域网可以分为公共WAN和专用WAN两大类。公共WAN一般由政府电信部门组建、管理和控制，网络内的传输和交换装置可以租给任何部门和单位使用。专用WAN是由一个组织或团队自己建立、控制、维护并为其服务的私有网络。专用WAN还可以通过租用公共WAN或其他专用WAN的线路来建立。专用WAN的建立和维护成本要比公共WAN大。但对于特别重视安全和数据传输控制的公司来说，拥有专用WAN是提供高水平服务的保障。根据采用的传输技术的不同，广域网可以分为电话交换网、分组交换广域网和同步光纤网络三类。而广域网主要由交换节点和公用数据网（PDN）组成。如果按公用数据网划分，有PSTN、ISDN、X.25、DDN、FR、ATM等。按交换节点相互连接的方式进行划分，可分为以下三种类型：

1.线路交换网

线路交换网即电路交换网，是面向连接的交换网络。

（1）公用交换电话网（PSTN）

公用交换电话网也常被称为“电话网”，是人们打电话时所依赖的传输和交换网络，是数字交换和电话交换两种技术的结合。

（2）综合业务数据网（ISDN）

综合业务数据网是以电话综合数字网（IDN）为基础发展起来的通信网，是由国际电报和电话顾问委员会（CCITT）和各国的标准化组织开发的一组标准。ISDN的主要目标就是提供适合于声音和非声音的综合通信系统来代替模拟电话系统。

2.专用线路网

专用线路数据网是电信运营商在通信双方之间建立的永久性专用线路，适合于有固定速率的高通信量网络环境。

3.分组交换网

分组交换数据网（PSDN）是一种以分组为基本数据单元进行数据交换的通信网络。PS-DN诞生于20世纪70年代，是最早被广泛应用的广域网技术，著名的ARPAnet就是使用分组交换技术组建的。通过公用分组交换数据网不仅可以将相距很远的局域网互联起来，也可以实现单机接入网络。它采用分组交换（包交换）传输技术，是一种包交换的公共数据网。典型的分组交换网有：X.25网、帧中继网、ATM等。

（三）广域网提供的服务

为了适应广域网的特点，广域网提供了面向连接的服务模式和面向无连接的服务模式。

面向连接的服务模式（虚电路服务）：好比电话系统，进行数据传输之前要建立连接，然后方可进行数据传输。

面向无连接的服务模式（数据报服务）：好比邮政系统，每个数据分组带有完整的目的地址，经由系统选择的不同路径独立进行传输。

上述两种服务模式各有所长。在实际应用中，对信道数据传输质量较好、实时性要求不高的应用，采用面向无连接的服务模式较好；相反，则采用面向连接的服务模式较好。对应于两种不同的数据传输模式，广域网提供了虚电路和数据报两种不同的组网方式。

从层次上看，广域网中的最高层就是网络层。网络层为接在网络上的主机所提供的服务有两大类，即无连接的网络服务和面向连接的网络服务。这两种服务的具体内容就是通常所谓的数据报服务和虚电路服务。

网络提供数据报服务的特点是：网络随时都可接受主机发送的分组（数据报）。网络为每个分组独立地选择路由。网络只是尽最大努力地将分组交付给目的主机，但网络对源主机没有任何承诺。网络不保证所传送的分组不丢失，也不保证按源主机发送分组的先后顺序以及在多长的时限内必须将分组交付给目的主机。当需要把分组按发送顺序交付给目的主机时，在目的站还必须把收到的分组缓存一下，等到能够按顺序交付主机时再进行交付。当网络发生拥塞时，网络中的某个节点可根据当时的情况将一些分组丢弃（请注意，网络并不是随意丢弃分组）。所以，数据报提供的服务是不可靠的，它不能保证服务质量。实际上“尽最大努力交付”的服务就是没有质量保证的服务。

需要注意的是，由于采用了存储转发技术，所以这种虚电路就和电路交换的连接有很大的不同。在电路交换的电话网上打电话时，两个用户在通话期间自始至终地占用一条端到端的物理信道。但当我们占用一条虚电路进行主机通信时，由于采用的是存储转发的分组交换，所以只是断续地占用一段又一段的链路，虽然我们感觉到好像（但并没有真正地）占用了一条端到端的物理电路。建立虚电路的好处是可以在数据传送路径上的各交换节点预先保留一定数量的资源（如带宽、缓存），以供分组存储转发之用。

虚电路服务的思路来源于传统的电信网。电信网将其用户终端（电话机）做得非常简单，而电信网负责保证可靠通信的一切措施，因此电信网的节点交换机复杂而昂贵。

数据报服务使用另一种完全不同的新思路。它力求使网络生存性好和使对网络的控制功能分散，因而只能要求网络提供尽最大努力的服务。但这种网络要求使用较复杂且有相当智能的主机作为用户终端。可靠通信由用户终端中的软件（TCP）来保证。

从20世纪70年代起，关于网络层究竟应当采用数据报服务还是虚电路服务，在网络界一直存有争议。问题的焦点就是网络要不要提供网络端到端的可靠通信？OSI一开始就按照电信网的思路来对待网络，坚持“网络提供的服务必须是非常可靠的”这样一种观点，因此OSI在网络层（以及其他的各个层次）采用了虚电路服务。

二、窄带数据通信网

将网络接入速度为64kbps（最大下载速度为8kb/s）及其以下的网络接入方式称为“窄带”。相对于宽带而言，窄带的缺点是接入速度慢传输速率低，很多互联网应用无法在窄带环境下进行，如在线电影，网络游戏，高清晰的视频及语音聊天等，当然更无法下载较大文件。拨号上网是最常见的一种窄带。在通信系统中，窄带系统是指已调波信号的有效带宽比其所在的载频或中心频率要小得多的信道。

三、宽带综合业务网

（一）综合业务网

众所周知，通信网的两个重要组成部分是传输系统和交换系统。当一种网络的传输系统和交换系统都采用数字系统时，就称为综合数字网（Integrated Digital Network，IDN）。这里的“综合”是指将“数字链路”和“数字节点”合在一个网络中。如果将各种不同的业务信息经数字化后都在同一个网络中传送，这就是综合业务数字网（Integrated Services Digital Network，ISDN）。这里的“综合”既指“综合业务”，也指“综合数字网”。

ISDN的提出最早是为了综合电信网的多种业务网络。由于传统通信网是由业务需求推动的，所以各个业务网络如电话网、电报网和数据通信网等各自独立且业务的运营机制各异，这样对网络运营商而言，运营、管理、维护复杂，浪费资源；对用户而言，业务申请手续复杂、使用不便、成本高；同时对整个通信的发展来说，这种异构体系对未来发展适应性极差。于是将话音、数据、图像等各种业务集中于统一的网络成为一种必然，这就是综合业务数字网（Integrated Services Digital Network）的提出。

综合业务数字网ISDN是综合数字网的延伸，该标准的提出打破了传统的电信网和数据网之间的界线，并使得各种用户的各种业务需求得以实现；另外，它不是从业务网络本身去寻求统一，而是抓住了所有这些业务的本质：服务于用户，即改变了以往按业务组网的方式，按照用户的观点去设计标准，设计整个网络，避免了网络资源和号码资源的大量浪费。为了进一步适应人们对各种宽带和可变速率业务的需要（包括话音、数据、多媒体、宽带视频广播等各种业务），又提出了B-ISDN（宽带综合业务数字网），并将原来的综合业务数字网称为N-ISDN（窄带综合业务数字网）。为了克服N-ISDN的固有局限性，B-ISDN不再维护原有的电话网和数据网体系，提出了全新的传输和交换技术，将快速分组交换的ATM技术作为核心技术。但是由于市场和技术原因，ATM技术不仅仅为B-ISDN服务而与现有N-ISDN系统共同成为用户话音、数据及多媒体等业务的承载技术。

（二）B-ISDN

N-ISDN能够提供2Mbit/s以下数字综合业务，具有较好的经济和实用价值。但在当时（20世纪80年代），鉴于技术能力与业务需求的限制，N-ISDN存在以下局限性：（1）信息传送速率有限，用户一网络接口速率局限于2048kbit/s或1544kbit/s以内，无法实现电视业务和高速数据业务，难以提供更新的业务。（2）其基础是IDN，所支持的业务主要是64kbit/s的电路交换业务，对技术发展的适应性很差。例如，如果信源编码使得话音传输速率低于64kbit/s，由于网络本身传输和交换的基本单位是64kbit/s，故网络分配的资源仍为64kbit/s，使用先进的信源编码技术也无法提高网络资源的利用率。（3）N-ISDN的综合是不完全的。虽然它综合了分组交换业务，但这种综合只是在用户入网接口上实现，在网络内部仍由分开的电路交换和分组交换实体来提供不同的业务。即在交换和传输层次，并没有很好地利用分组业务对于不同速率、变比特率业务灵活支持的特性。（4）N-ISDN只能支持话音及低速的非话音业务，不能支持不同传输要求的多媒体业务，同时整个网络的管理和控制是基于电路交换的，使得其功能简单，无法适应宽带业务的要求。

所以需要一种以高效、高质量支持各种业务的，不由现有网络演变而成，采用崭新的传输方式、交换方式、用户接入方式以及网络协议的宽带通信网，以提供高于PCM一次群速率的传输信道，能够适应从速率最低的遥测遥控（十几bit/s到几十

bit/s），到高清晰度电视HDTV（100Mbit/s～150Mbit/s）或近Gbit/s的宽带信息检索业务，都以同样的方式在网络中传送和交换，共享网络资源。同时与提供同样业务的其他网络相比，它的生产、运行和维护费用都比较低廉，当时CCITT将这种网络命名为宽带ISDN或B-ISDN。

（三）ATM网简介

现有的电路交换和分组交换在完成宽带高速的交换任务时，都表现出一些缺点。

对于电路交换，当数据的传输速率及其突发性变化非常大时，交换的控制就变得十分复杂。对于分组交换，当数据传输速率很高时，协议数据单元在各层的处理成为很大的开销，无法满足实时性很强的业务的时延要求。特别是，基于IP的分组交换网不能保证服务质量。

但电路交换的实时性和服务质量都很好而分组交换的灵活性很好，因此，人们曾经设想过“未来最理想的”一种网络应当是宽带综合业务数字网B-ISDN，它采用另一种新的交换技术，这种技术综合了电路交换和分组交换的优点。虽然在今天看来B-ISDN并没有成功，但ATM技术还是获得了相当广泛的应用，并在因特网的发展中起到了重要的作用。

人们习惯上把电信网分为传输、复用、交换、终端等几个部分，其中除终端以外的传输、复用和交换三个部分合起来统称为传递方式（也叫转移模式）。目前应用的传递方式可分为两种：

同步传递方式（STM）：主要特征是采用时分复用，各路信号都是按一定时间间隔周期性出现，接收端可根据时间（或者说靠位置）识别每路信号。

异步传递方式（ATM）：采用统计时分复用，各路信号不是按照一定时间间隔周期性地出现，接收端要根据标志识别每路信号。

ATM是一种传递模式，在这种模式中，信息被分成信元来传递，而包含同一用户信息的信元不需要在传输链路上周期性地出现。因此这种传递模式是异步的。从这个意义上来看，ATM是采用统计时分复用，各路信号不是按照一定时间间隔周期性地出现，要根据标志识别每路信号。这种转移模式是异步的（统计时分复用也叫异步时分复用）。

四、宽带IP网

随着以IP技术为基础的Internet的爆发式发展、用户数量和多媒体应用的迅速增加，人们对带宽的需求不断增长，不仅需要利用网络实现语言、文字和简单图形信息的传输，同时还要进行图像、视频、音频和多媒体等宽带业务的传输，宽带IP网络技术应运而生。

所谓宽带 IP 网络，是指 Internet 的交换设备、中继通信线路、用户接入设备和用户终端设备都是宽带的，通常，中继带宽为每秒数吉比特至几十吉比特，接入带宽为1100Mbit/s。在这样一个宽带 IP 网络上能传送各种音频和多媒体等宽带业务，同时支持当前的窄宽业务，它集成与发展了当前的网络技术、IP 技术，并向下一代网络方向发展。

宽带IP网络包含了好几个方面：宽带IP城域网、宽带IP网络的传输技术、宽带IP网络的接入技术、宽带无线网络、网络协议的改进。

（一）宽带IP城域网

宽带IP城域网是一个以IP和SDH、ATM等技术为基础，集数据、语音、视频服务于一体的高带宽、多功能、多业务接入的城域多媒体通信网络。

宽带IP城域网的特点：（1）技术多样，采用IP作为核心技术；（2）基于宽带技术；（3）接入技术多样化、接入方式灵活；（4）覆盖面广；（5）强调业务功能和服务质量；（6）投资大。

宽带IP城域网提供的业务：（1）话音业务；（2）数据业务；（3）图像业务；（4）多媒体业务；（5）IP电话业务；（6）各种增值业务；（7）智能业务等。

宽带IP城域网的结构分为三层：核心层、汇聚层和接入层。宽带IP城域网带宽管理有以下两种方法：在分散放置的客户管理系统上对每个用户的接入带宽进行控制；在用户接入点上对用户接入带宽进行控制。

宽带IP城域网的IP地址规划：公有IP地址和私有IP地址。公有IP地址是接入Internet时所使用的全球唯一的IP地址，必须向因特网的管理机构申请。私有IP地址是仅在机构内部使用的IP地址，可以由本机构自行分配，而不需要向因特网的管理机构申请。

（二）宽带传输技术

1.IP over ATM（POA）

IP over ATM的概念：IP over ATM（POA）是IP技术与ATM技术的结合，它是在IP路由器之间（或路由器与交换机之间）采用ATM网进行传输。

IP over ATM的优点：（1）ATM技术本身能提供QOS保证，具有流量控制、带宽管理、拥塞控制功能以及故障恢复能力，这些是IP所缺乏的，因而IP与ATM技术的融合，也使IP具有了上述功能，这样既提高了IP业务的服务质量，同时又能够保障网络的高可靠性。（2）适应于多业务，具有良好的网络可扩展能力，并能为其他几种网络协议如IPX等提供支持。

IP over ATM的缺点：（1）网络体系结构复杂、传输效率低、开销大。（2）由于传统的IP只工作在IP子网内，ATM路由协议并不清楚IP业务的实际传送需求，如IP的QoS、多播等特性，这样就不能够保证ATM实现最佳的传送IP业务，在ATM网络中存在着扩展性和优化路由的问题。

2.IP over SDH（POS）

IP over SDH的概念：IP over SDH（POS）是IP技术与SDH技术的结合，是在IP路由器之间（或路由器与交换机之间）采用SDH网进行传输。具体地说，它利用SDH标准的帧结构，同时利用点到点传送等的封装技术对IP业务进行封装，然后在SDH网中进行传输。

IP over SDH的优点：（1）IP与SDH技术的结合是将IP数据报通过点到点协议直接映射到SDH帧，其中省掉了中间的ATM层，从而简化了IP网络体系结构，减少了开销，提供更高的带宽利用率，提高了数据传输效率，降低了成本。（2）保留了IP网络的无连接特征，易于兼容各种不同的技术体系和实现网络互连，更适合于组建专门承载IP业务的数据网络。（3）可以充分利用SDH技术的各种优点，如自动保护倒换（APS），以防止链路故障而造成的网络停顿，保证网络的可靠性。

IP over SDH的缺点：（1）网络流量和拥塞控制能力差。（2）不能像IP over ATM技术那样有较好的服务质量保障（QoS）。（3）仅对IP业务提供良好的支持，不适于多业务平台，可扩展性不理想，只有业务分级，而无业务质量分级，尚不支持VPN和电路仿真。

3.IP over DWDM（POW）

IP over DWDM的概念：IP over DWDM是IP与DWDM技术相结合的标志。首先在发送端对不同波长的光信号进行复用，然后将复用信号送入一根光纤中传输，在接收端再利用解复用器将各不同波长的光信号分开，送入相应的终端，从而实现IP数据报在多波长光路上的传输。

IP over DWDM的优点：（1）IP over DWDM简化了层次，减少了网络设备和功能重叠，从而减轻了网管复杂程度。（2）IP over DWDM可充分利用光纤的带宽资源，极大地提高了带宽和相对的传输速率。

IP over DWDM的缺点：（1）DWDM极大的带宽和现有IP路由器的有限处理能力之间的不匹配问题还不能得到有效的解决。（2）如果网络中没有SDH设备，IP数据包就再也不能从每一个SDH帧中所包含的信头中找出故障所在，相应地，管理功能将被削弱。（3）技术尚未成熟。

五、DDN网络

数字数据网（DDN）是采用数字信道来传输数据信息的数据传输网。数字信道包括用户到网络的连接线路，即用户环路的传输也应该是数字的。

DDN一般用于向用户提供专用的数字数据传输信道，或提供将用户接入公用数据交换网的接入信道，也可以为公用数据交换网提供交换节点间用的数据传输信道。DDN一般不包括交换功能，只采用简单的交叉连接复用装置。如果引入交换功能，就成了数字数据交换网。

DDN是利用数字信道为用户提供话音、数据、图像信号的半永久连接电路的传输网络。半永久性连接是指DDN所提供的信道是非交换性的，用户之间的通信通常是固定的。一旦用户提出改变申请，由网络管理人员，或在网络允许的情况下由用户自己对传输速率、传输数据的目的以及与传输路由进行修改，但这种修改不是经常性的，所以称为半永久性交叉连接或半固定交叉连接。它克服了数据通信专用链路永久连接的不灵活性，以及以X.25建议为核心的分组交换网络的处理速度慢、传输时延大等缺点。

DDN向用户提供端到端的数字型传输信道，它与在模拟信道上采用调制解调器（MODEM）来实现的数据传输相比，有以下特点。

传输差错率（误比特率）低：一般数字信道的正常误码率在10^{-6}以下，而模拟信道较难达到。

信道利用率高：一条PCM数字话路的典型传输速率为64kbit/s。通过复用可以传输多路19.2kbit/s或9.6kbit/s或更低速率的数据信号。

不需要MODEM：与用户的数据终端设备相连接的数据电路终接设备（DCE）一般只是一种功能较简单的通常称作数据服务单元（DSU）或数据终接单元（DTU）的基带传输装置，或者直接就是一个复用器及相应的接口单元。

要求全网的时钟系统保持同步：DDN要求全网的时钟系统必须保持同步，否则，在实现电路的转接、复接和分接时就会遇到较大的困难。

第七章 信息技术及信息系统

第一节 信息与信息技术

一、信息

（一）信息的概念与特征

对于“信息”一词，我国古代用的是“消息”。《易经》云：“日中则昃，月盈则食，天地盈虚，与时消息。”意思是说，太阳到了中午就要逐渐西斜，月亮圆了就要逐渐亏缺，天地间的事物，或丰盈或虚弱，都随着时间的推移而变化，有时消减、有时滋长。由此可见，我国古代就把客观世界的变化，把它们的发生、发展和结局，把它们的枯荣、聚散、沉浮、升降、兴衰、动静、得失等变化中的事实称为“消息”。“信息”一词在英文、法文、德文、西班牙文中均是“information”，日文中为“情报”，我国台湾地区称之为“资讯”。

信息作为科学术语最早出现在哈特莱（R.V.Hartley）于1928年撰写的《信息传输》一文中。20世纪40年代，信息论的奠基人香农（C.E.Shannon）给出了信息的明确定义。他认为“信息是用来消除不确定性的东西”。此后许多学者从各自的研究领域出发，给出了不同的定义。美国控制论创始人维纳（Norbert Wiener）认为“信息是人们在适应外部世界，并使这种适应反作用于外部世界的过程中，同外部世界进行互相交换的内容和名称”，他指出信息既不是物质，也不是能量，而是有着广泛应用价值的第三类资源。我国著名的信息学专家钟义信教授认为“信息是事物存在方式或运动状态，以这种方式或状态直接或间接的表述”。美国信息管理专家霍顿（F.W.Horton）认为“信息是为了满足用户决策的需要而经过加工处理的数据”。简单地说，信息是经过加工的数据，或者说，信息是数据处理的结果，即有用的数据。

根据近年来人们对信息的研究成果，科学的信息概念可以概括为：信息是对客观世界中各种事物的运动状态和变化的反映，是客观事物之间相互联系和相互作用的表征，表现的是客观事物运动状态和变化的实质内容。这里的“事物”泛指存在于人类社会、思维活动和自然界中一切可能的对象。“存在方式”指事物的内部结构和外部联系。“运动状态”则是指事物在时间和空间上变化所呈现出的特征、态势和规律。不论从什么角度、什么层次去看待信息的本质，信息都具有以下基本特征。

1.可度量

和物质、能量一样，信息也具有可度量性。我们常说“获取了大量的信息”“没有得到什么有价值的信息”等。一般来说，任何信息均可采用基本的二进制度量单位（比特）进行度量，并以此进行信息编码。

2.可识别

信息还具有可识别性。对自然信息，可采取直观识别、比较识别和间接识别等多种方式来把握。对于社会信息，由于其信息量大，形式多样，一般采用综合的识别方法进行处理。

3.可转换和可加工

信息可以从一种形态转换为另一种形态，如自然信息可转换为语言、文字、图表和图像等社会信息形态。同样，社会信息和自然信息都可以转换为以电磁波为载体的电报、电话、电视信息或计算机代码。另外，信息可以被加工处理，以便更好地利用。

4.可存储

信息可以通过系统的物质或能量状态的某种变化来进行存储，如人类的大脑能储存大量的信息。我们还可以用文字、图表、图像、录音、录像、缩微以及计算机存储等多种方式来记录保存信息。

5.可传递

自然界系统之间的相互作用有三种基本方式，即物质、能量和信息。一般我们称之为物质的传递、能量的传递和信息的传递。信息的传递是与物质和能量的传递同时进行的，离开了物质和能量做载体，信息的传递就不可能实现。语言文字、表情、动作、图形、图像（静态和动态）等是人类常用的信息传递方式。

6.可再生

信息经过处理后，可以以其他形式再生。例如，自然信息经过人工处理后，可用语言或图形等方式再生成信息；输入计算机的各种数据文字等信息，可用显示、打印、绘图等方式再生成信息。

7.可压缩

信息可按照一定规则或方法进行压缩，以用最少的信息量来描述某一事物，压缩的信息再经过某些处理后可以还原。

8.可利用

任何信息都具有一定的实效性，一方面它可消除人们对某一事物的怀疑，另一方面可对人们的行为产生影响。一般来说，信息的实效性或可利用性只对特定的接收者才能显示出来，如有关农作物生长的信息，对农民来说可利用性可能很高，但对工人来说可利用性可能不高。而且，对于不同的接收者，信息的可利用程度可能也会有所差异。

9.可共享

与物质和能量不同，信息具有不守恒性，即它具有扩散性。在信息传递过程中，信息的持有者并不会因把信息传递给了他人而使得自己拥有的信息量减少，因而信息可以被广泛地共享。

10.客观性

信息客观普遍存在，不以被主观客体是否感知为转移。

11.时效性

信息具有时效性，是说信息价值具有时间性，过了某个时间就失去其原有价值。

12.真伪性

信息存在真假，“烽火戏诸侯”就是周幽王向诸侯传递了一个假信息。

（二）信息的分类

按照性质，信息可分为语法信息、语义信息和语用信息；按照地位，信息可分为客观信息和主观信息。研究信息的目的，就是要准确把握信息的本质和特点，以便更好地利用信息。最重要的就是按照信息性质的分类，其中最基本和最抽象的是语法信息，考虑的是事物的运动状态和变化方式的外在形式。首先，可分为有限状态和无限状态；其次，可分为状态明晰的语法信息和状态模糊的语法信息。按作用，信息可分为有用信息、无用信息和干扰信息。

按应用部门，信息可分为工业信息、农业信息、军事信息、政治信息、科技信息、文化信息、经济信息、市场信息和管理信息等。

另外，按携带信息的信号的性质，信息还可以分为连续信息、离散信息和半连续信息等。按事物的运动方式，还可以把信息分为概率信息、偶发信息、确定信息和模糊信息。按内容可以分为三类：消息、资料和知识。按社会性，分为社会信息和自然信息。按空间状态，分为宏观信息、中观信息和微观信息。按信源类型，分为内源性信息和外源性信息。按价值，分为有用信息、无害信息和有害信息。按时间性，分为历史信息、现时信息和预测信息。按载体，分为文字信息、声像信息和实物信息。按信息的性质，分为语法信息、语义信息和语用信息。

（三）信息与其他几种概念的区别与联系

1.数据

数据是信息的具体表示，是信息的载体，是信息存在的一种形态或一种记录形式。数据的目的是表达和交流信息，数据的形式表现为语言、文字、图形、图像、声音等。“数据”和“数”是两个不同的概念。“数”用来表示值的大小，如237、12.56。“数据”则是信息处理的对象，包括数值数据，如整数、实数等和非数值数据，如文字、图片、声音等。

2.消息

消息指报道事情的概貌而不讲述详细的经过和细节，以简要的语言文字迅速传播新近事实的新闻体裁，也是最广泛、最经常采用的新闻基本体裁。信息与消息比较，消息是信息的外壳，信息是消息的内核。

3.信号

信号是运载信息的工具，是信息的载体。从广义上讲，它包含光信号、声信号和电信号等。

4.情报

情报是指被传递的知识或事实，是知识的激活，是运用一定的媒体（载体），越过空间和时间传递给特定用户，解决科研、生产中的具体问题所需要的特定知识和信息。信息与情报相比，情报是指某类对观察者有特殊效用的事物的运动状态和方式。

5.知识

知识是经验的固化，是用来识别与区分万物实体与性质的依据。与信息相比，知识是事物运动状态和方式在人们头脑中一种有序的、规律性的表达，是信息加工的产物。

二、信息技术与信息科学

（一）信息技术概念

信息技术的定义，在不同的层面有不同的描述。从信息技术与人的本质关系看，信息技术是指能充分利用与扩展人类信息器官功能的各种方法、工具与技能的总和。从人类对信息技术功能与过程的一般理解看，信息技术是指对信息进行采集、传输、存储、加工、表达的各种技术之总称。从信息技术的现代化与高科技含量看，信息技术是指利用计算机、网络、广播电视等各种硬件设备及软件工具与科学方法，对文图声像各种信息进行获取、加工、存储、传输与使用的技术的总和。总之，信息技术（Information Technology，IT），是对管理和处理信息所采用的各种技术的总称。主要包括传感技术、计算机技术、微电子技术和通信技术。其中，计算机技术包括计算机硬件技术、软件技术、信息编码和有关信息存储的数据库技术等。

（二）信息技术分类

按表现形态的不同，信息技术可分为硬技术（物化技术）与软技术（非物化技术）。前者指各种信息设备及其功能，如显微镜、电话机、通信卫星、多媒体电脑；后者指有关信息获取与处理的各种知识、方法与技能，如语言文字技术、数据统计分析技术、规划决策技术、计算机软件技术等。

按工作流程中基本环节的不同，信息技术可分为信息获取技术、信息传递技术、信息存储技术、信息加工技术及信息标准化技术。信息获取技术包括信息的搜索、感知、接收、过滤等，如显微镜、望远镜、气象卫星、温度计、钟表、Internet搜索器中的技术等。信息传递技术指跨越空间共享信息的技术，又可分为不同类型，如单向传递与双向传递技术，单通道传递、多通道传递与广播传递技术。信息存储技术指跨越时间保存信息的技术，如印刷术、照相术、录音术、录像术、缩微术、磁盘术、光盘术等。信息加工技术是对信息进行描述、分类、排序、转换、浓缩、扩充、创新等的技术。信息加工技术的发展已有两次突破：从人脑信息加工到使用机械设备（如算盘、标尺等）进行信息加工，再发展为使用电子计算机与网络进行信息加工。信息标准化技术是指使信息的获取、传递、存储、加工各环节有机衔接，提高信息交换共享能力的技术，如信息管理标准、字符编码标准、语言文字的规范化等。

按使用的信息设备不同，把信息技术分为电话技术、电报技术、广播技术、电视技术、复印技术、缩微技术、卫星技术、计算机技术、网络技术等。按信息的传播模式不同，将信息技术分为传者信息处理技术、信息通道技术、受者信息处理技术、信息抗干扰技术等。

按技术的功能层次不同，可将信息技术体系分为基础层次的信息技术（如新材料技术、新能源技术），支撑层次的信息技术（如机械技术、电子技术、激光技术、生物技术、空间技术等），主体层次的信息技术（如感测技术、通信技术、计算机技术、控制技术），应用层次的信息技术（如文化教育、商业贸易、工农业生产、社会管理中用以提高效率和效益的各种自动化、智能化、信息化应用软件与设备）。

（三）信息技术特征

信息技术具有技术的一般特征——技术性。具体表现为：方法的科学性、工具设备的先进性、技能的熟练性、经验的丰富性、作用过程的快捷性、功能的高效性等。信息技术具有区别于其他技术的特征——信息性。具体表现为：信息技术的服务主体是信息，核心功能是提高信息处理与利用的效率、效益。由信息的秉性决定信息技术还具有普遍性、客观性、相对性、动态性、共享性、可变换性等特性。

（四）信息科学

信息科学是指以信息为主要研究对象，以信息的运动规律和应用方法为主要研究内容，以计算机等技术为主要研究工具，以扩展人类的信息功能为主要目标，由信息论、控制论、计算机理论、人工智能理论和系统论相互渗透、相互结合而成的一门新兴综合性学科。其支柱为信息论、系统论和控制论。

1.信息论

信息论是信息科学的前导，是一门用数理统计方法研究信息的度量、传递和交换规律的科学，主要研究通信和控制系统中普遍存在的信息传递的共同规律，以及建立最佳解决信息的获取、度量、变换、存储、传递等问题的基础理论。

2.控制论

控制论的创立者是美国科学家维纳（Wiener），1948年他发表《控制论》一书，明确提出控制论的两个基本概念——信息和反馈，揭示了信息与控制规律。控制论是关于动物和机器中的控制和通信的科学，它研究各种系统共同控制规律。在控制论中广泛采用功能模拟和黑箱方法。控制系统实质上是反馈控制系统，负反馈是实现控制和使系统稳定工作的重要手段。控制论中，对系统的控制调节通过信息的反馈来实现。在制定方针政策过程中，哈佛经理的决策可看作信息变换、信息加工处理的反馈控制过程。

3.系统论

系统论的基本思想是把系统内各要素综合起来进行全面考察统筹，以求整体最优化；整体性原则是其出发点，层次结构和动态原则是其研究核心，综合化、有序化是其精髓。系统论是国民经济中广泛运用的一大组织管理技术。

三、信息技术应用

（一）信息技术与生活

信息技术在日常生活中有哪些应用呢？我们先举例看看大学生小文一天的生活，从中发掘与我们生活有关的信息技术。

早上6：30，一阵悦耳的手机闹铃声打破了宿舍的宁静，大学生小文从床上一跃而起，开始了新的一天的学习生活，课前他用手机浏览并预习了今天上课课件的内容，课堂上他在记录重点和难点的同时，用手机录像了难点部分。下课后到图书馆借阅了参考书，在电子阅览室上网查阅了相关资料，完成了指导教师布置的调查报告，并通过E-mail交给了老师。这个周末就是五一长假，他打算去外地旅游，需要上网查询天气、预订门票、车票和宾馆等方面的信息，同时了解当地的风土人情、著名景点简介和旅游攻略等信息。13：00，他用手机查看了股市行情和基金交易情况，为未来选择了金融理财产品，虽然投入很少，但他相信越早规划自己的未来，就越早受益。此时，小文收到一条远方朋友的微信，询问近期情况，他用微信进行了留言回复。下午下课后回到宿舍，打开电脑查询了自己的邮件，上网查看了市场情况，好为明年毕业做准备，之后在网上为母亲订购了一件电子产品，并打电话告诉母亲以及假期安排。最后，为第二天的讨论课准备资料，直到深夜才关灯睡觉。这就是大学生小文一天的生活。

在网络化的信息时代，信息技术和我们的生活息息相关，无论是购物、旅行、上学、求职，还是娱乐和休闲，几乎所有的人类行为都需要信息技术的支持来获取和查询信息，以此为基础做出自己的决策。

（二）互联网和移动互联网

互联网（Internet），又称网际网路，音译为因特网，是网络与网络之间所串连成的庞大网络，这些网络以一组通用的协议相连，形成逻辑上的单一巨大国际网络。这种将计算机网络互相连接在一起的方法可称作"网络互联"，在此基础上发展出覆盖全世界的全球性互联网络称互联网，即互相连接在一起的网络结构。互联网并不等同于万维网，万维网只是基于超文本相互连接而成的全球性系统，且是互联网所能提供的服务之一。

移动互联网，就是将移动通信和互联网二者结合而成，通过智能移动终端，采用移动无线通信方式获取业务和服务的新兴业务，包括终端、软件和应用三个层面。终端层包括智能手机、平板电脑、电子书、MID等；软件包括操作系统、中间件、数据库和安全软件等；应用层包括休闲娱乐类、工具媒体类、商务财经类等不同应用与服务。5G时代的开启以及移动终端设备的凸显必将为移动互联网的发展注入巨大的能量，未来移动互联网产业必将迎来前所未有的飞跃。

当前，互联网和移动互联网已经不是什么新鲜事物，几乎伴随着人类生产和生活的各个方面，请大家举例说明互联网和移动互联网在我们生活中的应用。

（三）大数据和云计算

马云说：互联网还没搞清楚的时候，移动互联就来了，移动互联还没搞清楚的时候，大数据就来了。近年来"大数据"和"云计算"等新概念充斥着我们的生活，那么什么是大数据？什么是云计算？在现实生活中有哪些应用？二者有何联系？

研究机构Gartner给出了这样的定义："大数据"是需要新处理模式才能具有更强的决策力、洞察发现力和流程优化能力的海量、高增长率和多样化的信息资产，是指无法在可承受的时间范围内用常规软件工具进行捕捉、管理和处理的数据集合。大数据具有大量、高速、多样和价值四个特点。由于大数据具有以上特点，常规方法已经不能满足其处理需要，云计算便应运而生。

什么是云？云是网络、互联网的一种比喻说法，表示对互联网和底层基础设施的抽象。云计算（Cloud Computing）是基于互联网的相关服务的增加、使用和交付模式，通常互联网来提供动态易扩展且经常是虚拟化的资源。云计算是分布式计算（Distributed Computing）、并行计算（Parallel Computing）、效用计算（Urility Computing）、网络存储（Network Storage Technologies）、虚拟化（Virtualzation）、负载均衡（Load Balance）等传统计算机和网络技术发展融合的产物。其主要特征是以网络为中心的资源配置动态化、透明化和需求服务自助化以及服务的可计量。也就是客户可借助不同的终端设备，通过标准的应用实现对网络的访问来获得云计算的服务，并且能够根据消费者的需求动态划分或释放不同的物理和虚拟资源，实现资源的快速弹性提供和自动回收，实现IT资源利用的可扩展性。同时为客户提供自助化的资源服务，用户无须同提供商交互就可自动得到自助的计算资源能力。客户根据云系统提供的应用服务目录，采用自助方式选择满足自身需求的服务项目和内容。在云服务过程中，针对客户不同的服务类型，通过计量的方法来自动控制和优化资源配置，对用户而言，这些资源是透明的、无限大的，用户无须了解内部结构，只关心自己的需求是否得到满足即可。

云计算分为狭义云计算和广义云计算。狭义云计算指IT基础设施的交付和使用模式，指通过网络以按需、易扩展的方式获得所需资源；广义云计算指服务的交付和使用模式，通过网络以按需、易扩展的方式获得所需服务。这种服务可以是IT和软件、互联网相关，也可是其他服务。它意味着计算能力也可作为一种商品通过互联网进行流通。继个人计算机变革、互联网变革之后，云计算被看作第三次IT浪潮，是中国战略性新兴产业的重要组成部分。它将带来生活、生产方式和商业模式的根本性改变，云计算已成为当前全社会关注的热点。

以计算为基础的信息存储、共享和挖掘手段，可以廉价、有效地将这些大量、高速、多变化的终端数据存储下来，并随时进行分析与计算。大数据与云计算是一个问题的两面：一个是问题，一个是解决问题的方法。通过云计算对大数据进行分析、预测，会使得决策更为精准，释放出更多数据的隐藏价值。数据，这个21世纪人类探索的新边疆，正在被云计算发现、征服。

（四）智慧城市

智慧城市就是运用信息和通信技术手段感测、分析、整合城市运行核心系统的各项关键信息，从而对包括民生、环保、公共安全、城市服务、工商业活动在内的各种需求做出智能响应。其实质是利用先进的信息技术，实现城市智慧式管理和运行，进而为城市中的人创造更美好的生活，促进城市的和谐、可持续成长。两种驱动力推动智慧城市的逐步形成，一是以物联网、云计算、移动互联网为代表的新一代信息技术；二是知识社会环境下逐步孕育的开放的城市创新生态。前者是技术创新层面的技术因素，后者是社会创新层面的社会经济因素。智慧城市不仅仅是物联网、云计算等新一代信息技术的应用，更重要的是面向知识社会创新方法论的应用。

智慧城市通过物联网基础设施、云计算基础设施、地理空间基础设施、空间信息技术等新一代信息技术以及维基、社交网络、Fab Lab、Living Lab、综合集成法等工具和方法的应用，实现全面透彻的感知、宽带泛在的互联、智能融合的应用，以及以用户创新、开放创新、大众创新、协同创新为特征的可持续创新。伴随网络帝国的崛起、移动技术的融合发展及创新的民主化进程，知识社会环境下的智慧城市是继数字城市之后信息化城市发展的高级形态。

智慧城市主要包括智慧交通、智慧医疗。当前，全球最具智慧城市头衔的6个城市分别是美国俄亥俄州的哥伦布市、芬兰的奥卢、加拿大的斯特拉特福、中国台湾地区的台中市及桃园县、爱沙尼亚的塔林、加拿大的多伦多。

根据《中国智慧城市发展水平评估报告》，我国智慧城市发展水平处于全国领先的城市主要有北京、上海、广州、深圳、天津、武汉、宁波、南京、佛山、扬州等，处于追赶的城市有重庆、无锡、大连、福州、杭州、青岛、昆明、成都、嘉定、莆田、江门、东莞、东营等。

1.物联网

物联网是新一代信息技术的重要组成部分。其英文名称是“The Internet of things”。顾名思义，“物联网就是物物相连的互联网”。其有两层意思：第一，物联网的核心和基础仍然是互联网，是在互联网基础上的延伸和扩展的网络；第二，其用户端延伸和扩展到了任何物品与物品之间，进行信息交换和通信。物联网就是通过射频识别（Radio Frequency Identifcation，RFID）、红外感应器、全球定位系统、激光扫描器等信息传感设备，按约定的协议，把任何物体与互联网相连接，进行信息交换和通信，以实现对物体的智能化识别、定位、跟踪、监控和管理的一种网络。物联网的本质概括起来主要体现在三个方面：一是互联网特征，即对需要联网的物一定要有能够实现互联互通的网络；二是识别与通信特征，即纳入物联网的“物”一定要具备自动识别与物物通信的功能；三是智能化特征，即网络系统应具有自动化、自我反馈与智能控制的特点。物联网在实际应用上需要各行各业的参与，具有规模性、广泛参与性、管理性、技术性、物的属性等特征。物联网大量应用于各个行业中，包括智能电网、智能交通、智能物流、智能医疗、智能家居等。

2.空间信息技术

空间信息技术（Spatial Information Technology）是20世纪60年代兴起的一门技术，20世纪70年代中期以后得到迅速发展。主要包括卫星定位系统、地理信息系统和遥感等理论与技术，同时结合计算机技术和通信技术，进行空间数据的采集、量测、分析、存储、管理、显示、传播和应用等。其中，地理信息系统（Geographic Information System或Geo-Information System，GIS）有时又被称为“地学信息系统”或“资源与环境信息系统”。它是一种特定的十分重要的空间信息系统。它是在计算机硬、软件系统支持下，对整个或部分地球表层（包括大气层）空间中的有关地理分布数据进行采集、储存、管理、运算、分析、显示和描述的技术系统。

卫星定位系统即全球定位系统（Global Positioning System，GPS）。简单地说，这是一个由覆盖全球的24颗卫星组成的卫星系统。这个系统可以保证在任意时刻，地球上任意一点都可以同时观测到4颗卫星，以保证卫星可以采集到该观测点的经纬度和高度，以便实现导航、定位、授时等功能。这项技术可以用来引导飞机、船舶、车辆以及个人，安全、准确地沿着选定的路线，准时到达目的地。

第二节　微电子、集成电路与计算机信息系统

一、微电子技术与集成电路

（一）微电子技术

微电子技术是19世纪末至20世纪初开始发展起来的以半导体集成电路为核心的高新电子技术，它在20世纪迅速发展，成为近代科技的一门重要学科。微电子技术作为电子信息产业的基础，对航天航空技术、遥感技术、通信技术、计算机技术、网络技术及家用电器产业的发展有着直接而深远的影响。微电子技术是在电子电路和系统的超小型化、微型化过程中逐渐形成和发展起来的，其核心是集成电路。微电子技术对信息时代具有巨大的影响。微电子技术中采用的电子元器件历经了电子管、晶体管、中小规模集成电路、大规模及超大规模集成电路的演变。

（二）集成电路

1.集成电路的概念

集成电路（Integrated Cirecuit，IC）出现于20世纪50年代，以半导体单晶片作为材料，经平面工艺加工制造，将大量晶体管、电阻等元器件及互连线构成的电子线路集成在基片上，构成一个微型化的电路或系统。现代集成电路使用的半导体材料通常是硅（Si），也可以是化合物半导体，如砷化镓（GaAs）等。

集成电路的特点是体积小、质量小、可靠性高、工作速度快。衡量微电子技术进步的标准有以下三个方面：一是缩小芯片中器件结构的尺寸，即缩小加工线条的宽度；二是增加芯片中所包含的元器件的数量，即扩大集成规模；三是开拓有针对性的设计应用。

2.集成电路分类

集成电路根据集成度（所包含电子元件如晶体管、电阻等）可以分为：小规模集成电路（SSI）；中规模集成电路（MSI）；大规模集成电路（LSI）；超大规模集成电路（VLSI）；极大规模集成电路（ULSI）。

集成电路按导电类型可分为双极型集成电路和单极型集成电路。

集成电路按其功能、结构，可以分为数字集成电路（如逻辑电路、存储器、微处理器、微控制器、数字信号处理器等）和模拟集成电路（又称为线性电路，如信号放大器、功率放大器等）。

集成电路按用途可分为通用集成电路和专用集成电路。

3.集成电路的发展趋势

近几十年来，集成电路持续向更小的外形尺寸发展，使得每个芯片可以封装更多的电路。通过增加单位面积容量，可以降低成本、增加功能。总之，集成电路随着外形尺寸缩小，几乎所有的指标改善了，即单位成本和开关功率消耗下降，速度提高。Intel创始人之一的高登·摩尔（Gordon Moore）于1965年提出著名的摩尔定律：当价格不变时，集成电路上可容纳的元器件的数目，每隔18～24个月便会增加1倍，性能也将提升1倍。

集成度是有极限的，因此，摩尔定律不可能永远成立。集成电路正朝着纳米技术（在纳米尺寸下，纳米结构会表现出一些新的量子现象和效应，可以利用这些量子效应研制具有新功能的量子器件，从而把芯片的研制推向量子世界的新阶段——纳米芯片技术）、集成光路（将自然界传播速度最快的光作为信息的载体，发展光子学，研制集成光路）、光电子集成（电子与光子并用，实现光电子集成）的方向发展。

4.集成电路卡

集成电路卡在当今社会中的使用非常广泛，也称IC卡或芯片卡，在国外也称为chipcard或smartcard。它是把集成电路芯片密封在塑料卡基片内部，使其成为存储处理和传递数据的载体。集成电路卡比磁卡技术先进得多，能可靠地存储数据，并且不受磁场影响。

（1）按所镶嵌的集成电路芯片分类

存储器卡：这种卡封装的集成电路为存储器，可以长期保存信息，也可以通过读卡器改写数据。这种集成电路卡结构简单、使用方便，读卡器不需要联网就可工作。存储器卡安全性不高，常用于校园卡、公交卡等。

智能卡：也称CPU卡。卡上集成了中央处理器、程序存储器和数据存储器，还配有操作系统。这种集成电路卡处理能力强、保密性好，适合用于安全性要求较高的重要场合。手机中的SIM卡就是一种特殊的智能卡，它保存有手机用户的个人识别码、密钥及用户的其他信息。

（2）按使用方式分类

接触式IC卡：表面有一个方形镀金接口，有六个或八个镀金触点。使用时必须将卡插入读卡机卡口内，通过金属触点传输数据。这种IC卡易磨损、怕油污、寿命短。

非接触式IC卡：也称为射频卡或感应卡。它采用电磁感应方式无线传输数据，操作方便、快捷。这种IC卡记录的信息简单，读写要求不高，常用于身份验证等场合。这种IC卡采用全密封胶固化，防水、防污，使用寿命长。非接触式IC卡不但可以作为电子证件，用来记录持卡人的数据，作为身份识别之用，也可以作为电子钱包使用，有广阔的应用前景。

二、计算机信息系统

（一）计算机信息系统的基本知识

计算机信息系统是一类以提供信息服务为主要目的的数据密集型、人机交互的计算机应用系统。计算机信息系统有以下三个特点。

1.数据量大

计算机信息系统数据一般需存放在外存中，内存中设置缓冲区，只暂存当前要处理的一小部分数据。

2.数据持久

计算机信息系统中的数据不随程序运行的结束而消失，长期保留在计算机系统中。

3.数据共享

计算机信息系统中的数据为多个用户和多个应用程序所共享。计算机信息系统提供数据处理基本功能及信息服务功能，除具有数据采集、传输、存储和管理等基本功能外，还可向用户提供信息检索、统计报表、事务处理、分析、控制、预测、决策、报警、提示等信息服务。

（二）信息系统的结构

计算机信息系统是面向信息的，由计算机硬件、软件和相关的人员共同组成一个整体的计算机应用系统。信息系统是多种多样的，但其层次结构是一样的。对其中四个层次介绍如下。

基础设施层，包括支持计算机信息系统运行的硬件、系统软件和网络。

资源管理层，包括各类结构化、半结构化和非结构化的数据信息，以及实现信息采集、存储、传输、存取和管理的各种资源管理系统，主要有数据库管理系统、目录服务系统、内容管理系统等。

业务逻辑层，由实现各种业务功能、流程、规则、策略等应用业务的一组信息处理代码构成。

应用表现层，其功能是通过人机交互等方式，将业务逻辑和资源紧密结合在一起，并以多媒体等丰富的形式向用户展现信息处理的结果。

目前，信息系统的软件体系结构包括客户机/服务器（C/S）和浏览器/服务器（B/S）两种主流模式，它们都是由上述计算机信息系统层次结构衍生而来的。

（三）信息系统的类型

按信息处理的深度来分，信息系统基本可分为四大类，即业务信息处理系统、信息检索系统、信息分析系统和专家系统。这些系统还可以按处理深度再继续进行划分。

1.业务信息处理系统

业务信息处理系统是采用计算机技术处理日常业务的信息系统，用于使业务工作自动化，提高业务工作的效率和质量。根据服务对象的不同，业务信息处理系统又可以进一步分为操作层业务处理系统、管理层业务处理系统和知识层业务处理系统三类。

操作层业务处理系统是面向操作层用户的，主要用于对日常业务工作的数据进行记录、查询和处理。通常，操作层业务工作的任务和目标是预先规定并组织好的。

管理层业务处理系统是为一般管理者提供检查、控制和管理业务服务的系统。

知识层业务处理系统是支持企事业单位中的设计和文秘人员业务的信息系统，用于进行企事业单位的设计、创作和文秘工作。按业务性质，知识层业务处理系统又分为辅助设计系统和办公信息系统（又称办公自动化系统）。办公自动化系统利用现代信息技术可实现无纸办公、虚拟办公、协同办公、移动办公等功能。

辅助设计系统采用计算机作为工具，辅助有关技术人员在特定应用领域完成相应的任务。常见的计算机辅助系统有以下几种：CAD，Computer Aided Design，即计算机辅助设计；CAM，Computer Aided Manufacturing，即计算机辅助制造；CAT，Computer Aided Testing，即计算机辅助测试；CAI，Computer Aided Instruction，即计算机辅助教学；CAPP，Computer Aided Process Planning，即计算机辅助工艺规划。

2.信息检索系统

信息检索系统的特点是信息量大、检索功能强、服务面广。根据获得最终检索结果的详细程度和检索词的来源，信息检索系统分为目录检索系统和全文检索系统两大类；按信息的内容来划分，信息检索系统可分为文献检索系统、事实检索系统、数值检索系统等。

3.信息分析系统

决策支持系统和经理支持系统是两种常见的信息分析系统。

决策支持系统（Decision Support System，DSS），是辅助决策者通过数据模型、知识以人机交互方式进行半结构化或非结构化决策的计算机信息系统。DSS进行辅助决策所需数据源不但有来自单位内部操作层和管理层的信息，而且有来自外部资源的信息。DSS进行辅助决策的技术有模型库、方法库、数据库、数据仓库、联机分析及规则挖掘等。

经理支持系统（Executive Support System，ESS）是企业决策层的另一种形式的信息系统，它服务于企业的决策层。ESS侧重于使企业高级主管快速获得需要的信息或减少获得信息的工作量。

4.专家系统

专家系统（Expert System，ES）是一种知识信息的加工处理系统，模仿人类专家的思维活动，通过推理与判断来求解问题。一个专家系统通常由两部分组成：一部分是被称为知识库的知识集合，它包括要处理问题的领域知识；另一部分是被称为推理机的程序模块。

（四）常见信息系统

常见的计算机信息系统有制造业信息系统、电子商务、电子政务、地理信息系统和数字地球、远程教育、远程医疗、数字图书馆等。

1.制造业信息系统

（1）计算机集成制造系统

计算机集成制造系统（Computer Integrated Manufacturing System，CIMS）是企业各类信息系统的集成，也是企业活动全过程中各功能的整合。1992年，国际标准化组织（ISO）正式提出了计算机集成制造的定义：计算机集成制造是把人、经营知识及能力与信息技术、制造技术综合应用的过程，其实是提高制造企业的生产率和灵活性，并将企业所有的人员、功能、信息和组织诸方面集成为一个整体。

（2）MRP和ERP

制造业物料需求计划系统（Material Requirement Planning，MRP）使生产的全过程围绕物料需求计划形成一个统一的系统。制造资源计划系统（Manufacturing Resources Planning，MRP Ⅱ）把制造、财务、销售、采购及工程技术等各子系统综合为一个系统。在MRP Ⅱ的基础上，人们提出了企业资源计划（Enterprise Resources Planning，ERP）的概念。ERP扩展了企业管理信息集成的范围，在MRP Ⅱ的基础上新增了许多功能。

2.电子商务

电子商务（Electronic Commerce，EC）是以信息网络技术为手段，以商品交换为中心的商务活动，在互联网上以电子交易方式进行交易活动和相关服务活动，是传统商业活动各环节的电子化、网络化、信息化。

3.电子政务

电子政务是政府机构运用计算机、网络和通信等现代信息技术手段，实现政府组织结构和工作流程的优化重组，超越时间、空间和部门分隔的限制，建成一个精简、高效、廉洁、公平的政府运作模式，以便全方位地向社会提供优质、规范、透明、符合国际水准的管理与服务。

4.地理信息系统和数字地球

地理信息系统（Geographical Information System，GIS）又称为地学信息系统，是针对特定的应用任务，存储事物的空间数据和属性数据，记录事物之间关系和演变过程的系统。它可根据事物地理位置坐标对其进行管理、搜索、评价、分析、结果输出等处理，提供决策支持、动态模拟统计分析、预测预报等服务。

所谓数字地球（digital earth），就是在全球范围内建立一个以空间位置为主线，将信息组织起来的复杂系统，即按照地理坐标整理并构造一个全球的信息模型，描述地球上每一点的全部信息，按地理位置组织、存储起来，并提供有效、方便和直观的检索、分析和显示手段，利用这个系统可以快速、准确、充分和完整地了解及利用地球上各方面的信息。

5.远程教育

所谓远程教育（distance education），就是利用计算机及计算机网络进行教学，使得学生和教师可以在异地完成教学活动的一种教学模式。学生不需要到特定地点上课，因此可以随时随地上课。学生也可以通过电视广播、互联网、辅导专线、面授（函授）等多种渠道互助学习。远程教育是现代信息技术应用于教育后产生的新概念，即运用网络技术与环境开展的教育。

6.远程医疗

所谓远程医疗（telemedicine），即指将计算机技术、通信技术、遥感技术及多媒体技术与医疗技术相结合，旨在提高诊断与医疗水平，减少医疗开支，满足广大人民群众保健需求的一项全新的医疗服务。

7.数字图书馆

数字图书馆（digital library）是用数字技术处理和存储各种图文并茂文献的图书馆，实质上是一种由多媒体制作的分布式信息系统。它用数字技术存储各种不同载体、不同地理位置的信息资源，以便于跨越区域面向对象的网络查询和传播。它涉及信息资源加工、存储、检索、传输和利用的全过程。通俗地说，数字图书馆就是虚拟的、没有围墙的图书馆，是基于网络环境下共建共享的、可扩展的知识网络系统，是超大规模的、分布式的、便于使用的、没有时空限制的、可实现跨库无缝连接与智能检索的知识中心。

第八章　健康医疗大数据概述

第一节　健康医疗大数据的概念与特点

一、健康医疗大数据的概念

在健康医疗领域，大数据的开发与应用正在快速渗透至各个环节，大数据技术在健康医疗领域的融合应用为健康医疗产业的发展带来无限发展机遇和广阔前景。健康医疗大数据作为大数据体系的重要组成部分，是医疗卫生领域的宝贵资源，是国家重要的基础性战略资源，其应用与发展在带来健康医疗技术跨越式发展的同时，也不断带来健康医疗模式的深刻变化，成为深化医药卫生体制改革的动力和活力。

健康医疗大数据泛指所有与医疗和生命健康相关的极大量数字化信息的集合，健康医疗大数据涵盖一个人全生命周期产生的多方面数据，包括个人健康数据，医药服务、疾病防控、健康保障、食品安全和养生保健等数据。早期，大部分医疗相关数据以纸质或者胶片形式存在，如医疗机构的处方单据、检验单据、医生护士手写的病历记录、收费记录和X线片等。随着先进医学诊疗技术的发展进步、医院信息化的推广普及、数字医疗设备的广泛应用，各种异构异源数字化健康医疗数据的大量增长，健康医疗大数据的形式与内涵越来越丰富、充实。医学科技正在步入健康医疗大数据时代，包括电子病历、检验检查、处方医嘱、医学影像、生物组学以及健康行为数据、医学实验数据等在内的医疗与健康数据正以前所未有的速度产生与存储。健康医疗大数据通过整合这些来源广泛的数据，集成不同层面、各种硬件设备采集的信息，汇集形成体量极大、类型复杂的数据资源库。

健康医疗大数据的类型与来源纷繁复杂，健康医疗大数据来自不同的地区、不同的医疗机构和不同的软件应用。如果做好多格式、多源头、呈爆炸性增长的大数据的整合和分析工作，健康医疗大数据将在提高医疗质量、强化患者安全、降低风险、降低社会整体医疗成本等方面发挥无与伦比的巨大作用。从数据特征与应用领域的角度进行分析，健康医疗大数据主要包括以下六个方面的数据：医疗大数据、健康大数据、生物组学大数据、卫生管理大数据、公共卫生大数据和医学科研大数据。

（一）医疗大数据

医疗大数据是指在临床医学实践过程中产生的原始的临床记录，主要包括以电子病历、检验检查、处方医嘱、医学影像、手术记录、临床随访等为主的医疗数据。这些数据基本都是以医学专业方式记录下来，主要产生并存储于各个医疗服务机构的信息系统，如医院、基层医疗机构或者第三方的医学中心。医疗数据是健康医疗大数据最重要的组成部分，直接反映了疾病诊疗的第一手真实资料，是开展临床医学循证研究与疾病诊疗管理的主要依据。医疗数据具有临床指导与分析研究的价值，通过深入发掘和利用大量医疗数据，为健康管理、疾病防治、临床诊疗、医学研究提供大量重要的有用信息。

（二）健康大数据

健康大数据是指以个人健康管理为核心的相关数据的统称，包括个人健康档案、健康体检数据、个人体征监测数据、康复医疗数据、健康知识数据以及生活习惯数据，主要产生于医疗机构、体检中心、康复治疗机构以及各类生命体征监测系统。在健康数据中，个人健康测量数据与医疗数据形成了相互融合、相互补充的关系，两者共同组成个人全生命周期健康医疗大数据的集合。近年来，医疗物联网技术的发展催生了各类移动便携式生理参数监测装置的普及与应用，如运动手环、具备生理参数监测功能的智能手表、便携式心电监测装置、穿戴式医疗设备等。所监测数据包含血压、心率、心电、血糖、呼吸、睡眠、运动等方面的信息，这些信息共同组成了基于移动物联网技术的个人身体体征和活动的自我监测数据集，为我们及时了解自身健康状况提供了技术支持，既有助于识别疾病病因或防控疾病，也有助于临床的个性化诊疗，形成了一种全新的健康数据资源。

（三）生物组学大数据

生物组学大数据是一类比较特殊的健康医疗大数据，包括不同生物组学数据资源如基因组学、转录组学、蛋白质组学、代谢组学等，主要产生于具有检测条件的医院、第三方检测机构、组学研究机构。“人类基因组计划”的完成，带动了生物行业的一次革命，高通量测序技术得到快速发展。这使得生命科学研究获得了强大的数据产出能力，这类数据具有很强的生物专业性，主要是关于生物标本和基因测序的信息。一个人全基因组测序（Whole Genome Sequencing，WGS）产生的数据量高达100～600GB，每年全球产生的生物数据总量已达艾字节（EB）级，生物组学大数据具有规模性、多样性、高速性三个特征，给传统生物信息学带来了新的挑战。生命科学领域已经成为大数据研究应用的热点。生物组学大数据直接来源于人体生物标本，与临床的个性化诊疗及精准医疗关系密切，在研究基因功能、疾病机制、精准医疗等方面具有重要意义。

（四）卫生管理大数据

卫生管理大数据包括医疗卫生机构中与医疗质量管理、财务管理、绩效管理相关的数据，医疗质量管理主要包括医疗质量关键绩效指标（Key Performance Indicator，KPI）管理、住院质量统计、单病种管理、临床路径管理、抗菌药物管理、耗材管理、运营效率分析、医院感染管理、住院费用分析、门诊工作量管理、门诊费用分析、门诊工作流数据统计、患者满意度调查、医院投诉报警等。财务管理主要包括不同病种治疗成本与报销管理、医院成本核算数据管理、各类医疗保险数据管理、现金流入流出分析、资产负债表管理、预算开支分析、收支结余分析等。绩效管理包括科室成本与收入管理、人员与资产管理、单位工作效益管理、预算执行情况管理。卫生管理大数据主要是指各类医疗机构运营管理过程中产生的数据资源，主要来源于各级医疗机构、社会保险事业管理中心、商业保险机构、制药企业、药店、物流配送公司、第三方支付机构。通过深层次挖掘、分析当前和历史的医院业务数据，快速获取其中有用的决策信息，为医疗机构提供快速、准确和方便的决策支持。通过对医院各业务系统的数据进行多角度、多层次的分析，使医疗机构的决策者及时掌握各业务系统的运行情况和发展趋势，提高管理水平和竞争优势。

（五）公共卫生大数据

公共卫生大数据是基于大样本地区性人群疾病与健康状况的监测数据总和，包括人口统计、计划生育、疾病监测、突发公共卫生事件监测、传染病报告等。公共卫生大数据还包括根据某些研究专题开展的全国性区域性抽样调查和监测数据，如营养和健康调查、出生缺陷监测研究、传染病及肿瘤登记报告等公共卫生数据。公共卫生大数据的核心部分是由政府公共卫生机构拥有的社会管理和公共卫生活动数据，以及由各级卫生主管部门直接拥有或在其间接支持下获得的卫生统计与调查相关数据，主要存储于各级卫生主管部门、各级疾病控制中心的信息系统，为宏观层面的公共卫生管理提供决策依据。

（六）医学科研大数据

医学科研大数据是指医学研究过程中产生的数据，包括真实世界研究、药物临床试验记录、实验记录和医学文献。医学科研数据主要存在于各类医学科研院所、医学院校、医学信息情报机构以及部分制药企业。由于医学研究通常经过严格规范的科研设计，医学科研数据的完整性和规范性一般较高，数据以项目主题数据集的形式进行组织，对开展基础医学研究、疾病诊疗技术开发、新药研发等创新研究具有较好的参考价值。

二、健康医疗大数据的特点

（一）大数据的基本特征

随着时间的推移和人们思考的进一步完善，有学者把价值（value）和真实性（veracity）加到大数据的特性里，业界通常认同以5个“V”描述大数据的特征，即大容量（volume）、多样性（variety）、低价值（value）、快速度（velocity）和真实性（veracity）。

（二）健康医疗大数据的主要特点

生命科学领域所涉及的大数据与其他领域的大数据存在明显不同，具有显著的特殊性。从大数据的通用基本特征来看，健康医疗大数据的5“V”特征都是显而易见的。除此之外，健康医疗大数据还具有数据量大、多态性、集成性、不完整性、时效性和隐私性等特点。

1.数据量大

医院信息化最初产生的数据量并不是很大，数字化程度不高，但随着医学科技的持续进步，近些年来，各类数字化检验检查手段、生理参数实时监测、高质量成像设备、医院信息系统（hospital information system，HIS）的应用、临床诊疗过程形成的数据呈爆炸式增长。特别是高分辨率医学影像数据的大量产生，极大地提升了医院数据增长的速度。精准医学、全基因组测序技术的兴起，使得个体的基因序列数据量可以达到几十GB至上百GB。以一家三甲医院的数据量为例，每年几百万人次的门诊量如果在未来几年都要管理起来，数据量就要达到PB级，这个量级较传统的医疗数据量已经是跨越式的增加。基于物联网技术的个体生理参数检测设备的大量使用，使得个人健康数据的自动连续监测与采集成为可能。个人健康数据集将包括生理参数、疾病康复情况、生活记录、环境与社会因素等与健康密切相关的数据，随着记录时间与记录点数的增加，个人的健康数据总量将很快超过其医疗数据总量。

2.多态性

多态性具体体现在数据结构多样和价值密度多维，数据标准化程度低。医疗数据的基本表达格式包括文本型、数值型和图像型。文本型数据包括电子病历、人口学信息、医嘱、药物使用、手术记录、随访记录等数据；数值型数据包括检验科的生理数据、生化数据、生命体征数据、生理波形、基因测序结果等；图像型数据包括各种影像学检查如B超、X线、CT、MRI、正电子发射计算机断层扫描（Positron Emission-computed Tomography，PET）等的影像资料。在文本型数据中，数据的表达很难标准化，对病例状态的描述存在一定的主观性与随意性，缺乏统一的标准和要求，甚至对临床数据的解释都是使用非结构化的语言。多态性是医疗数据区别于其他领域数据最根本和最显著的特性，由于个体差异大，疾病种类繁多，复合疾病常见，关系复杂，而且随着新的疾病与诊疗手段的出现与变化，医疗数据很难实现标准化、自动化。这种特性也在一定程度上加大了医疗数据分析的难度和速度，健康医疗大数据分析的一定是多类型数据。

3.集成性

医学诊疗是综合各类临床数据与知识经验分析判断的过程，需要查看以人为中心的健康医疗数据，需要对数据进行整合式的展现、管理以及融合式的分析。业务系统中，医疗信息系统建设已经从“以医院管理为中心”向“以患者为中心”转变，越来越多的医疗数据通过统一的集成技术整合到一个平台，通过建立标准的数据交换和集成，将原先分布在各业务系统中的信息交换整合到集成平台，实现医院各个科室之间信息的互联互通，消除信息孤岛，实现信息数据的充分共享。将医疗信息交换整合到集成平台，医院各个科室之间的信息可以实现互联互通，降低重复检查，减少患者就诊的费用和时间，最大限度地方便患者就医。医疗数据集成在医疗上方便了医院一线医护人员的工作，使一线医护人员可以快捷地获取患者的各种信息，及时为患者提供医疗服务；在管理上方便了医院决策层做出管理决策，使管理者可以及时掌握医院的各种医疗指标和运行指标，对医院资源进行合理调配，降低投入成本，提高资源利用率。在大数据分析方面，通过对临床表征数据、医学影像数据、生物组学数据进行融合分析，寻找关联关系，探索新的医学与生命科学的规律，在肿瘤、遗传性疾病、家族性疾病、罕见病等发生发展机制研究方面形成重大突破，是健康医疗大数据的研究热点。

4.不完整性

影响个体的健康医疗数据涉及的医疗数据搜集和处理过程存在脱节，医疗数据库对疾病信息的反映有限。同时，在临床工作中，由医务人员人工记录的数据会存在数据的偏差与残缺，数据的表达、记录有主观上的不确定性。受到人类对很多疾病发生机制、发展规律认识的局限，所采集的数据还无法保证准确完整地反映出一种疾病。另外，从长期来看，随着治疗手段和技术手段的发展，新型的医疗数据被创造出来，数据挖掘对象的维度在不停地增长与更新，特别是随着新兴医疗技术的应用，将不断产生新的数据集合，使得健康医疗大数据一直存在不完整性。随着移动互联网、物联网、可穿戴设备（wearable devices）等技术的不断发展，由于个人健康数据的采集、发布渠道不断增多，健康数据质量管理机制还不完善，数据的真假与准确程度存在不可控的情况。因此，需要通过建立健全机制、使用挖掘交叉验证等多种技术手段，保证数据的真实性、准确性和有效性。

5.时效性

与其他行业不同，面向患者需要从时间维度管理整个生命周期的健康医疗大数据，从人的出生开始直到死亡，大数据需要覆盖各个时间点上产生的健康评估结果与医疗记录。患者的就诊、疾病的发病过程在时间上有一个进度，完整的医疗过程往往包括疾病预防、发生、治疗、治愈等，这些环节中形成的数据通过时间标签产生关联，这个时间标签是健康医疗大数据鲜明的特征属性。此外，医学检测的波形信号（如心电图、脑电图）和图像信号（如MRI、CT等）都有其特有的时间关联性，体现为数据的时效性。例如，在心电信号检测中，短时的心电图无法检出某些阵发性信号，只能通过长期监测的方式监测心脏状态。

6.隐私性

医疗健康信息的社会关注度很高，在对医疗数据的挖掘中，不可避免地会涉及对患者隐私信息的处理，一旦出现隐私信息的泄露，可能会对患者造成不良影响。大数据分析中主要涉及的隐私内容包括：用户身份、姓名、地址和疾病等敏感信息以及经分析后所得的私人信息。健康医疗数据的安全隐私也得到了法律法规的保护，国内外都有相应的立法或者标准规范对健康医疗数据的隐私保护与安全进行限定。在医疗服务和移动健康体系中，将医疗数据和移动健康监测甚至一些网络行为、社交信息整合到一起的时候，医疗数据的隐私泄露带来的危害将更加严重。因此在开展健康医疗大数据研究之前需要进行必要的“脱敏脱密”和“去标识化”处理。

（三）健康医疗大数据的应用前景

1.加快新药研发

大数据分析的核心价值之一是通过对海量数据进行专业处理与挖掘，发现不同数据集之间的潜在相关性，这些相关性将为新药物研发提供重要的线索。通过分析临床试验数据、诊疗数据以及不同患者行为、情绪等个性化信息，辅以药物效用分析与合理用药数据，可以综合评估某类药物的耐药情况、药物相互作用、药物不良反应等效果，查找到影响药物疗效的关键因素，从而改进个性化、精准化药物的研发。大数据应用于药物不良反应分析可以克服传统临床试验法、药物不良反应报告分析法等的缺点，避免受到样本量小、采样分布有限等因素影响，全面评估药物不良反应造成的影响，获得有说服力的结果。通过及时收集药物不良反应报告数据，可以加强药物不良反应监测、评价与预防。通过分析疾病患病率与发展趋势，模拟市场需求与费用，可以开展新药临床应用情况模拟预测，帮助确定新药研发投资策略和资源配置。除了可降低研发成本外，健康医疗大数据还能够帮助医药研发机构或者公司加快药品临床试验的研究进度，增加药物临床试验的成功率，缩短药物的上市时间，尽快获得市场准入，尽早将更具针对性、具有更高治疗成功率和更高潜在市场回报的药物推向市场。使用预测模型后可以帮助医药企业把从新药研发到推向市场的周期从大约13年减少到8～10年。

2.支持临床诊疗

健康医疗大数据为疾病临床诊疗提供智能化支持。通过综合分析包括海量患者的临床数据、诊疗效果和医疗费用等历史数据，依托人工智能算法开展疾病危重程度评估与分级分类分析，获得疾病的致病因素和危重程度结果，形成专病治疗决策模型，确定个性化的疾病诊疗指南、临床路径和干预措施，可帮助医生确定对个体最有效和最具成本效益的治疗方案。得益于大数据技术对非结构化数据分析能力的日益加强，临床决策支持系统（decision support system，DSS）在大数据分析技术的帮助下变得更加智能，比如可以使用图像分析和识别技术识别医疗影像数据，或者挖掘医疗文献数据建立医疗专家数据库，从而给医生提出诊疗建议。基于大数据分析，开发具有预防性、预测性和可参与性的个性化医疗诊断辅助工具，可将诊断辅助工具直接集成到医疗信息系统，在诊疗过程中为临床医务人员提供治疗方案的参考建议。这样，一方面可以减轻医务人员需要对疾病诊疗进行大量循证分析的工作负担，另一方面可以减少人为因素干扰，弥补年轻医务人员知识经验不足造成的影响。临床决策支持系统的应用可有效拓宽临床医生的知识面，减少人为疏忽，帮助医生提高工作效率和诊疗质量。

3.推动精准医疗

精准医疗是以个体化治疗为基础，应用基因组学、蛋白质组学技术结合患者生存环境、生活方式和临床数据，精确地筛选出疾病潜在的治疗靶点，并根据疾病不同的病理生理学基础对患者进行分类，最终实现能够针对特定患者制订个体化的疾病预防与治疗方案。精准医疗的研究就是以健康医疗大数据作为有效支撑，在健康医疗大数据研究的基础上，通过对疾病的精准分类、预防、诊断，为社会公众制订个性化、精准化的疾病预防和治疗方案，建立疾病发生分子机制的知识体系。其中，随着近年来国家对精准医疗的关注及扶持逐渐增加，癌症液体活检、癌症的个体化疗法等医疗技术发展迅速。对于恶性肿瘤、先天性疾病、遗传性疾病以及部分罕见病，研究者将大量生物组学数据和患者电子病历数据结合起来综合分析，使基因测序、个性化药物和患者的疾病个性化诊疗等精准医疗方法进入临床实践。

4.提升全民健康管理

健康风险评估是健康管理中的关键性难点问题。准确的风险评估可帮助个体掌握自身健康状况，有效指导疾病的提前干预治疗，减少总体医疗支出，达到未病先防、早纠早治的效果。居民电子健康档案是居民健康管理方面的重要基础数据，运用大数据技术对其进行分析处理与预测预判，可以向居民提供个体化的健康管理服务，改变传统的健康管理模式，从环境、营养、社会、心理、运动等不同方面给予不同的居民以高效的健康服务和支持，有效地帮助和指导社会公众保持身心健康。集成分析个体的体征、诊疗、行为等数据，可以预测个体的疾病易感性、药物敏感性等，进而实现对个体疾病的早发现、早治疗、个性化用药和个性化护理等。应用人工智能技术结合个体数据与已有分析模型得出患者的健康状况评估结果，可以预测潜在的健康隐患，提醒患者提前干预，减轻患者的医疗负担，实现疾病预防、诊疗的科学化管理。

5.强化公共卫生管理

健康医疗大数据为公共卫生监测提供大数据相关技术，可以分析疾病模式和追踪疾病暴发及传播方式与途径，提高公共卫生监测和反应速度，有效提升公共卫生部门对传染病和重大疫情的应急管理能力。公共卫生部门通过覆盖区域的卫生管理信息平台收集信息并建立居民的健康信息数据库，利用大数据技术对公共卫生数据进行实时监测和分析，快速检测传染病的发生，对疫情进行全面监测，并通过监测疫情进行预警和处置。通过对生物因素、社会因素、环境因素和家庭遗传因素等多领域数据与医疗卫生数据的融合研究，利用基于大数据的深度挖掘分析技术进行比对和关联分析，可以找出真正威胁公众健康的危险因素，进而对社会公众的生活领域进行有针对性的干预，提高居民健康水平。大数据将人口统计学信息、各种来源的疾病与危险因素数据整合起来，进行实时预测分析，可提高对公共卫生事件的辨别、处理和反应速度，并能够实现全过程跟踪和处理，有效调度各种资源，对危机事件做出快速反应和有效决策，从而极大减少全社会的医疗支出，降低传染病等疫情的感染率。

6.支持卫生管理决策

利用健康医疗大数据分析医疗资源的使用情况，可以实现医疗机构的科学管理以及医疗卫生资源的高效配置，提升医疗卫生服务水平和效率。通过集成分析医疗机构临床诊疗操作与运行绩效数据集，创建可视化流程图和绩效图，识别医疗过程中的异常，可以为业务流程优化提供依据。整合与挖掘不同层级、不同业务领域的健康医疗数据以及网络舆情信息，有助于综合分析医疗服务供需双方特点、服务提供与利用情况及其影响因素，人群和个体健康状况及其影响因素，预测未来供需双方发展趋势，发现疾病危险因素，为医疗资源配置、医疗保障制度设计、人群和个体健康促进、人口宏观决策等提供科学依据。从卫生政策管理层面，大数据通过集成各级人口健康部门与医疗服务机构数据，识别并对比分析关键绩效指标，可以帮助卫生行政管理机构快速了解各地政策执行情况，及时发现问题，防范风险。

第二节　健康医疗大数据的收集与管理

一、健康医疗大数据的采集

（一）数据来源

1.医院信息系统

（1）电子病历系统

电子病历是医务人员在医疗活动过程中使用医院信息系统生成的文字、符号、图表、图形、数据等数字化信息的集合，它将患者诊疗过程中产生的诊疗数据和检查数据集合为具有统一形式的记录，是最具价值的数据来源。电子病历系统中主要包括病历首页、门（急）诊病历记录、住院病历记录、健康体检记录、转诊记录、法定医学证明及报告等数据。

（2）实验室信息系统

实验室信息系统主要是指医学检验数据，包括血液学、化学、免疫学、血库、外科病理学、解剖病理学、在线细胞计数和微生物学等检验数据。这些数据来自医学检验类设备产生的数字化数据，有专用数据规范和标准，是一种结构化程度很高的数据。

（3）医学影像系统

完整的医学影像系统包括放射科信息系统和PACS。整个医学影像库包含病理、放射、核医学、超声、内镜等相关成像信息及诊断报告。各类医学影像经成像设备采集后以标准格式的影像文件存储于影像系统中，供临床诊断或医学研究调取使用。

（4）医院管理系统

医院管理系统是医院医疗与运维管理过程中所需数据的集合，包括医疗质量管理系统、全面预算管理系统、财务管理系统、物资管理系统、固定资产管理系统、人力资源管理系统、成本核算系统、绩效考核系统和财务监管系统等产生的数据。

2.生物组学测序数据平台

生物组学测序数据平台保存着通过基因检测技术获得的主要基因信息，包括基因标识符、名称、物种来源、基因组上的位置、相关核酸、RNA、蛋白质、基因间的相互作用、标记位点以及表观遗传学信息等。生物组学测序数据平台的数据量较大，数据采集、处理的专业化程度较高，数据的生成、采集、分析过程需要在专门的软硬件系统平台上完成，目前主要由第三方机构或者具备测序能力的医疗机构或科研院所进行采集、管理、分析。

3.区域卫生信息平台

区域卫生信息平台是连接规划区域内各机构（医疗卫生机构、行政业务管理单位及各相关卫生机构）基本业务信息系统的数据交换和共享平台，是使区域内各信息化系统之间进行有效信息整合的基础和载体，是实现多元化子系统整合的综合业务平台。区域人口健康信息主要来源于卫生健康部门下属的医院、公共卫生服务机构（如疾病预防控制中心、卫生监督所、妇幼保健院、血站、急救中心等）、计生服务机构、基层医疗卫生机构、卫生计生管理机构，还与人力资源和社会保障、银行、保险、公安、民政、工商、教育、统计等其他社会部门具有广泛联系，主要包括居民基本信息档案、儿童保健档案、妇女保健档案、疾病控制档案、疾病管理档案、医疗服务档案、健康档案等。区域人口健康信息具有来源广泛、种类繁多、信息量大、存储分散等特点。

4.公共卫生信息平台

公共卫生信息平台是面向疾病控制机构、卫生监督机构、妇幼保健机构、慢性病防治机构、社区卫生服务机构及公共卫生研究机构提供业务操作与管理服务的应用系统。该平台主要为疾病监测与卫生监督提供信息化支撑，包括传染病、慢性病及病原体的监测以及餐饮、食品、水源的监测。公共卫生信息平台包含的数据范围较广，由多渠道所得多种数据融合形成一个或多个庞大的信息系统。公共卫生信息平台的数据采集与系统建设工作主要由各级公共卫生机构承担，公共卫生信息平台内主要包括健康档案基本数据、疾病预防控制数据、卫生监督数据、卫生应急指挥数据、医疗救治数据、妇幼保健数据、精神卫生管理信息系统数据和血液管理数据等。

5.移动医疗健康监测系统

移动健康是指将通信技术应用于卫生保健领域，实现“健康传感终端+移动通信平台+健康服务”，从而提供实时、连续、长期的健康服务。移动设备性能的快速提升和无线网络的广泛覆盖，以及穿戴式设备与技术的发展和移动应用的普及，为健康服务和个人健康管理创造了巨大的空间。基于移动物联网技术的可穿戴监测设备具有便捷、易用、低负载测量等特点，迅速成为个体日常健康监测评估的主要手段。此类产品形态多样，功能逐渐丰富，佩戴后成为终端传感器，不断地收集与传递个人健康数据。随着其受众范围的不断扩大，系统中积累了大量的移动医疗健康监测数据。一部分监测数据由被测者个人管理，另一部分通过网络传输到服务提供商构建的互联网云端健康数据监测系统中，这些数据的采集与汇总成为健康医疗大数据不可或缺的组成部分。受到终端设备功能和技术的限制，目前获得的健康数据还无法达到专用医疗设备的精度与准确性，在数据专业性和全面性上也无法与医疗机构数据相比，但可作为健康管理的参考数据。

6.互联网数据资源

随着移动设备和移动互联网的飞速发展，各大网站中产生的疾病、健康、寻医购药等信息随之增加。互联网健康医疗大数据包括各种网站及健康检测设备产生的数据。其中，健康网站数据包括访问、在线咨询等产生的大量音视频、图片、文本等，以及各种网站的网络挂号、网售药品器材、网售健康服务等产生的数据。健康监测数据包括各商业公司开发的移动医疗产品和便携式生理设备产生的血压、心跳、血糖、心率、体重、心电图、呼吸、睡眠、体育锻炼等数据。互联网数据资源还包括公开对外服务的各类文献数据库，这类数据库规范化程度较高，覆盖面广，涵盖目前主要的医学研究文献，大部分都是以文本文件存储，包括中国知网（CNKI）、万方医学网、重庆维普中文科技期刊数据库、NSTL外文生物医学文献数据库、MEDLINE、Elsevier、ProQuest、Springer等国内外主要文献数据库。

（二）数据采集与整合技术

1.数据库接口采集技术

对于政府卫生主管部门、医疗机构、公共卫生服务机构中的健康医疗数据或医学研究数据等保密性要求较高的数据，可以通过与机构合作，开发建立专线接入、特定数据库访问接口、系统数据交换接口等技术方式实现数据交互。大量健康医疗业务产生的数据以数据库的形式存储在业务系统中，大部分采用目前主流的关系型数据库如Oracle、MySQL、Cache等存储数据。常用的接口工具有Sqoop和结构化数据库间的ETL工具，主要用于分布式大数据Hadoop（Hive）平台与传统的数据库间进行数据传递，可以实现和Hadoop分布式文件系统（HDFS）、HBase数据库和主流关系型数据库之间的数据同步和集成。

2.系统日志采集技术

对于实时性要求较高的大数据的采集，为确保不影响医疗业务系统的正常运行，可以通过读取与解析数据库系统日志文件的技术手段实现同步。业界常用的系统日志采集技术包括Hadoop的Chukwa，Cloudera的Flume和Facebook的Scribe等。上述技术或工具均采用分布式架构，能满足每秒数百兆字节（MB）的日志数据采集和传输需求，在医院医疗信息系统数据库同步采集中有效发挥作用。

3.网络数据采集技术

网络数据采集主要是借助网络爬虫或网站公开应用程序编程接口（Application Programming Interface，API）等方式，从网站上获取健康医疗数据信息的过程。通过这种途径可将网络上的非结构化数据、半结构化数据从网页中提取出来，并以结构化的方式将其存储为统一的本地数据文件。

4.移动物联网健康数据采集技术

移动物联网健康数据采集技术利用移动终端的定位、记录和交互式引导功能，使用户的健康数据、个人信息得到记录与存储，建立在互联网高速通信技术之上的数据获取和交互与人的联系更加紧密。通过用户近场的各类生物传感器和移动应用程序（Application，APP）采集大量的运动与健康信息，主要包括：基于用户行为模式和活动记录的数据，如即时语音、视频、GPS地理信息，运动状态信息，运动习惯信息等；基于个体身体运动状态的检测结果，如步态、步速、跌倒检测结果等；基于用户运动中生理参数的检测数据，如呼吸、体温、脉搏、血压、血氧等检测数据。移动健康可以真正实现用户随时、随地、随身获得相关的健康信息。

5.健康医疗数据整合平台技术

数据整合平台技术以自动化或自动化与人工相结合的方式，对异构数据源进行采集整合处理并进行数据共享和交换。与医疗业务系统集成不同，在医疗大数据互联互通场景下，对数据共享平台集成技术的需求强于集成流程的需求。传统的数据共享平台重点解决的是患者个体数据的共享，数据交换的单位为文档，而在大数据环境下，医疗数据类型多样化，非结构化内容以及诸如影像、组学数据等大数据量的内容同时存在，共享更多地基于群体数据，以文档为单位的交换会显著降低交换效率。因此，大数据的集成技术重点在于多样化数据、群体数据交换共享等。面向健康医疗数据的集成技术通常采用基于《医疗健康信息集成规范》（Integrating the Healthcare Enterprise，IHE）的数据共享平台，通过IHE平台实现多个异构系统产生的医疗记录集中共享。其特点是数据共享平台包含数据接收管理能力和患者主索引管理能力，交换以医疗文档为单位，不追求实时性，适用于患者医疗记录的集中共享；此外，数据交换与共享采用通用技术标准，通常采用 HL7 CDA 等面向文档的标准和 IHE 的集成规范。

（三）数据采集标准

1.数据元标准

在数据建模与表示方面，数据元的标准化是对数据元的概念、描述、定义、表示、分类和注册等制定统一的标准，并加以贯彻实施的过程。一个完整的数据元是由数据元概念和表示类结合而成的。基于元数据建模，制定统一的标准，根据标准规则，对现有数据进行收集、整理和分析，从而实现不同地区、不同部门、不同系统间数据的共享和信息的交换，避免信息的重复采集，减少资源浪费，实现数据的一次采集和多次重复利用。当前主要通过基于元数据建模构建数据集成框架，利用简单对象访问协议（SOAP）、表述性状态传递（REST）等技术设计数据交换接口，可以根据需要实现多种数据同步交互策略，如即时式、定时式和触发推送式，使用模型驱动架构（MDA）和可扩展标记语言（Extensible Markup Language，XML）描述实现数据导入和导出的模型解析。

2.集成类规范

美国医疗卫生信息和管理系统协会与北美放射学会（Radiological Society of North American，RSNA）共同组织编写了 IHE，从流程角度规范了临床信息系统（Clinical Information System，CIS）。健康信息交换第七层协议（Health Level Seven，HLS）组织从事医疗服务信息传输协议及标准研究，发布了医疗信息交换标准 HL7 V1/V2/V3 三个版本，这些标准是标准化的医疗信息传输协议，汇集了不同厂商用来设计应用软件之间接口的标准格式。目前，HL7 致力于 HL7 V3 和快捷健康互操作资源（Fast Health Interoperable Resources，FHIR）标准的建设，作为下一代标准框架。FHIR 标准结合 HL7 V2、HL7 V3 和 HL7 CDA 产品线的最佳功能，同时利用最新的 Web 标准，紧密地关注可实施性方面。另外，美国放射学会（American College of Radiology，ACR）和美国电气制造商协会（National Electrical Manufacturers Association，NEMA）联合组成委员会，参考相关国际标准（CNET251、JIRA、IEEE、HL7、ANSI 等），联合推出了医学数字图像通信标准（Digital Imaging Communications In Medicine，DICOM）。IHE 是由医疗工作者和企业共同发起的、旨在提高医疗计算机系统之间共享信息水平的技术框架，通过提高已有通信标准之间的协同使用水平，如 DICOM 和 HL7，满足特殊临床需要，为患者提供最佳服务，形成一套完备的IHE技术框架和IHE集成模型。HL7、DICOM、IHE构成整个医疗行业信息标准的基本框架，代表了国际医院信息系统以及医疗数据标准化的发展方向。

3.术语资源库

面向复杂的医疗大数据，急需从逻辑上基于本体构建术语库与知识库，通过元数据建模完成医疗数据集成，通过国际、国内标准和规范，构建医疗数据相互通信和交互的标准，达到共享一致的目标，利用面向服务技术形成开放服务接口，为医疗数据共享互通提供技术支持，从而构建一个高质量、高可用的医疗大数据源，为各种应用个性化服务提供支撑。在国际上，已形成大量的标准术语集和概念体系，包括美国的医学术语和医学本体知识库、《国际疾病分类》（International Classification of Diseases，ICD）、“CPT医疗服务（操作）编码系统”“医学系统命名法——临床术语”以及“观测指标标识符逻辑命名与编码系统”（Logical Observation Identifiers Names and Codes，LOINC）等。一体化医学语言系统是美国国立卫生研究院经过多年积累开发完成的一个大型医学本体知识库，集成了137个常用的医学术语词典和本体库，是目前使用最广泛的医学本体知识库之一。国内医学术语标准化工作起步较晚，现有医学主题词表（Medical Subject Headings，MeSH）、临床检验项目分类与代码、中国中医药学主题词表和中医临床术语集等术语体系。近年来，国内外研究者开始注重知识库系统的智能性。从文献型知识库到知识集成型的专题知识库，再到具备知识发现功能的智能决策型知识库，是知识库发展的路径。

4.疾病编码标准

在疾病分类方面，《国际疾病分类》是依据疾病的某些特征，按照规则将疾病分门别类，并用编码的方法来表示的系统。

（四）数据采集的质量控制

从多来源集成的健康医疗大数据往往存在各种质量问题，具体体现在相同个体主索引不一致、同一术语编码不一致、数据缺失情况严重等。质量控制是数据采集过程中的关键环节，确保采集的数据能正确、完整、规范地加载到目的地，同时还需建立相应的异常处理机制，对传输异常、数据加载异常、数据结构与质量异常进行自动化处理。

1.医疗数据质量模型和自动测度

基于ISO/IEC 25012软件工程数据质量模型国际标准建立适合于健康医疗大数据不

同应用场景的医疗数据质量模型与医疗数据质量度量，逐步形成符合我国国情的医疗数据质量保证架构（Data Quality Assurance Architecture，DQAA）。在DQAA架构的基础上研发相应的数据质量自动测度软件，针对测试的差距（正偏移和负偏移）对负偏移的缺陷数据指标做出标记，指导后续的数据智能化处理。

2.个体主索引自动匹配

不同来源医疗数据中的个体主索引不一致，导致数据很难整合利用。为此，需研究个体主索引特征向量提取算法，自动计算并提取数据集中能够标识每条记录的特征向量集，并采用模糊匹配等算法，利用主索引特征向量在各个数据集之间对数据进行主索引的自动匹配。

3.异构医学术语自动映射

不同来源医疗数据中的医学术语（疾病名称、药品名称等）往往采用不同的编码，成为数据整合利用的障碍。为此，需结合国家相关标准，建立标准化的医学术语编码规范并应用机器学习和语言处理等技术，研究实现异构中文术语的概念标注及其与标准术语集之间的自动映射方法。

4.数据缺失填补

由于与医疗健康相关的指标众多，病患的数据中往往存在一定的数据缺失。通常的数据缺失填补方法包括：采用无监督机器学习、深度学习、主成分分析等降维算法，利用稀疏性降低数据维度、提取数据特征；利用网络表征的冗余性和通过对数据的扰动填补确实数据；针对不同的资料类型、数据缺失模式和变量类型，采用数据模拟技术模拟相应的各种完整数据集，并在此基础上构造不同缺失率的缺失数据集，采用多重填补（Multiple Imputation，MI）方法进行填补。

二、健康医疗大数据的存取

（一）健康医疗大数据存取的特点

1.存储系统的高容量

随着人口老龄化与生活水平提高，参与医疗保健、疾病诊疗、健康体检的用户越来越多，在各类医疗保健机构中产生并积累了海量的医疗数据。同时，随着新型医疗诊疗技术的发展，诊疗过程中产生了大量的数字化医学影像、组学检测、生理监测等数据。无论是在数据总量还是在个体数据方面，健康医疗数据量都呈现出指数级上升的趋势，目前个体的健康医疗数据已经达到数百吉字节（GB）级别。传统的信息化技术已经无法满足大量多元异构健康与医疗数据的产生与存储需求，健康医疗大数据系统首先要建立能够支持大容量数据存取管理的存储架构，以实现高效低耗的数据资源管理。

2.存储系统的高性能

与以往较小规模的数据处理不同，在数据中心处理大规模数据时，需要服务集群有很高的读写吞吐量才能够让海量的数据处理任务在应用开发人员“可接受”的时间内完成。这些都要求大数据的应用层能够以最快的响应速度、最高的传输带宽从存储介质中获得相关的海量数据。与其他行业的数据相比，部分医疗数据如监护数据、体征监测数据、急诊检验检查数据，具有很高的实时性要求，因此患者医疗数据的实时存储与更新对于临床科学诊疗尤其重要。实时性要求存储平台能够快速读写数据文件，实时更新患者数据，以便医生能够第一时间获取患者的医疗数据进行诊治，因此海量数据的高效存储和访问需求需要数据存储系统具备高并发的读写能力。

3.存储系统的高可靠性

患者的健康医疗数据具有隐私性，要求大数据存储平台必须具备高可靠性与安全性。存储平台具备足够的安全防范技术能力，确保患者的个人隐私安全，确保医疗数据在该平台中的存储安全，确保医疗数据不被患者本人和医生之外的人使用。此外，存储平台还具有强大的数据容灾与备份功能，确保当存储医疗数据的某个节点出现问题时，可以从其他备份节点完整地恢复数据。

4.存储系统的可扩展性

由于医疗与健康管理的资源分布具有分散性，缺少规范、统一的系统对健康医疗数据进行整合存储。这种现状不仅导致公共资源和共享资源的浪费，而且影响对个体健康状况与疾病的整体判断。大数据存储系统具备较好的可扩展性，可解决医疗资源分散的问题。数据存储系统通过灵活的系统扩展增加整体性能和负载能力，以适应应用系统数据量扩大与数据集增加带来的需求。

5.存储系统的低成本

健康医疗数据分布于多个来源、多个机构、多个系统。数据分散存储于大量的服务器中，缺乏互联互通与协同机制，因此普遍存在多处存储、重复记录的情况，这些重复的数据资源必然造成极大的存储资源浪费。为从整体上降低存储成本、提高数据管理效率，健康医疗大数据存取需要采用集中存储的基本模式，大量采用基于资源共享机制的云存储以及基于分布式架构平台的主流方案。在数据存储系统体系结构方面，以大量低成本服务器组成共享集群，尽可能减少数据存储对硬件的消耗。

（二）数据整合模式

1.健康医疗大数据多库关联存储模式

面对健康医疗数据中多种结构化、半结构化、非结构化异构信息，需要构建一个整体的、综合性的存储方案，既能适应查询的需求，也能满足对动态、数据项不确定的医疗信息的存储需求。在大量的健康档案数据中，居民的基本信息是相对静止的，结构化程度相对较高，因此适合采用关系型数据模型存储，以提高索引、查询的效率。医疗信息的复杂性在于有大量的动态更新信息，而且项目内容是异构的，包括很大比例的非结构化医疗信息，如医生书写的病历记录、检查报告等，很难将其完全分解成结构化字段。对于公共卫生和医疗服务信息这种多源异构数据，数据会随着居民病情变化或者就诊活动增多而动态更新与累积，其中包含大量非结构化的信息，通常可采用XML模型存储，XML模型在描述医疗记录时允许将非结构化的信息加载在其中。健康医疗大数据采用多库关联存储模式，实现将静态的、结构化程度高的信息采用关系型数据库进行存储，将海量异构、非结构化的信息采用XML模型进行存储，并且将XML中与查询相关的关键信息提取出来作为关系数据表进行存储并作为查询XML内容的索引。多库关联存储模式通过将关系模型与XML模型相结合使用的方法存储健康医疗大数据资源，既能解决非结构化海量数据的异构性问题，降低其存储的复杂度，又能提高对信息检索和查询的效率，实现快速查询患者信息和医疗数据跨系统完整共享。

2.模型驱动的专题数据存储模式

大数据的数据整合模式需要充分考虑数据资源的应用需求，实现从信息模型到物理存储模型的统一。专科专病专题数据集建设围绕疾病治疗与健康管理专题，以某类疾病与健康问题为中心，在存取与展现上对数据进行整合，既可实现多个分散异构数据库的统一组织管理，又可满足专科专病数据库的个性化需求。专科专病专题数据集建设的关键是建立起覆盖临床、组学、健康各领域数据的整合模型，为健康医疗大数据互联共享、数据管理、技术研发打好基础，重点要实现如下技术突破。

（三）硬件基础结构

在大数据环境下，海量数据呈爆发式增长，数据类型复杂多样，除结构化数据外，还有大量半结构化和非结构化数据。大数据的应用需求也很复杂，包括复杂多表关联查询、即席查询、离线数据批量处理等。上述需求给大数据存储与分析的基础架构提出了新的挑战。根据应用场景不同，行业中主要的基础存储架构在健康医疗大数据存储管理中都能得到应用。主要的存储方式根据基础硬件系统的架构不同分为内置存储和外挂存储。外挂存储根据连接方式不同分为直连式存储（Direct-Attached Storage，DAS）和网络化存储（Fabric-Attached Storage，FAS）。目前，网络化存储是大数据存储管理中应用最广并且兼顾经济高效的存储方式。网络化存储根据传输协议不同又分为存储区域网络（Storage Area Network，SAN）和网络接入存储（Network-Attached Storage，NAS）。在健康医疗大数据存储中，结构化医疗数据通常使用SAN进行存放，大量非结构化医疗与健康管理记录以及影像数据与组学数据采用NAS方式存储。由于上述数据对总容量需求大，传统单个节点的NAS服务器难以支撑2PB以上数据的存取，通常采用分布式NAS进行存储管理。

（四）存储技术和系统

在数据量快速增长、多类数据分析并存的需求压力下，数据存储与处理技术正朝着细分方向发展。医疗信息化依靠一种技术或架构满足所有应用需求的情况不复存在，需要根据应用需求和数据量选择最适合的产品和技术。针对传统数据库方式在存储、处理大数据时出现的技术“瓶颈”，随着大数据存储应用需求的提升，衍生出面向大数据的存储技术架构。目前有两类主流的大数据存储技术架构，包括大规模并行处理（Massively Parallel Processing，MPP）技术架构和Hadoop技术架构。

1.MPP技术架构

MPP技术架构包括MPP数据库与分布式计算架构。MPP数据库是新型数据库类型，通过列存储、高效压缩、粗粒度智能索引等多项大数据处理技术，结合MPP架构高效的分布式计算模式，完成对海量高密度结构化数据分析类应用的支撑。

MPP技术广泛应用在各类健康医疗数据仓库和各类结构化数据分析领域，在健康医疗大数据存取中的核心应用优势包括：MPP基于不共享（shared nothing）架构，数据存储的每个节点运行自己的操作系统和数据库等，节点之间的信息交互只能通过网络连接实现，此架构可以横向扩展数百个节点，有效支持拍字节（PB）级别结构化健康医疗数据的查询、关联分析等应用场景；兼容传统SQL引擎，采用标准接口技术，开发效率高，应用迁移方便；高价值密度结构化海量数据存储，便于进行后续的联机分析处理（On-Line Analytical Processing，OLAP）、多维分析；平台运行环境多具有高性能和高扩展性的特点，可基于开放的X86架构服务器或者低成本计算机服务器进行部署，可极大地降低存储成本。

2.Hadoop技术架构

Hadoop 技术架构主要针对非结构化数据的存储和计算、实时流处理等传统关系型数据库较难处理的数据和场景，是目前大数据领域主流的数据存储与分析平台技术架构。Hadoop 技术架构是业界研究和应用最多的云存储技术架构，最为典型的应用场景就是通过扩展和封装 Hadoop 实现对互联网大数据存储、分析的支撑。Hadoop 依托于开源技术的优势以及相关技术的不断进步和迭代更新，可支撑对于非结构、半结构化数据的处理、复杂的 ETL（extract-transform-load），数据抽取（extract）、转换（transform）、装载流程 [（load）的过程]、复杂的数据挖掘和计算模型。

Hadoop技术具有的应用优势包括：采用键—值对存储方式——一种简单低耦合方式存储数据，确保数据存取的高效性；采用基于Hadoop的分布式文件系统（Hadoop Distributed File System，HDFS），可以存储海量的结构化、半结构化、非结构化数据，满足健康医疗的全量数据存储需求；具备较强的扩展性，可以扩展到上千个节点。

3.MPP与Hadoop技术架构联合应用

MPP数据库与Hadoop技术具有各自的优缺点和最佳适用范围。MPP数据库适用于处理高价值密度的结构化数据，而Hadoop的优势在于处理非结构化数据和流数据。Hadoop对数据的操作模型更适于只支持单次写入多次读取，数据更新性能较低，而MPP数据库基于关系模型，其存储结构和处理结构可以支持对数据集合的任意更新和删除；Hadoop对SQL兼容性不好，且调优算法复杂多样，而MPP数据库是关系型数据库，本身支持SQL，且执行计划有多年的积累，便于进行高效的优化；Hadoop采用Java编程语言开发，在运行时依赖Java虚拟机，内存需求较大时容易出现大量的内存垃圾，影响任务执行效率，而MPP数据库有完善的内存管理，保证内存和磁盘之间数据置换的平滑性。

在大数据时代，需要的是数据驱动最优平台和产品的选择。在健康医疗大数据存储与分析应用中，通常采用MPP数据库和Hadoop技术的混搭方案，充分发挥各自的优势，实现功能互补，满足大数据的诸多复杂需求。对于大规模临床诊疗结果的复杂分析、即时查询、多表复杂关联等场景由MPP数据库处理，而对非结构化电子病历记录的处理、对波形数据与医学影像的分析则由Hadoop架构负责。MPP数据库和Hadoop技术的混搭方案可以实现对全量数据的处理，满足行业对大数据的应用需求。

（五）主流数据库技术

在健康医疗活动中产生的数据类型多样，既有适合关系数据模型描述的结构化数据，也有影像、波形、文本等多种非结构化数据，这种复杂的异构性给健康医疗大数据的管理带来了很大的挑战。医疗行为对记录确定性与数据准确率要求很高，许多关键的应用场景首先要求数据管理系统要支持ACID特性，即原子性（atomicity）、一致性（consistency）、隔离性（isolation）和持久性（durability），而支持ACID特性的传统关系型数据库系统不适合存储非结构化数据。因此，通常的解决方案是采用两套架构的数据库分别存储结构化与非结构化数据，但这为两种数据之间进行连接查询与综合分析带来了困难。因此，健康医疗大数据的数据库建设方案是基于混合数据模型的管理系统，能够高效地管理结构化数据与非结构化数据，并支持异构数据之间的混合查询。目前，健康医疗数据存取的主流数据库包括关系型数据库与非关系型数据库（Not Only SQL，NoSQL）。

1.关系型数据库

以Oracle Database，SQL Server、MySQL为代表的传统关系型数据库广泛应用于各类医疗业务信息系统，如医院常用的电子病历系统、临床信息系统、用药管理系统、ICU监护系统等。计算机技术和网络技术的快速发展以及硬件的不断升级和更新换代，使数据呈现爆炸式增长，越来越多非结构化数据加入健康医疗相关的记录中，如影像学、生理参数波形和腔镜视频等文件。面对海量数据的存储和处理要求，传统的关系型数据库已无法满足用户需求，甚至制约着海量数据的存储和处理。在大数据存取操作时，关系型数据库常常成为性能“瓶颈”。数据库的低效不仅表现为查询速度慢，还表现为高频度读取效率低，数据加载与建立索引耗时长。关系数据模型虽然具有诸多优点，但受到自身技术架构的限制，不适用于存储与处理大量的非结构化数据或半结构化数据。

2.NoSQL数据库

为了应对大数据处理的压力，在大数据数据库技术领域出现了多种为支持大规模数量集、高并发要求、高可扩展性等应运而生的新型数据库。其中，NoSQL数据库应用最为广泛，是面向非结构化数据存取的主流数据库技术，NoSQL数据库通常运行于Hadoop架构平台，能够有效发挥出Hadoop平台分布式、高扩展、高效率的优势。

NoSQL数据库按照数据模型分类，可以分为以下3种。

（1）键—值（key-value）存储系统

键—值数据模型将数据表示为键与值的映射关系。所有的键—值存储系统都支持的基本操作是给定一个键，查找其对应的值。当键上可以定义比较关系时，有些系统也支持键上的范围查询（range query）。键—值模型功能简单且易于实现，键—值存储系统一般具有极佳的可扩展能力和访问性能，因此多用于支持高并发的Web服务查询或作为其他存储系统的高性能缓存。目前主流的分布式键—值存储系统包括Amazon DynamoDB、Redis、MemcacheDB等。

（2）列族（column-family）存储系统

列族数据模型是在键—值模型基础上，将值定义为列族的集合，每个列族可以包含多个相关属性列。与键—值存储系统相比，列族存储系统支持的基本操作也是按值查找和范围查询，但允许用户指定返回的结果中所需包含的属性列，因此更加灵活易用，并且在仅用到小部分属性列的情况下查询性能更好。近十年来，最具代表性的大规模列族存储系统是Google BigTable，类似的系统包括HBase和Hypertable等。

（3）文档（document-oriented）存储系统

文档数据模型也可视为键—值模型的扩展，与列族模型不同的是它将值定义为类似广义表的数据结构。从抽象的角度看，列族模型是一种特殊的文档模型。文档存储系统除了支持基于键的查询，一般还允许用户指定值上的过滤条件（取决于具体系统实现），但更为灵活的数据结构需要更多的空间存储以及更长的时间解析，其查询速度通常比列族存储系统慢。目前主流的文档存储系统包括MongoDB、CouchDB、Cassandra等。

与关系型数据库相比，NoSQL数据库采用了较为简单的数据模型。关系型数据库中的表都是存储一些格式化的数据结构，每个元组字段的组成都一样，即使并非每个元组都需要所有的字段，数据库也会为每个元组分配所有的字段，这样的结构便于表与表之间进行连接等操作，但从另一个角度看，它也是关系型数据库性能“瓶颈”的一个因素。而非关系型数据库以键—值对存储，它的结构不固定，每一个元组可以有不一样的字段，每个元组可以根据需要增加一些自己的键—值对，不局限于固定的结构，能够对特定的查询（如按键检索）进行优化，极大地提高了查询性能，因而具备非常好的可扩展性，能够应用于超大规模的非结构化数据存取。

三、健康医疗大数据的处理

近年来，人们赋予“大数据”5个“V”的重要特征：规模大（volume）、种类多

（variety）、发展迅速（velocity）、分析预测结果准确（veracity）、潜在的研究与商业价值大（value）。当然，健康医疗大数据也不例外。随着健康医疗信息化建设进程的不断加速，健康医疗数据的来源不断增多，不仅有电子病历、电子医嘱、医学影像资料、生理化验信息等医疗数据，还有体检报告、健康记录、可穿戴设备上提取的信息等健康数据。这些健康医疗“大数据”不仅规模庞大而且种类繁多，这正符合之前提到的5个“V”的特征。然而，巨大体量的“健康医疗大数据”在未经处理时很难创造出其应有的研究和商业价值。同时，来源广泛的健康医疗大数据结构化程度不高而且数据标准也不尽相同。因此，要充分挖掘健康医疗大数据的潜在价值，数据的结构化和标准化是关键。健康医疗大数据处理的首要任务是将原始的多源异构且难以进行计算分析的数据变成能够进行计算、统计和分析的数据。同时，健康医疗大数据相对于别的大数据，更可能涉及患者的个人隐私问题乃至国家安全问题，这使得去隐私化和数据安全也成了健康医疗大数据处理的重要任务。

（一）健康医疗大数据的结构化与标准化

数据的结构化和标准化是实现健康医疗大数据研究和分析的前提条件。举一个直观的例子，我们希望针对一种疾病探索出一个好的疾病诊疗方案，并想要参考全国知名专科的医疗数据加以分析和建模。这些数据包括数量巨大的患者主诉、医生的临床诊断及最终的治疗方案，然而除了电子病历（Electronic Medical Record，EMR）上有较为结构化的数据以外，其他数据通常都是整段的文本描述。这些无法被计算机理解的非结构化的文本信息使得我们根本无法下手进行任何大数据分析。因此，健康医疗大数据处理的首要任务就是利用计算机技术将这些文本信息进行结构化，而这种计算机技术传统上属于自然语言处理的研究范畴。

将非结构化文本数据用自然语言处理技术转换为结构化数据的过程，本质上是语言文本数据理解的过程。长期以来，在自然语言处理领域事实上遵循循序渐进、逐渐深入的处理思路，所处理的语言单位从基本的词句逐步增大至语篇，处理深度也逐步从词法、句法深入语义分析处理。概括而言，对于文本数据的结构化分析通常会涉及如下3个环节：一是自动词法分析，对于汉语而言，自动词法分析通常包括自动分词、自动词类标注以及命名实体识别等分析；二是自动语义分析，它是更深层次的语言处理任务，与词法分析和句法分析相比也更具挑战性，目标是实现语义层面的机器语言理解；三是篇章分析技术，在文本分析和理解中，需要与篇章打交道。篇章分析旨在研究医学自然语言文本的内在结构并理解文本单元间的语义关系，可以对文本单元的上下文进行全局分析。篇章分析更能挖掘出文本内部丰富的结构化信息，因此篇章分析技术在项目中是必不可少的一个工具。

目前，国内外均开展了大规模的语言资源建设工作。例如，美国宾夕法尼亚大学构建了宾州树库和命题库，有效支持了英文等语言的词类标注、句法分析和语义分析任务的进展。在国内，北京大学建立了综合型语言知识库，奠定了汉语信息处理的资源基础，有效支持了汉语分词、词类标注、命名实体识别等汉语信息处理任务的进展。目前，国际国内的语言资源建设在健康医疗大数据领域无论从规模上还是标注深度上都在持续向前发展。健康医疗大数据中的医学用语是一种专业领域语言，相关处理技术随着医疗信息化以及电子病历的推广已逐渐成为医学信息学研究的重要工具。从简单的病历信息提取、报告自动编码到较复杂的信息理解甚至新知识的发现，相关的研究和应用越来越多。

总的来说，健康医疗大数据的结构化就是利用自然语言处理等计算机技术将原始数据变成没有过多冗余信息，并具有一定格式的计算机能够理解的数据。在此基础上，计算机再将这些数据转换为诸如数据链表、树形关系图、数值数据向量等便于进行高效运算的数据。

当我们从更广的层面思考如何利用健康医疗大数据时，我们希望建立的不仅是单一专业或者单一机构的疾病诊疗模型，而是整合多家机构、多个地区乃至全国的健康医疗数据。因此，仅将数据结构化并不能满足这一需求，需要对数据共享、互联互通等问题进行仔细考量。不同健康医疗机构在数据采集、存储、清洗等操作上存在一定的差异。即使数据有同样的结构，但是由于同义术语的表达差异等问题，仍然可能影响或者阻碍大数据分析的有效进行。因此，我们在进行数据结构化的同时还要为这些结构化的数据设立标准。

（二）健康医疗大数据的去隐私化与数据安全

在健康医疗大数据时代，数据共享的过程中如何保障数据的安全和患者的权益至关重要。健康医疗信息的安全需求归根结底就是两点：控制与保护。而数据的控制与保护，都必须在“网络可信体系”中实现。对此，《国务院办公厅关于促进和规范健康医疗大数据应用发展的指导意见》特别在第12条中进行了权威解释：“推进网络可信体系建设。强化健康医疗数字身份管理，建设全国统一标识的医疗卫生人员和医疗卫生机构可信医学数字身份、电子实名认证、数据访问控制信息系统，积极推进电子签名应用，逐步建立服务管理留痕可溯、诊疗数据安全运行、多方协作参与的健康医疗管理新模式。”

目前，我国健康医疗大数据的安全形势非常严峻。第一，从数据层面来看，数据的整合尚属初级阶段，区域级的健康医疗大数据中心尚处于建设阶段。第二，对于健康医疗数据的信息安全投入与其他有较高安全保障要求的行业相比还比较欠缺。同时，在相关信息安全人才队伍建设方面，专业的健康医疗信息安全从业人员还处于相对严重缺失状态。第三，由于健康医疗行业特殊性较强，目前行业内虽然已经推行了国家信息安全等级保护要求，但与完善的信息安全顶层设计和指导框架还有一定距离。第四，行业网络涉及面广。如此大的规模和复杂的现状使得健康医疗行业难以管控。除此以外，全国医疗信息化服务与软件供应商达数百家，不同厂商的数据标准不尽相同，这也使得在行业内极易形成数据孤岛，对于数据安全也缺乏互联互通，从而给通过技术手段增加数据安全带来一定的困难。

虽然保障数据安全极具挑战，但这并不意味着我们要放缓在健康医疗大数据安全方面行进的脚步。对健康医疗大数据进行保护的一种有效技术手段就是去隐私化处理。去隐私化也是现阶段医疗数据处理的基本环节，只有去隐私化后才能对医疗数据进行分析或者在研究层面上加以共享。在技术方面，隐私保护的研究领域主要关注基于数据失真的技术、基于数据加密的技术和基于限制发布的技术。其中，基于数据失真的技术是未来医疗数据去隐私化的主要手段，它能够通过添加噪声等方法，使敏感数据失真但同时保持某些数据或数据属性不变，仍然可以保持某些统计方面的性质。其具体实现方式包括以下三种：①随机化，即对原始数据加入随机噪声，然后发布扰动后数据；②对数据进行阻塞与凝聚，阻塞是指不发布某些特定数据的方法，凝聚是指原始数据记录分组存储统计信息的方法；③差分隐私保护，仅通过添加极少量的噪声达到高级别的隐私保护。将这些方法融合起来并加以利用，可以更加合理地保障个体的乃至公共的健康医疗大数据安全。

四、健康医疗大数据的分析

对健康医疗大数据进行有效的采集、存储、处理和分析，挖掘其潜在价值，将深刻地影响医学治疗手段和人类健康水平。健康医疗大数据的分析作为整条路径的最后一环，承担着将健康医疗大数据中既丰富又庞杂的信息提炼和升华的任务。也可以说，正是健康医疗大数据的分析连接了数据和人，让人们认识到大数据在人类健康和临床诊疗上有极其重要的作用。随着新的数学、统计、计算方法的实现，大型计算平台的出现及其计算能力的不断攀升，健康医疗大数据的分析技术也在不断发展，更深层次的健康规律和医疗知识不断被人们发现，进而提高了临床诊疗和健康服务水平。就分析方法而言，针对健康医疗大数据的常用分析方法包括传统统计学中的分类、回归、聚类等方法，也包括数据之间的关联规则、特征分析以及深度学习、人工智能等分析方法，而针对不同类型的数据，大数据分析技术可以实现医学影像分析与临床决策分析、健康体征及远程医疗数据分析、公共健康数据分析、个性化疾病模式分析等多种多样满足不同类型健康医疗应用需求的分析。

（一）健康医疗大数据的分类、聚类与回归

数据分类、聚类与回归是比较类似的三种大数据分析方法。其中，分类是指通过各种分类模型，将数据样本中的每个数据项映射到给定的类别。换言之，就是找出一组数据项的共同特征并按照人为设定的分类标准将其归为不同的类别。这种方法通常用于健康状态或疾病程度的分类、患者属性和特征的分析，或者是康复和治疗效果的评价等。一个直观的例子就是从糖尿病患者的临床化验指标中提取出生理信号进行模式分类，建立正常、异常和糖尿病分级的数学模型，从而将临床生理信息与患者组织脏器的功能信息联系起来，为辅助临床诊断提供依据。目前，在健康医疗数据分类中广泛使用的分类方法主要有决策树、贝叶斯、人工神经网络等算法。特别要提到的是，决策树算法是以实例为基础的归纳学习算法，它将能够影响健康管理或者临床判断的特征按照一定的树形结构加以排列，模拟人在遇到问题时做决策的过程，找出这些特征和类别间的关系，成为一个分类或者决策的模型。决策树算法因其目标明确、可解释性高而广泛用于临床疾病的辅助诊断、医疗政策的制定、公共卫生以及慢性病的管理。总的来说，就是综合利用患者的人口学信息、生理学表达和化验以及一些健康医疗管理信息作为输入特征，通过有人工监督和人工标记的方式对健康医疗数据进行的分类。而分类的精确性和模型的准确度随着数据的积累均会得到一定程度的提高。

不同于数据分类的有监督分析方式，聚类分析并不需要给每一个数据指定某一个分类的标签。作为一种无监督式的分析方式，聚类分析把一组数据根据不同的特征按照相似性和差异性分为多个类别。同时，在聚类分析的过程中，算法自动使属于同一类别数据间的相似性尽可能大，不同类别数据间的相似性尽可能小。由于聚类分析相对于分类分析有更少的人工干预，它往往用于对健康医疗大数据中一些探索性问题的研究，如根据大体量健康医疗记录数据中的关键词加以聚类，提取出不同疾病在特征空间中的聚合性，从而发现疾病之间可能存在的关系等。

而数据的回归分析与以上两种分析方法有较大差异。它反映的是健康医疗数据中不同特征变量在时间上的特点。通过将数据特征项映射到一个回归函数，可以发现特征变量间的依赖关系并进一步探索在时间维度上针对某些特征进行预测的可能性。其主要研究问题包括解释队列数据的趋势特征、对下个时间节点个体状态进行预测以及探索数据不同特征之间的相关关系等。

（二）健康医疗大数据的关联规则和特征提取分析

健康医疗大数据的关联规则是描述数据样本中不同数据之间存在关系的规则，即某一项事件伴随另一项事件出现的规律。在健康管理和临床诊疗过程中，例如在电子健康档案建立过程中，可对大量人口学信息、健康信息、临床诊疗信息进行大型的关联规则分析，在发现较为隐秘的相关关系的同时，为疾病的检测和健康的预测做准备。

特征提取分析是模式识别领域的一种分析方法，又称为特征选择分析，目的是从一组数据中提取出最能表达总体数据特征的集合。健康医疗是一个非常复杂的系统，每一种疾病呈现的状态都只是这个系统的局部。如果将这个系统中所有的变量或者特征都用于分析单一疾病的问题，很多特征可能是无关的，有时候甚至会产生负效应。为了收到更好的分析效果，需要对这些特征加以筛选。所以无论是在健康管理过程中，还是在临床生理信号或者影像检测中，大样本量的数据特征提取和选择技术都得到了广泛的应用。

（三）健康医疗大数据分析在健康管理和临床诊疗上的作用

1.智能临床决策支持

临床决策支持是一个针对健康医疗数据分析的复杂集合。在疾病诊疗过程中判断患者的健康状态和制订诊疗方案时，不同的医生由于背景信息和经验资源不同往往难以达成绝对的共识。临床决策支持涉及各科的文献、专科专家会诊的意见、循证医学的证据等。如何将各类资源有机地整合在一起实现准确而高效的智能临床决策支持系统是一大难题。智能临床决策支持系统是诊疗决策支持方法的具体应用平台。根据推理方法分类，临床决策支持主要可以分为基于规则推理、基于案例推理和基于模型推理三种。基于规则推理主要依赖于条件规则进行推理，以判断患者的疾病类型，对疾病治疗过程进行决策支持，如最早的MYCIN系统。基于规则推理系统中的决策支持方法研究主要包括规则知识的获取、规则引擎的建立、规则的推理等。基于案例推理主要是指利用已有的案例经验判定患者的病情和治疗措施，如英国的商业化临床决策支持系统ExcelicareCBR。基于模型推理主要是指利用临床数据构建出相应的诊断或者治疗模型以支持决策，早期的临床决策支持系统大部分是基于模型的，如哈佛医学院研发的鉴别诊断系统DXplain。基于模型推理系统中的决策支持方法研究主要集中于模型的分析、选择和应用。随着计算机技术的发展、对结构化与非结构化数据分析能力的日益提升，以及深度学习等先进智能分析技术的不断完善，各种优秀的智能技术已被广泛应用到辅助决策系统中，并在实践中取得较好的效果，典型的产品和企业包括Watson、Prenetics、Lumiata、Enlitic等。当然，智能临床决策支持作为一个复杂的分析过程，还有太多的地方值得进一步研究和改进。比如，可以使用图像分割和识别技术定量地分析医疗影像数据，或者使用文本分析工具挖掘健康医疗文献数据建立医疗专家数据库，从而为医生提出辅助诊疗建议等。

2.移动远程医疗数据分析

健康医疗大数据分析的对象是生命个体的全生命周期，即从“摇篮”到“临终关怀”的完整过程。所以，对健康医疗的认识不能局限于去医院就诊的范畴，而应囊括对慢性病管理、个体健康以及公共健康数据的分析。而移动设备的迅速发展为远程医疗数据的收集和分析提供了可能。对于慢性病患者乃至健康人群，可以利用移动智能终端及可穿戴设备实现对其健康情况的远程监控，将其身体状态、各项生命体征参数纳入综合的电子病历之中。特别是在对慢性病患者的治疗过程中，远程监护可以有效地监测用户的健康状况，同时将采集到的数据经过分析后反馈给医疗机构，从而便于医生确定今后的用药和治疗方案。近几年，移动远程医疗产业呈现“井喷”式增长。未来，移动远程医疗将成为人们就诊、缴费、体检、咨询等各类健康服务的基本平台，患者可通过移动终端完成就诊的各个环节，最大限度减少就诊的复杂度，而医生则可通过移动终端完成查房、会诊、答疑解惑等各项工作，减少工作量。移动医疗应用也将提供基于地理位置的服务，为危急患者推荐附近的医疗点，并实现更为优化的个性健康服务。移动远程医疗在提供便利的同时，也有助于实现医疗数据向健康数据的过渡，促使数据体量高速增长。总之，在大数据背景下，实现个体和公众健康的正确思路是利用合理的深度学习人工智能方法、高效的云计算平台和优秀的数据传输架构，把丰富多元的生命个体的健康数据（包括锻炼习惯、生活习惯、社交媒体信息，当然也包括医疗信息）尽可能地纳入疾病模式的判断、建模与智能分析中。

3.组学大数据的分析

健康医疗大数据之所以拥有极大的数据体量，正是因为不同的组学数据。其中不仅包括传统意义上的基因组学，也包括蛋白质组学、微生物组学、影像组学等。在研究层面，可以通过基因组变异检测的算法软件（如比对软件BWA、变异检测软件GATK等）对不同组学数据进行尖端的科学分析。而在临床应用方面，可以利用分布式计算分析方法或者利用GPU、FPGA等硬件对组学大数据进行计算加速，提高大数据分析的效率。同时，随着组学数据同临床数据的整合，开发算法进行数据整合分析，或者利用机器学习、深度学习等算法构建模型开展疾病的预测也已成为组学大数据分析的重要发展方向。

第九章　DRG信息系统医疗应用

第一节　DRG信息系统对病案数据的要求

DRG以出院病历为依据，综合考虑了疾病的严重程度和复杂性，是一种使病例能够较好地保持临床同质和资源同质的组合工具。病案首页信息，现阶段作为疾病诊断相关分组的重要且唯一的数据来源，其数据的完整性、准确性以及病历内涵的一致性、严谨性都决定着DRG相关应用的效果，以及真实反映疾病治疗的情况。在DRG广泛应用的大趋势下，病案首页的数据质量至关重要。

一、新版病案首页的发布

为了进一步提高医疗机构的科学化、规范化、精细化、信息化管理水平，加强医疗质量管理与控制工作，完善病案管理，为DRG相关技术改革提供技术基础，国家卫生部希望以DRG为基础，利用能力、效率与安全等相关指标对医院进行绩效评价。

疾病诊断相关分组的主要特点是以病例的诊断和（或）操作为病例组合的基础依据，综合考虑了病例的个体特征，如年龄、性别、并发症和伴随症等，将临床过程相近、费用消耗相似的病历分到同一组中，卫生管理部门通过数据分析系统，来实现上级卫生管理部门对各级医疗机构日常监管与评价。

关于住院病案首页项目修订说明：

（1）“医院”名称修订为“医疗机构”名称，并增加“组织机构代码”项目。

（2）“医疗付款方式”修订为“医疗付费方式”。

（3）增加了“健康卡号”“新生儿出生体重”“新生儿入院体重”。

（4）增加了“现住址”“电话”及“邮编”，方便对病人随访及统计病人来源等信息。

（5）增加了“入院途径”。

（6）“病室”修订为“病房”。

（7）增加了门（急）诊诊断“疾病编码”。

（8）删除了“入院时情况”“入院诊断”“入院后确诊日期”。

（9）调整“出院诊断”表格，充分利用有限的版面，增加“其他诊断”的填写空间；删除了表格中。“出院情况”栏目，修订为“入院病情”有关项目；“ICD-10”修订为“疾病编码”。

（10）增加了损伤、中毒的“疾病编码”。

（11）删除了“医院感染名称”。

（12）增加了“病理诊断”的填写空间，增加了“疾病编码”“病历号”项目。医疗机构可根据医疗实际，适当增加“肿瘤形态学编码”等项目。

（13）“药物过敏”增加了“有、无”选项。

（14）删除了“HBsAg”“HCV-Ab”“HIV-Ab”。

（15）将“尸检”修订为“死亡病人尸检”，并提前至第一页。

（16）将“血型”“Rh”项目调整至第一页，并对填写内容进行修改。

（17）将“主（副主）任医师”修订为“主任（副主任）医师”，删除了“研究生实习医师”签名。

（18）增加了“责任护士”项目，以适应责任制护理服务示范工程的需要。

（19）对与手术相关的项目进行了修订，并在顺序上进行了调整，“手术、操作”均修订为“手术及操作”；增加了“手术级别”项目；对“切口愈合等级”进行了调整。

（20）增加了“离院方式”有关项目。

（21）增加了“是否有出院31天内再住院计划”。

（22）增加了“颅脑损伤病人昏迷时间”统计项目。

（23）删除了“手术、治疗、检查、诊断为本院第一例”“随诊”“随诊期限”“示教病历”“输血反应”“输血品种”等项目。

（24）对住院费用统计项目进行了调整，统一标准，便于统计分析。

为了进一步满足分组的数据需求，允许各省级卫生行政部门结合医院级别类别，在新版病案首页项目的基础上增加部分项目。以北京市为例，该地区病案首页中新增了包括以天为单位计量不足1周岁患儿的年龄、新生儿出生体重、新生儿入院体重、重症监护室的进出时间、呼吸机使用时间、颅脑损伤病人的昏迷时间和离院方式，并对每一个项目设定了详细的标准和定义。同时，为了更好地分析医疗资源的消耗情况，依据资源消耗会计方法，将医疗服务费用按照医疗、护理、临床医技、管理、药品和耗材等不同类别，结合各病例所涉及的直接成本（人力资源、药品和耗材）、间接成本（固定资产），对各项目和消耗的资源进行分类调整。

（一）基本要求

（1）签名部分可由相应医师、护士、编码员手写签名或使用可靠的电子签名。

（2）凡栏目中有“□”的，应当在“□”内填写适当阿拉伯数字。栏目中没有可填写内容的，填写“无”。如：联系人没有电话，在电话处填写“无”。

（3）疾病编码：指病人所罹患疾病的标准编码。目前，按照全国统一的ICD-10编码执行。

（4）病案首页背面中空白部分留给各省级卫生行政部门结合医院级别类别增加具体项目。

（二）部分项目填写说明

（1）“医疗机构”：指病人住院诊疗所在的医疗机构名称，按照《医疗机构执业许可证》登记的机构名称填写。代码由8位本体代码、连字符和1位检验码组成。

（2）医疗付费方式分为：①城镇职工基本医疗保险；②城镇居民基本医疗保险；③新型农村合作医疗；④贫困救助；⑤商业医疗保险；⑥全公费；⑦全自费；⑧其他社会保险；⑨其他。应当根据病人付费方式在“”内填写相应的阿拉伯数字。其他社会保险，是指生育保险、工伤保险、农民工保险等。

（3）健康卡号：在已统一发放“中华人民共和国居民健康卡”的地区填写健康卡号码，尚未发放“健康卡”的地区填写“就医卡号”等病人识别码或暂不填写。

（4）“第N次住院”：指病人在本医疗机构住院诊治的次数。

（5）病案号：指本医疗机构为病人住院病案设置的唯一性编码。原则上，同一病人在同一医疗机构多次住院应当使用同一病案号。

（6）年龄：指病人的实足年龄，为病人出生后按照日历计算的历法年龄。年龄满1周岁的，以实足年龄的相应整数填写；年龄不足1周岁的，按照实足年龄的月龄填写，以分数形式表示：分数的整数部分代表实足月龄，分数部分分母为30，分子为不足1个月的天数，如“2 15/28”代表患儿实足年龄为2个月又15天。

（7）从出生到28天为新生儿期。出生日为第0天。产妇病历应当填写“新生儿出生体重”；新生儿期住院的患儿应当填写“新生儿出生体重”“新生儿入院体重”。新生儿出生体重指患儿出生后第一小时内第一次称得的质量，要求精确到10克；新生儿入院体重指患儿入院时称得的质量，要求精确到10克。

（8）出生地：指病人出生时所在地点。

（9）籍贯：指病人祖居地或原籍。

（10）身份证号：除无身份证号或因其他特殊原因无法采集者外，住院病人入院时要如实填写18位身份证号。

（11）职业：按照国家标准《个人基本信息分类与代码》（GB/T2261.4）要求填写，共13种职业：11——国家公务员，13——专业技术人员，17——职员，21——企业管理人员，24——工人，27——农民，31——学生，37——现役军人，51——自由职业者，54——个体经营者，70——无业人员，80——退（离）休人员，90——其他。根据病人情况，填写职业名称，如“职员”。

（12）婚姻：指病人在住院时的婚姻状态。可分为：1——未婚；2——已婚；3——丧偶；4——离婚；9——其他。应当根据病人婚姻状态在“□”内填写相应阿拉伯数字。

（13）现住址：指病人来院前近期的常住地址。

（14）户口地址：指病人户籍登记所在地址，按户口所在地填写。

（15）工作单位及地址：指病人在就诊前的工作单位及地址。

（16）联系人“关系”：指联系人与病人之间的关系，填写：1——配偶，2——子，3——女，4——孙子、孙女或外孙子、外孙女，5——父母，6——祖父母或外祖父母，7——兄、弟、姐、妹，8/9——其他。根据联系人与病人的实际关系情况填写，如“孙子”。对于非家庭关系人员，统一使用“其他”，并可附加说明，如“同事”。

（17）入院途径：指病人收治入院治疗的来源，经由本院急诊、门诊诊疗后入院，或经由其他医疗机构诊治后转诊入院，或其他途径入院。

（18）转科科别：如果超过一次以上的转科，用“→”转接表示。

（19）实际住院天数：入院日与出院日只计算一天，例如：2021年6月12日入院，2021年6月15日出院，计住院天数为3天。

（20）门（急）诊诊断：指病人在住院前，由门（急）诊接诊医师在住院证上填写的门（急）诊诊断。

（21）出院诊断：指病人出院时，临床医师根据病人所做的各项检查、治疗、转归以及门急诊诊断、手术情况、病理诊断等综合分析得出的最终诊断。

①主要诊断：指病人出院过程中对身体健康危害最大、花费医疗资源最多、住院时间最长的疾病诊断。外科的主要诊断指病人住院接受手术进行治疗的疾病；产科的主要诊断指产科的主要并发症或伴随疾病。

②其他诊断：除主要诊断及医院感染名称（诊断）外的其他诊断，包括并发症和合并症。

（22）入院病情：指对病人入院时病情评估情况。将“出院诊断”与入院病情进行比较，按照“出院诊断”在病人入院时是否已具有，分为：1——有；2——临床未确定；3——情况不明；4——无。根据病人具体情况，在每一个出院诊断后填写相应的阿拉伯数字。

①有：对应本出院诊断在入院时就已明确。例如，病人因“乳腺癌”入院治疗，入院前已经钼靶、针吸细胞学检查明确诊断为“乳腺癌”，术后经病理亦诊断为乳腺癌。

②临床未确定：对应本出院诊断在入院时临床未确定，或入院时该诊断为可疑诊断。例如，病人因“乳腺恶性肿瘤不除外”“乳腺癌”或“乳腺肿物”入院治疗，因缺少病理结果，肿物性质未确定，出院时有病理诊断明确为乳腺癌或乳腺纤维瘤。

③情况不明：对应本出院诊断在入院时情况不明。例如，乙型病毒性肝炎的窗口期、社区获得性肺炎的潜伏期，因病人入院时处于窗口期或潜伏期，故入院时未能考虑此诊断或主观上未能明确此诊断。

④无：在住院期间新发生的，入院时明确无对应本出院诊断的诊断条目。例如，病人出现围术期心肌梗死。

（23）损伤、中毒的外部原因：指造成损伤的外部原因及引起中毒的物质，如意外触电、房屋着火、公路上汽车翻车、误服农药。不可以笼统填写车祸、外伤等。应当填写损伤、中毒的标准编码。

（24）病理诊断：指各种活检、细胞学检查及尸检的诊断，包括术中冰冻的病理结果。病理号：填写病理标本编号。

（25）药物过敏：指病人在本次住院治疗以及既往就诊过程中，明确的药物过敏史，并填写引发过敏反应的具体药物，如青霉素。

（26）死亡病人尸检：指对死亡病人的机体进行剖验，以明确死亡原因。非死亡病人应当在“□”内填写

（27）血型：指在本次住院期间进行血型检查明确，或既往病历资料能够明确的病人血型。根据病人实际情况填写相应的阿拉伯数字：1——A；2——B；3——O；

4——AB；5——不详；6——未查。如果病人无既往血型资料，本次住院也未进行血型检查，则按照“6——未查”填写。“Rh”根据病人血型检查结果填写。

（28）签名。

①医师签名要能体现三级医师负责制。三级医师指住院医师、主治医师和具有副主任医师以上专业技术职务任职资格的医师。在三级医院中，病案首页中“科主任”栏签名可以由病区负责医师代签，其他级别的医院必须由科主任亲自签名，如有特殊情况，可以指定主管病区的负责医师代签。

②责任护士：指在已开展责任制护理的科室，负责本病人整体护理的责任护士。

③编码员：指负责病案编目的分类人员。

④质控医师：指对病案终末质量进行检查的医师。

⑤质控护士：指对病案终末质量进行检查的护士。

⑥质控日期：由质控医师填写。

（29）手术及操作编码：目前按照全国统一的ICD-9-CM-3编码执行。

（30）手术级别：建立手术分级管理制度。根据风险性和难易程度不同，手术分为四级，填写相应手术级别对应的阿拉伯数字。

①一级手术（代码为1）：指风险较低、过程简单、技术难度低的普通手术。

②二级手术（代码为2）：指有一定风险、过程复杂程度一般、有一定技术难度的手术。

③三级手术（代码为3）：指风险较高、过程较复杂、难度较大的手术。

④四级手术（代码为4）：指风险高、过程复杂、难度大的重大手术。

（31）手术及操作名称：指手术及非手术操作（包括诊断及治疗性操作，如介入操作）名称。表格中第一行应当填写本次住院的主要手术和操作名称。

（32）麻醉方式：指为病人进行手术、操作时使用的麻醉方法，如全麻、局麻、硬膜外麻等。

（33）离院方式：指病人本次住院出院的方式，填写相应的阿拉伯数字。主要包括：

①医嘱离院（代码为1）：指病人本次治疗结束后，按照医嘱要求出院，回到住地进一步康复等情况。

②医嘱转院（代码为2）：指医疗机构根据诊疗需要，将病人转往相应医疗机构进一步诊治，用于统计“双向转诊”开展情况。如果接收病人的医疗机构明确，则需要填写转入医疗机构的名称。

③医嘱转社区卫生服务机构/乡镇卫生院（代码为3）：指医疗机构根据病人诊疗情况，将病人转往相应社区卫生服务机构进一步诊疗、康复，用于统计“双向转诊”开展情况。如果接收病人的社区卫生服务机构明确，需要填写社区卫生服务机构/乡镇卫生院名称。

④非医嘱离院（代码为4）：指病人未按照医嘱要求而自动离院，如病人疾病需要住院治疗，但病人出于个人原因要求出院，此种出院并非由医务人员根据病人病情决定，属于非医嘱离院。

⑤死亡（代码为5）：指病人在住院期间死亡。

⑥其他（代码为9）：指除上述5种出院去向之外的其他情况。

（34）是否有出院31天内再住院计划：指病人本次住院出院后31天内是否有诊疗需要的再住院安排。如果有再住院计划，则需要填写目的，如进行二次手术。

（35）颅脑损伤病人昏迷时间：指颅脑损伤的病人昏迷的时间合计，按照入院前、入院后分别统计，间断昏迷的填写各段昏迷时间的总和。只有颅脑损伤的病人需要填写昏迷时间。

（36）住院费用：总费用指病人住院期间发生的与诊疗有关的所有费用之和，凡可由医院信息系统提供住院费用清单的，住院病案首页中可不填写。已实现城镇职工、城镇居民基本医疗保险或新农合即时结报的地区，应当填写“自付金额”。

（37）住院费用共包括以下10个费用类型。

①综合医疗服务类：各科室共同使用的医疗服务项目发生的费用。

A.一般医疗服务费：包括诊查费、床位费、会诊费、营养咨询等费用。

B.一般治疗操作费：包括注射、清创、换药、导尿、吸氧、抢救、重症监护等费用。

C.护理费：病人住院期间等级护理费用及专项护理费用。

D.其他费用：病房取暖费、病房空调费、救护车使用费、尸体料理费等。

②诊断类：用于诊断的医疗服务项目发生的费用。

A.病理诊断费：病人住院期间进行病理学有关检查项目费用。

B.实验室诊断费：病人住院期间进行各项实验室检验费用。

C.影像学诊断费：病人住院期间进行胸部X线检查、造影、CT、磁共振成像检查、B超检查、核素扫描、正电子发射体层摄影（PET）等影像学检查费用。

D.临床诊断项目费：临床科室开展的其他用于诊断的各种检查项目费用。包括有关内镜检查、肛门指诊、视力检测等项目费用。

③治疗类：分为非手术治疗费和手术治疗费，但不包括药物及其他费用。

A.非手术治疗项目费：临床利用无创手段进行治疗的项目产生的费用。包括高压氧舱、血液净化、精神治疗、临床物理治疗等。临床物理治疗指临床利用光、电、热等外界物理因素进行治疗的项目产生的费用，如放射治疗、放射性核素治疗、聚焦超声治疗等项目产生的费用。

B.手术治疗费：临床利用有创手段进行治疗的项目产生的费用。包括麻醉费及各种介入、产、手术治疗等费用。

④康复类：对病人进行康复治疗产生的费用，包括康复评定和治疗。

⑤中医类：利用中医学手段进行治疗产生的费用。

⑥西药类：包括有机化学药品、无机化学药品和生物制品费用。

A.西药费：病人住院期间使用西药所产生的费用。

B.抗菌药物费用：病人住院期间使用抗菌药物所产生的费用，包含于“西药费”中。

⑦中药类：包括中成药和中草药费用。

A.中成药费：病人住院期间使用中成药所产生的费用。中成药是以中草药为原料，经制剂加工制成各种不同剂型的中药制品。

B.中草药费：病人住院期间使用中草药所产生的费用。中草药主要由植物药（根、茎、叶、果）、动物药（内脏、波、骨骼、器官等）和矿物药组成。

⑧血液和血液制品类。

A.血费：病人住院期间使用临床用血所产生的费用，包括输注全血、红细胞、血小板、白细胞、血浆的费用。医疗机构对病人临床用血的收费包括血站供应价格、配血费和储血费。

B.白蛋白类制品费：病人住院期间使用白蛋白的费用。

C.球蛋白类制品费：病人住院期间使用球蛋白的费用。

D.凝血因子类制品费：病人住院期间使用凝血因子的费用。

E.细胞因子类制品费：病人住院期间使用细胞因子的费用。

⑨耗材类：当地卫生、物价管理部允许单独收费的耗材。按照医疗服务项目所属类别对一次性医用耗材进行分类。“诊断类”操作项目中使用的耗材均归入“检查用一次性医用材料费”；除“手术治疗”外的其他治疗和康复项目（包括“非手术治疗”“临床物理治疗”“康复”“中医学治疗”）中使用的耗材均列入“治疗用一次性医用材料费”；“手术治疗”操作项目中使用的耗材均归入“手术用一次性医用材

料费”。

A.检查用一次性医用材料费：病人住院期间检查检验所使用的一次性医用材料费用。

B.治疗用一次性医用材料费：病人住院期间治疗所使用的一次性医用材料费用。

C.手术用一次性医用材料费：病人住院期间进行手术、介入操作时所使用的一次性医用材料费用。

D.其他类：病人住院期间未能归入以上各类的费用总和。

二、主要诊断的数据定义

DRG信息系统关于主要诊断的相关数据包括以下几个方面。

（一）主要诊断的定义

主要诊断指经研究确定的导致病人本次住院就医的主要疾病（或健康状况）。病人一次住院只能有一个主要诊断。主要诊断一般应该是消耗医疗资源最多、对病人健康危害最大、影响住院时间最长的疾病诊断。疾病主要诊断的确定和选择是DRG应用中最基础的一环，其中诊断是起点，它直接影响DRG应用后续所有环节。该诊断包括疾病、损伤、中毒、体征、症状、异常发现，或者其他影响健康状态的因素。例如，发热、头痛、蛋白尿等。一般情况下，有手术治疗的病人的主要诊断要与主要手术治疗的疾病相一致。例如，胆囊切除术—胆囊结石伴慢性胆囊炎；单侧甲状腺部分切除术—甲状腺腺瘤。

（二）急症手术术后出现的并发症

若急症手术术后出现并发症，应视具体情况正确选择主要诊断（消耗更大、更严重的允许作为主诊断）。例如，急性化脓性阑尾炎，若阑尾切除术后发生急性前壁心肌梗死，进行经皮冠状动脉介入治疗（PCI）治疗，出院时应考虑急性前壁心肌梗死作为主要诊断。

（三）择期手术后出现的并发症

若择期手术后出现并发症，应作为其他诊断填写，而不应作为主要诊断（不允许变更主诊断）。例如，胆囊结石伴慢性胆囊炎，若行腹腔镜下胆囊切除术后，发生急性前壁心肌梗死，进行PCI治疗，出院时必须用胆囊结石伴慢性胆囊炎作为主要诊断。

（四）择期手术前出现的并发症

若择期手术前出现并发症，在对并发症进行治疗的情况下，即使是在本次住院中也完成了择期手术，应视具体情况正确选择主要诊断（消耗更大、更严重的允许作为主诊断）。例如，胆囊结石伴慢性胆囊炎，准备行腹腔镜下胆囊切除术，术前发生急性前壁心肌梗死，进行PCI治疗，出院时考虑急性前壁心肌梗死作为主要诊断。

（五）发生意外情况（非并发症）

如果发生意外情况（非并发症），即使原计划未执行，仍应选择造成病人入院的疾病诊断作为主要诊断，并将病人原计划未执行的原因写入其他诊断。例如，胆囊结石伴慢性胆囊炎，病人家属决定暂不接受手术。出院时仍应考虑将胆囊结石伴慢性胆囊炎作为主要诊断，另在其他诊断写明因病人家属决定而未进行操作。若医师首页未填写，编码员应翻阅病历查找未做手术的原因，并编码Z53。

（六）症状、体征和不确定情况有相关的明确诊断

当症状、体征和不确定情况有相关的明确诊断时，症状、体征和不确定情况不能用作主要诊断。例如，若病人的蛋白尿是由慢性膜性肾小球炎导致的，应将慢性膜性肾小球炎作为主要诊断。

（七）两个以上相关联情况符合定义

除非医师有其他特殊说明，当两个或两个以上相互关联的情况（例如，疾病在同一个ICD-10临床版，或明显与某一个疾病有联系）都可能符合定义时，每一个都可能作为主要诊断。例如，先天性二尖瓣裂、先天性主动脉瓣脱垂同在Q23主动脉瓣和二尖瓣先天畸形中。

少数情况下，通过住院诊断、病情检查和（或）提供的治疗，确定的两个或两个以上诊断同样符合主要诊断标准，其他的编码指南无法提供参考时，任何一个均可能作为主要诊断。

（八）存在对比的疾病诊断

极少数情况下，会有两个或两个以上对比的疾病诊断，如“不是……，就是……

（或类似名称）”，如果诊断都可能，应根据住院时情况具体分析填写更主要的诊断；如果未进一步查明哪个是更主要的，每一个诊断均可作为主要诊断。

当有对比诊断后的临床症状时，优先选择临床症状作为主要诊断。对比的诊断作为其他诊断编码。

例如，病人的临床诊断为：结肠憩室炎?溃疡性结肠炎?缺铁性贫血?应将缺铁性贫血作为主要诊断，结肠憩室炎与溃疡性结肠炎作为其他诊断。

（九）并发症

当住院是为了治疗手术和其他治疗的并发症时，应把该并发症作为主要诊断。

（十）不确定诊断

如果出院时诊断仍为“可疑”的不确定诊断，则按照确定的诊断编码（这是基于病情的诊断性检查、进一步病情检查或观察的安排，最初的治疗方法都与疑似诊断的诊治极为相似）。例如，病人以可疑急性胆囊炎入院，并依照急性胆囊炎给予相应检查、检验和治疗，则出院时按照急性胆囊炎编码。

（十一）从留观室入院

1.留观后入院

当病人因为某个医疗问题被留观，并随即收住同一医院，主要诊断为导致病人来院留观的医疗问题。例如，病人因上消化道出血、食管静脉曲张急诊留观后入院，主要诊断应选择食管静脉曲张破裂出血。

2.从术后观察室入院

当病人门诊术后，在观察室监测某种情况（或并发症）继而入住同一医院，应根据主要诊断定义填写主要诊断。例如，病人行拔牙术后进入观察室监测心脏情况，若因出现可疑心肌梗死入院，则使用明确发生的情况作为主要诊断，即心肌梗死。

（十二）门诊手术后入院

当病人在门诊手术室接受手术，并且继而入住同一医院作为住院病人时，要遵从下列原则选择主要诊断。

（1）如果因并发症入院，则并发症为主要诊断。例如，病人在门诊接受锁骨上淋巴结活组织检查后发生出血入院，则将出血作为主要诊断。

（2）如果无并发症或其他问题，门诊手术的原因为主要诊断。例如，病人在门诊接受锁骨上淋巴结活组织检查发现有肿瘤后入院，主要诊断应为颈部淋巴结继发恶性肿瘤。

（3）如果住院的原因是与门诊手术无关的另外原因，则这个另外原因为主要诊断。例如，病人在门诊行白内障摘除术后因胆囊炎住院，则主要诊断为胆囊结石伴慢性胆囊炎。

（十三）多部位烧伤

若病人存在多部位烧伤，则以烧伤程度最严重部位的诊断为主要诊断。例如，病人头部和颈部Ⅲ度烧伤，胸壁Ⅱ度烧伤，上肢Ⅰ度烧伤，则应以头部和颈部度烧伤为主要诊断。

（十四）多部位损伤

若病人存在多部位损伤，则应以明确的最严重损伤或主要治疗的疾病诊断作为主要诊断。例如，病人车祸后发生前臂骨折、小肠破裂、脾破裂入院，则主要诊断应为脾破裂，其他诊断为小肠破裂和前臂骨折。

（十五）中毒

若病人因中毒住院，则应以中毒诊断为主要诊断，临床表现为其他诊断。如果有药物滥用或药物依赖的诊断，应写入其他诊断。例如，病人因可卡因过量引起昏迷入院，主要诊断为可卡因中毒，其他诊断为昏迷、可卡因依赖综合征。

（十六）产科的主要诊断

产科的主要诊断是指产科的主要并发症或伴随疾病。例如，某产妇临床诊断为宫内孕39周G1P1手术产LOA（剖宫产）、前置胎盘、失血性休克、DIC，则病案首页主要诊断应填写前置胎盘伴出血；其他诊断为失血性休克、弥散性血管内凝血、宫内孕G1P1手术产LOA（剖宫产）。

（十七）肿瘤

（1）当治疗是针对恶性肿瘤时，恶性肿瘤才有可能成为主要诊断。

（2）若病人本次住院是为了对恶性肿瘤进行放疗或化疗或免疫治疗时，恶性肿瘤放疗或化疗或免疫治疗为主要诊断，恶性肿瘤作为其他诊断。

（3）当对恶性肿瘤进行外科手术切除（包括原发部位或继发部位），并做术前和（或）术后放疗或化疗时，以恶性肿瘤为主要诊断。

（4）即使病人做了放疗或化疗，但是住院是为了确定肿瘤范围、恶性程度，或是为了进行某些操作（如穿刺活检等），主要诊断仍选择原发（或继发）部位的恶性肿瘤。

（5）当治疗是针对继发部位的恶性肿瘤时，以继发部位的恶性肿瘤为主要诊断。如果原发部位的恶性肿瘤仍然存在，则以原发部位的恶性肿瘤作为其他诊断；如果原发部位的恶性肿瘤在先前已被切除或根除，恶性肿瘤个人史作为其他诊断，用来指明恶性肿瘤的原发部位。

（6）当只是针对恶性肿瘤和（或）为治疗恶性肿瘤所造成的并发症进行治疗时，该并发症即为主要诊断，恶性肿瘤作为其他诊断首选。（如果同时有多个恶性肿瘤，按照肿瘤恶性程度的高低顺序书写）

（7）肿瘤病人住院死亡时，应根据上述要求，视本次住院的具体情况正确选择主要诊断。

三、其他诊断的数据定义

（一）其他诊断定义

住院时并存的、后来发生的或是影响所接受的治疗和（或）住院时间的情况，其他诊断包括并发症和伴随症。

（1）并发症：指与主要疾病存在因果关系，由主要疾病直接引起的病证。

（2）伴随症：指与主要疾病和并发症非直接相关的另外一种疾病，但对本次治疗过程有一定影响。

（二）其他诊断填写原则

（1）填写其他诊断时，应先填写并发症，再填写伴随症。

（2）病人既往发生的病症及治疗情况，对本次入院主要疾病和并发症的诊断、治疗及预后有影响的（临床评估、治疗处理、诊断性操作、增加护理量和/或监测），应视为伴随症填写在病案首页其他诊断栏目内。

示例1：未进行特殊治疗的慢性病（如慢性阻塞性肺疾病），虽然未做特殊治疗，但其需要评估和监测，故应列为其他诊断。

示例2：除非编码有特殊要求，通常一种疾病不同的病情状况，无须作为其他诊断填报。如某病人因急性胃肠炎入院，恶心、呕吐是其常见的临床表现，无须填报。

示例3：不是同一种疾病的病情情况，需作为其他诊断填报。如一名5岁男孩因急性肺炎、发热入院，入院后出现惊厥，应将惊厥（非肺炎后常规表现）作为其他诊断填报，而发热（肺炎常见临床表现）则无须填报。

（3）如既往史或家族史对本次治疗有影响，ICD-10编码Z80-Z87对应的病史可以作为其他诊断。

（4）由于在2011版住院病案首页项目修订说明中删除了“医院感染名称”。因此，一般应该把“医院感染名称”写在其他诊断。

（5）除非有明确临床意义，异常所见（实验室、X线检查、病理或其他诊断结果）应填写在其他诊断，但无须编码上报。如果针对该临床所见异常又做了其他检查评估或常规处理，则该异常所见在写入其他诊断的同时要求编码上报。

（6）若出院时诊断仍为“可疑”的不确定诊断，则按照确定的诊断编码。

（7）要求将本次住院的全部其他诊断（包括疾病、症状、体征等）填全。

四、主要手术和操作

（一）定义

主要手术和操作一般是指病人本次住院期间，针对临床医师为病人作出主要诊断的病症，所施行的手术或操作（手术及操作名称一般由部位、术式、入路、疾病性质等要素构成）。

（二）操作分类

在ICD-9临床版中，按照操作的目的，将操作分为诊断性操作和治疗性操作。

（1）诊断性操作：以为明确疾病诊断为目的的检查操作。

（2）治疗性操作：以治疗疾病为目的的非手术学操作。

填写手术及操作时，应包括诊断性操作和治疗性操作。

（三）主要手术及操作的选择原则

主要手术及操作的选择一般要与主要诊断相对应，即选择的主要手术或操作是针对主要诊断的病症而施行的。

一次住院中多次手术、多次操作的情况下，主要手术或主要操作一般是风险最大、难度最大、花费最多的手术或操作。

（四）病案首页手术及操作的填写要求

（1）填写手术和操作时，优先填写主要手术（操作）。

（2）住院期间多次手术及操作的选择原则：在遵循主要手术及操作选择原则的前提下，手术及操作填写顺序为首先选择与主要诊断相对应的主要手术或操作，其他手术操作按照手术优先的原则，依日期顺序逐一填写。

（3）对于仅有操作的选择原则：病人在住院期间进行多个操作，填写的顺序是治疗性操作优先，首先填写主要诊断相对应的治疗性操作（特别是有创的治疗性操作），然后依日期顺序逐一填写其他的治疗性操作。之后，依日期顺序逐一填写诊断性操作，如果仅有诊断性操作，尽量选择重要的诊断性操作（特别是有创的诊断性操作）优先填写。

（4）填报范围是（除胸部X线检查及心电图检查外）ICD-9临床版中有正式名称的手术和操作。

五、医疗资源消耗情况

（一）重症监护病房名称及进入、退出时间

1.重症监护病房定义

病人住院期间入住的重症监护室。重症监护室，即医院里一类特定的病房，配备专门的人员和设备用于观察、照顾和治疗现有或潜在危及生命的疾病、损伤或并发症但具有康复可能性的病人。重症监护室提供维持生命机能的专业技术及特殊设备，同时由医生、护士和其他受过训练或有处理此类问题经验的人员提供服务。

重症监护室的分类名称有：

（1）CCU——心脏监护室。

（2）RICU——呼吸科重症监护室。

（3）SICU——外科重症监护室。

（4）NICU——新生儿重症病房。

（5）PICU——儿科重症监护病房。

（6）其他——未列入上述名称的监护室

按照上述规范的重症监护室中文名称填写在“重症监护室名称”一栏；病人住院期间多次进出同一监护室或不同监护室治疗者，应分别填写。

2.进入、退出时间定义

病人进入重症监护病房的具体日期和时间。具体时间要求精确到分钟；病人住院期间多次进出同一监护室或不同监护病房治疗者，应分别填写。

（二）呼吸机使用时间

呼吸机使用时间定义：病人本次住院期间使用呼吸机的时间，如多次反复使用，应将时间累加后填入。呼吸机使用时间单位为“小时”。

时间不满1小时，按1小时计算。计算呼吸机使用时间时，不应包括麻醉中呼吸机使用时间和无创呼吸机使用时间。

（三）颅脑损伤病人的昏迷时间

颅脑损伤病人昏迷时间的定义：指颅脑损伤的病人昏迷的时间合计，按照入院前、入院后分别统计，间断昏迷的填写各段昏迷时间的总和。只有颅脑损伤的病人需要填写昏迷时间。

六、疾病转归情况

出院情况分为五类：治愈、好转、未愈、死亡和其他。根据病人具体情况，在每一出院诊断后填写相应的阿拉伯数字。

（1）治愈：指疾病经治疗后，疾病症状消失，功能完全恢复。

（2）好转：指疾病经治疗后，疾病症状减轻，功能有所恢复。

（3）未愈：指疾病经治疗后未见好转（无变化）或恶化。

（4）死亡：包括未办理住院手续而实际上已收容入院的死亡者。

（5）其他：包括入院后未进行治疗的自动出院、转院以及因其他原因（产妇、健康体检等）而离院的病人及健康人。

第二节　医疗临床数据的采集及质量控制

一、数据采集问题

（一）大数据的定义

大数据是需要用创新处理模式才能具有更强的决策力、洞察力和流程优化能力，以适应海量、高增长率和多样化要求的信息资产。麦肯锡全球研究院给出的大数据定义是：一种规模大到在获取、有储、管理、分析方面大大超出了传统数据库软件工具能力范围的数据集合，具有海量的数据规模、快速的数据流转、多样的数据类型和价值密度低四大特征。

（二）DRG信息系统与大数据的关系

将DRG信息系统需要做的事情比作一种产业，那么这种产业实现盈利的关键，在于提高对数据的“加工能力”，通过“加工”实现数据的“增值”。DRG信息系统需要采集医院海量临床数据信息，并且将这些具有意义的数据进行专业化处理。

DRG产生的数据能够客观反映不同科室及人员工作量、医疗质量、诊疗技术难度、诊疗风险等多方面差异，进而帮助医院调整病种结构，优化资源配置，加快专科能力建设，应对医保支付方式的改革。在人员激励上，可以引导医务人员规范医疗行为，改善工作态度与业务能力，以实现全面提升医院运行效率和服务水平的目的。

（三）DRG当前数据采集的挑战

DRG分析的数据是来源于病案首页数据，过去数据来源于首页数据质量报告系统（Hospital Quality Monitoring System，HQMS）。首页数据的真实性、准确性不容乐观。

比如入院病情不对、缺少既往病史、缺少补充诊断等问题比比皆是。

作为数据采集的唯一来源，病案首页填报时经常出现以下问题。

（1）漏项、缺项、填写不准确。

（2）主要诊断的不确定选择，其他诊断漏填，手术及操作项目漏填漏报。

（3）医师签名、科室及亚科漏项、缺项、填写不准确，其他管理项目漏填、不准确等。

二、数据规范要求

（一）《住院病案首页数据填写质量规范》标准

1.基本要求

（1）为提高住院病案首页数据质量，促进精细化、信息化管理，为医院、专科评价和付费方式改革提供客观、准确、高质量的数据，提高医疗质量，保障医疗安全，依据《中华人民共和国统计法》《病历书写基本规范》等相关法律法规，制定本规范。

（2）住院病案首页是医务人员使用文字、符号、代码、数字等方式，将病人住院期间相关信息精炼汇总在特定的表格中，形成的病例数据摘要。住院病案首页包括病人基本信息、住院过程信息、诊疗信息和费用信息。

（3）住院病案首页填写应当客观、真实、及时、规范，项目填写要完整，能准确反映住院期间诊疗信息。

（4）住院病案首页中常用的标量、称量应当使用国家计量标准和卫生行业通用标准。

（5）住院病案首页应当使用规范的疾病诊断和手术操作名称。诊断依据应在病历中可追溯。

（6）疾病诊断编码应当统一使用ICD-10，手术和操作编码应当统一使用ICD-9-CM-3。使用疾病诊断相关分组（DRGs）开展医院绩效评价的地区，应当使用临床版ICD-10和临床版ICD-9-CM-3。

（7）医疗机构应当建立病案质量管理与控制工作制度，确保住院病案首页数据质量。

2.填写规范

（1）入院时间是指病人实际入病房的接诊时间；出院时间是指病人治疗结束或终止治疗离开病房的时间，其中死亡病人是指其死亡时间；记录时间应当精确到分钟。

（2）诊断名称一般由病因、部位、临床表现、病理诊断等要素构成。出院诊断包括主要诊断和其他诊断（并发症和合并症）。

（3）主要诊断一般是病人住院的理由，原则上应选择本次住院对病人健康危害最大、消耗医疗资源最多、住院时间最长的疾病诊断。

（4）主要诊断选择的一般原则。

①病因诊断若能包括疾病的临床表现，则选择病因诊断作为主要诊断。

②以手术治疗为住院目的的，则选择与手术治疗相一致的疾病作为主要诊断。

③以疑似诊断入院，出院时仍未确诊，则选择临床高度怀疑、倾向性最大的疾病诊断作为主要诊断。

④因某种症状、体征或检查结果异常入院，出院时诊断仍不明确，则选择以该症状、体征或异常的检查结果作为主要诊断。

⑤疾病在发生发展过程中出现不同危害程度的临床表现，且本次住院以某种临床表现为诊治目的，则选择该临床表现作为主要诊断。疾病的临终状态原则上不能作为主要诊断。

⑥本次住院仅针对某种疾病的并发症进行治疗时，则该并发症作为主要诊断。

（5）住院过程中出现比入院诊断更为严重的并发症或疾病时，按以下原则选择主要诊断：

①手术导致的并发症，应选择原发病作为主要诊断。

②非手术治疗或出现与手术无直接相关性的疾病，则按第十条选择主要诊断。

（6）肿瘤类疾病按以下原则选择主要诊断：

①本次住院针对肿瘤进行手术治疗或进行确诊的，选择肿瘤为主要诊断。

②本次住院针对继发肿瘤进行手术治疗或进行确诊的，即使原发肿瘤依然存在，也应选择继发肿瘤为主要诊断。

③本次住院仅对恶性肿瘤进行放疗或化疗时，选择恶性肿瘤放疗或化疗为主要诊断。

④本次住院针对肿瘤并发症或肿瘤以外的疾病进行治疗的，选择并发症或该疾病为主要诊断。

（7）产科的主要诊断应当选择产科的主要并发症或合并症。没有并发症或合并症的，主要诊断应当由妊娠、分娩情况构成，包括宫内妊娠周数、胎数（G）、产次（P）、胎方位、胎儿和分娩情况等。

（8）多部位损伤，以对健康危害最大的损伤或主要治疗的损伤作为主要诊断。

（9）多部位灼伤，以灼伤程度最严重部位的诊断为主要诊断。在同等程度灼伤时，以面积最大部位的诊断为主要诊断。

（10）以治疗中毒为主要目的的，选择中毒为主要诊断，临床表现为其他诊断。

（11）其他诊断是指除主要诊断以外的疾病、症状、体征、病史及其他特殊情况，包括并发症和合并症。并发症是指一种疾病在发展过程中引起的另一种疾病，后者即为前者的并发症；合并症是指一种疾病在发展过程中出现的另外一种或几种疾病，后发生的疾病不是前一种疾病引起的。合并症可以是入院时已存在，也可以是入院后新发生或新发现的。

（12）填写其他诊断时，先填写主要疾病并发症，后填写合并症；先填写病情较重的疾病，后填写病情较轻的疾病；先填写已治疗的疾病，后填写未治疗的疾病。

（13）下列情况应当写入其他诊断：入院前及住院期间与主要疾病相关的并发症；现病史中涉及的疾病和临床表现；住院期间新发生或新发现的疾病和异常所见；对本次住院诊治及预后有影响的既往疾病。

（14）由于各种原因导致原诊疗计划未执行、且无其他治疗出院的，原则上选择拟诊疗的疾病为主要诊断，并将影响原诊疗计划执行的原因（疾病或其他情况等）写入其他诊断。

（15）手术及操作名称一般由部位、术式、入路、疾病性质等要素构成。多个术式时，主要手术首先选择与主要诊断相对应的手术。一般是技术难度最大、过程最复杂、风险最高的手术，应当填写在首页手术操作名称栏中第一行。既有手术又有操作时，按手术优先原则，依手术、操作时间顺序逐行填写。仅有操作时，首先填写与主要诊断相对应的、主要的治疗性操作（特别是有创的治疗性操作），后依时间顺序逐行填写其他操作。

3.填报人员要求

（1）临床医师、编码员及各类信息采集录入人员，在填写病案首页时应当按照规定的格式和内容及时、完整和准确填报。

（2）临床医师应当按照本规范要求填写诊断及手术操作等诊疗信息，并对填写内容负责。

（3）编码员应当按照本规范要求准确编写疾病分类与手术操作代码。临床医师已作出明确诊断，但书写格式不符合疾病分类规则的，编码员可按分类规则实施编码。

（4）医疗机构应当做好住院病案首页费用归类，以确保每笔费用类别清晰、准确。

（5）信息管理人员应当按照数据传输接口标准及时上传数据，以确保住院病案首页数据完整、准确。

（二）住院病案首页数据质量管理与控制指标

主要内容为4个部分，具体如下：

1.明确对病案首页数据填写的原则性要求

根据《中华人民共和国统计法》和《病历书写基本规范》（以下简称《规范》）等相关法律法规的要求，《规范》对病案首页的信息项目、数据标量及疾病诊断和手术操作名称编码依据等进行了明确规范，以利于医疗机构及医务人员掌握病案首页数据填写的基本原则。同时，要求医疗机构应建立质星管理与控制工作制度，确保住院病案首页数据质量。

2.明确诊断名称等选择规范

随着医疗付费方式改革、单病种质控等工作的进一步深入，相关数据统计工作对住院病案首页中疾病诊断和手术（操作）名称等关键信息的科学性、准确性提出了越来越高的要求。基于现实工作的实际需求，并为了实现未来对病案首页数据进行精准的自动化获取，《规范》以临床医学基本原则为依据，对病案首页出院诊断和手术（操作）名称选择的一般性原则及特殊情况下的选择原则均进行了详细阐述，确保相关信息项目内容的规范性和数据的同质性。

3.明确病案首页数据填写人员职责

为加强对病案首页数据结构质量的管理，《规范》对医疗机构及其临床医生、编码员及信息管理人员等涉及的病案首页数据质量管理职责进行了明确规定，对涉及病案首页数据质量控制的相关环节实现精细化管理，以利于推动病案首页数据质量的持续改进。

4.明确病案首页数据质控指标及评分标准

《规范》制定了关于住院病案首页数据质量的10项质控指标，对各指标的定义、计算方法及意义和功能等进行了详细阐述，并明确提出住院病案首页必填项目范围及病案首页数据质量评分标准，为各级质控组织、医疗机构等指明了病案首页数据质控工作的着力点和考评标准，有利于实践层面推动病案首页数据质量管理与控制工作的持续改进。

三、数据采集来源

（一）病案首页

需要采集《住院病人病案首页》中的全部指标项目，主要包括：

（1）病人的基本情况，或称为病人的基本信息。

（2）医疗信息：主要为诊断及手术操作（此项数据为重中之重）。

（3）重要的统计和管理信息：主要财务数据及管理项目指标。

（4）其他相关信息。

（二）各个地区添加的不同指标

北京地区增加了部分指标（病案附页），如增加新生儿体重、呼吸机使用时间、昏迷时间等指标与医院各相关部门与DRG应用联系等。上海申康医院发展中心对上海地区也有额外新增的指标项。

（三）电子病历系统

DRG数据来源于病历数据，因而医院电子病历系统数据填写的准确与完善至关重要。要想更好地应用DRG，一是需要临床医师正确填写电子病历信息，确保病历首页数据的准确，最好为结构化电子病历，以便于数据采集；二是需要医院建立和完善电子病历系统，以此为基础，提升病历质量。这两点也是DRG系统在医院得以顺利开展的关键保证。

（四）病案信息管理子系统

当病案信息管理子系统，将所需要的信息予以提取时，针对首页当中所需填写内容的规范性、逻辑性及完整性进行审核（通常是“质控系统”）是关键点。在具体的编码化时（“疾病自动编码系统”），其实质上成为对疾病分类进行检索的关键依据，不然就会对费用支付标准造成影响。通过对编码理论及技术进行研究，并与疾病谱相结合，对手术编码库及疾病编码库进行不断整合，最终使其满足“一术一编码”及“一病一编码”的要求，然后开展相应手术切口及手术分级的对应操作，以此来更好地实现与全国手术库之间的对接。此项工作的顺利及深入开展，等同于DRG的基础。

（五）收费系统与DRG

在DRG数据采集的内容中，我们可以看到医疗费用也是DRG进行分组和应用的重要依据之一。当病人办理入院乃至出院手续时，收费结算系统也成为DRG相关录入信息的控制环节。它主要通过HIS系统与病人电子病历系统进行直接自动链接，针对其中未填写的内容，可按医院规定辅助填全，以此完成DRG数据采集的必要内容。

四、数据采集方式

DRG系统获取数据的方式有3种：一种是通过接口方式，直接从病案首页管理系统、收费系统等获取数据；一种是DRG系统与其他系统共享数据库；还有一种方式为在已经建设了临床数据中心的医院，DRG系统可从临床数据中心直接获取数据。

（一）接口对接方式

采用接口对接方式获得的数据可靠性较高；由于数据是通过接口实时传递过来，完全满足了大数据平台对于实时性的要求。

1.接口的基本要求

为了保证DRG系统的完整性以及质量，接口应满足以下基本要求。

（1）接口应实现对病案系统以及院内其他临床系统的接入提供优质如企业级的支持，并且能够在系统的高并发和大容量的基础上提供安全有效的接入。

（2）建立健全完善的信息安全访问机制，以实现对医院信息的全面保护，保证系统的正常运行，并且能够根据实际情况防止同时尖端高密度访问，以及大量占用资源的情况发生，以保证系统的稳定性。

（3）一个有效的系统必须有完善的可监控机制，能够实时监控接口的运行情况，便于医院信息科工作人员及时发现错误并且排除故障。

（4）DRG系统也在不断完善改进当中，为了保证在充分利用系统资源的前提下，系统需要有平滑的移植和扩展，接口能够保证系统并发增加时提供系统资源的动态扩展，以保证系统的可持续性以及稳定性。

（5）在DRG扩展新业务时，应能迅速、方便和精准地实现业务所需。

2.接口通信方式

在当今科技条件下，接口基本采用了同步请求/应答方式、异步请求/应答方式、会话方式、广播通知方式、事件订阅方式、可靠消息传输方式、文件传输等通信方式：

（1）同步请求/应答方式：客户端向服务器端发送服务请求，客户端阻塞等待服务器端返回处理结果。

（2）异步请求/应答方式：客户端向服务器端发送服务请求，与同步方式不同的是，在此方式下，服务器端处理请求时，客户端继续运行；当服务器端处理结束时返回处理结果。

（3）会话方式：客户端与服务器端建立连接后，可以多次发送或接收数据，同时存储信息的上下文关系。

（4）广播通知方式：由服务器端主动向客户端以单个或批量方式发出未经客户端请求的广播或通知消息，客户端可在适当的时候检查是否收到消息并定义收到消息后所采取的动作。

（5）事件订阅方式：客户端可事先向服务器端订阅自定义的事件，当这些事件发生时，服务器端通知客户端事件发生，客户端可采取相应处理。事件订阅方式使客户端拥有了个性化的事件触发功能，极大地方便了客户端及时响应所订阅的事件。

（6）文件传输：客户端和服务器端通过文件的方式来传输消息，并采取相应处理。

（7）可靠消息传输：在接口通信中，基于消息的传输处理方式，除了可采用以上几种通信方式外，还可采用可靠消息传输方式，即通过存储队列方式，客户端和服务器端来传输消息，采取相应处理。

3.接口安全方式

为了保证系统运行，各种接口方式都应该保证其接入的安全性。

接口的安全是系统安全的一个重要组成部分。为保证接口的自身安全，通过接口实现技术上的安全控制，做到对安全事件的“可知、可控、可预测”，是实现系统安全的一个重要基础。

根据接口连接特点与业务特色，制定专门的安全技术实施策略，保证接口的数据传输和数据处理的安全性。

系统应在接入点的网络边界实施接口安全控制。

接口的安全控制在逻辑上包括安全评估、访问控制、入侵检测、口令认证、安全审计、防恶意代码、加密等内容。

4.传输控制要求

传输控制利用高速数据通道技术把前端的大数据量并发请求分发到后端，从而保证应用系统在大量客户端同时请求服务时，能够保持快速、稳定的工作状态。

系统应采用传输控制手段降低接口网络负担，提高接口吞吐能力，保证系统的整体处理能力。具体手段包括负载均衡、伸缩性与动态配置管理、网络调度等功能。

（1）负载均衡：为了确保接口服务吞吐量最大，接口应自动在系统中完成动态负载均衡调度。

（2）伸缩性与动态配置管理：由系统自动伸缩管理方式或动态配置管理方式实现队列管理、存取资源管理，以及接口应用的恢复处理等。

（3）网络调度：在双方接口之间设置多个网络通道，实现接口的多数据通道和容错性，以保证当有一网络通道通信失败时，可以进行自动的切换，从而实现接口连接的自动恢复。

5.主流接口技术

（1）J2EE/EJB

Enterprise JavaBean（EJB）是可重用的、可移植的J2EE组件。EJB包括3种主要类型：会话bean、实体bean和消息驱动的bean。会话bean执行独立的、解除耦合的任务，譬如检查客户的信用记录；实体bean是一个复杂的业务实体，它代表数据库中存在的业务对象；消息驱动的bean用于接收异步JMS消息。

EJB由封装业务逻辑的方法组成，众多远程和本地客户端可以调用这些方法。另外，EJB在容器里运行，这样开发人员只要关注bean里面的业务逻辑，不必担心复杂、容易出错的问题，譬如事务支持、安全性和远程对象访问、高速缓存和并发等。在EJB规范中，这些特性和功能由EJB容器负责实现。

容器和服务提供者实现了EJB的基础构造，这些基础构造处理了EJB的分布式、事务管理、安全性等内容。EJB规范定义了基础构造和Java API为适应各种情况的要求，但没有指定具体实现的技术、平台、协议。

EJB的上层分布式应用程序是基于对象组件模型的，底层事务服务用了API技术。EJB技术简化了用JAVA语言编写的企业应用系统的开发、配置和执行。

技术优点：基于规范的平台，不受限于特定的操作系统或硬件平台；基于组件体系结构，简化了复杂组件的开发；提供对事务安全性以及持续性的支持；支持多种中间件技术。

技术缺点：与特定于某个操作系统或平台的实现技术相比，性能还有待于进一步提高，且资源占用量较大。

（2）Web Service

Web Service是一种自包含、模块化的应用，是基于网络的、分布式的模块化组件，它执行特定的任务，遵守具体的技术规范，这些规范使Web Service能与其他兼容的组件进行互操作。可以在网络（一般是Internet）上被描述、发布、定位和调用。

Web Service 体系主要由以下 3 部分组成：传输协议、服务描述和服务发现。由一系列标准组成，主要有可扩展的标记语言（XML）、简单对象访问协议（SOAP）等。

Web Service采用标准协议（如HTTP）交换XML消息来与客户端和各种资源进行通信。在Web Server上部署Web Service后，由Web Server负责将传入的XML消息路由到Web Service。Web Service将导出WSDL文件，以描述其接口，其他开发人员可以使用此文件来编写访问此Web Service的组件。

Web Service使用标准技术，应用程序资源在各网络上均可用。因为Web Service基于HTTP、XML和SOAP等标准协议，所以即使以不同的语言编写并且在不同的操作系统上运行，它们之间也可以进行通信。因此，Web Service适用于网络上不同系统的分布式应用。

技术优点：适用于网络上不同系统的分布式应用、标准性好、扩展性好、耦合度低；内容由标准文本组成，任何平台和程序语言都可以使用；格式的转换基本不受限制，可以满足不同应用系统的需求。

技术缺点：当XML内容较大时，解释程序的执行效率较低，一般不适合用于实现大批量数据交互的接口。

（3）交易中间件

交易中间件是专门针对联机交易处理系统而设计的。联机交易处理系统需要处理大开发进程，涉及操作系统、文件系统、编程语言、数据通信、数据库系统、系统管理、应用软件等多个环节，采用交易中间件技术可以简化操作。

交易中间件是一组程序模块，用以减少开发联机交易处理系统所需的编程量。X/OPEN组织专门定义了分布式交易处理的标准及参考模型，把一个联机交易系统划分成资源管理（RM）、交易管理（TM）和应用（AP）三部分，并定义了应用程序、交易管理器、多个资源管理器是如何协同工作的。资源管理器是指数据库和文件系统，交易管理器可归入交易中间件。

技术优点：开放的体系结构，满足大用户量与实时性的要求，提供交易的完整性、控制并发、交易路由和均衡负载的管理。

技术缺点：处理大数据量交易效率不高。

（4）消息中间件

基于消息中间件的接口机制主要通过消息传递来完成系统之间的协作和通信。通过消息中间件把应用扩展到不同的操作系统和不同的网络环境。通过使用可靠的消息队列，提供支持消息传递所需的目录、安全和管理服务。当一个事件发生时，消息中间件通知服务方应该进行何种操作。其核心安装在需要进行消息传递的系统上，在它们之间建立逻辑通道，由消息中间件实现消息发送。消息中间件可以支持同步方式和异步方式，实际上是一种点到点的机制，因而可以很好地适用于面向对象的编程方式。消息中间件可以保证消息包传输过程的正确、可靠和及时。

消息中间件提供以下基本功能：消息队列、触发器、信息传递、数据格式翻译、安全性控制、数据广播、错误恢复、资源定位、消息及请求的优先级设定、扩展的调试功能等。

消息中间件能够在任何时刻将消息进行传送或者存储转发，不会占用大量的网络带宽，可以跟踪事务，并且通过将事务存储到磁盘上实现网络故障时系统的恢复。

技术优点：为不同的企业应用系统提供了跨多平台的消息传输；除支持同步传输模式外，还支持异步传输，有助于在应用间可靠地进行消息传输。

技术缺点：与其他中间件技术一样，存在高流量的性能瓶颈问题。

（5）Socket

Socket用于描述IP地址和端口。应用程序通过Socket向网络发出请求或应答网络请求。

Socket使用客户/服务器模式，服务端有一个进程（或多个进程）在指定的端口等待客户来连接，服务程序等待客户的连接信息，一旦连接上之后，就可以按设计的数据交换方法和格式进行数据传输。客户端在需要的时刻发出向服务端的连接请求，然后发送服务申请消息包，服务端向客户端返回业务接口服务处理结果消息包。

此类接口不需要其他软件支持，只要接口双方做好相关约定（包括IP地址、端口号、包的格式）即可；其中包的格式没有统一标准，可以随意定义。

技术优点：实现简单、性能高。

技术缺点：标准性差、扩展性差。

（6）CORBA

CORBA，即公共对象请求代理体系结构，是一个具有互操作性和可移植性的分布式面向对象的应用标准。

CORBA标准主要分为3个层次：对象请求代理、公共对象服务和公共设施。最底层是ORB（对象请求代理），规定了分布对象的定义（接口）和语言映射，实现对象间的通信和互操作，是分布对象系统中的“软总线”；在ORB之上定义了很多公共服务，可以提供诸如并发服务、名字服务、事务（交易）服务、安全服务等各种各样的服务，同时ORB也负责寻找适于完成这一工作的对象，并在服务器对象完成后返回结果；最上层的公共设施则定义了组件框架，提供可直接为业务对象使用的服务，规定业务对象有效协作所需的协定规则。

客户将需要完成的工作交给ORB，由ORB决定由哪一个对象实例完成这个请求，然后激活这个对象，将完成请求所需要的参数传送给这个激活的对象。除了客户传送参数的接口外，客户不需要了解其他任何信息，不必关心服务器对象的与服务无关的接口信息，这就大大简化了客户程序的工作。ORB需要提供在不同机器间应用程序间的通信、数据转换，并提供多对象系统的无缝连接。

CORBA具有模型完整、独立于系统平台和开发语言、被支持程度广泛的特点。

技术优点：以一种中间件的方式为不同编程语言提供协同工作的可能；对操作系统没有特殊的要求和依赖；与主流的体系架构（如J2EE）关系密切。当需要集成的两个企业应用软件互为异构，由不同的编程语言实现时（如Java与C++），CORBA可以实现两种语言的协同工作。

技术缺点：庞大而复杂，并且技术和标准的更新相对较慢；性能与具体业务实现有关。

（7）文件

文件接口定义了服务端与客户端文件存放路径、文件名命名规则和文件格式，并开放相应的读/写操作权限。

接口的通信过程包括3种。

①同一主机内可以共享一个路径。

②服务器端向客户端开放路径，客户端定时查看此路径下是否有新的文件，可以采用FTP等方式取走服务端开放的路径下的文件。

③客户端向服务器端开放路径，由服务端将文件写入，客户端定时查看此路径下是否有新的文件。

网络传输方式应支持对通信机的IP地址、账户、口令、存取目录的验证。

接口应支持FTP、FTAM等主流网络协议。

数据传输应支持：实时、高效和安全可靠地传送批数据；断点续传功能；数据压缩传输；传输过程中的差错控制。

技术优点：文件接口不需要其他软件支持，只要接口双方约定好路径、格式、处理方式即可，实现简单，传输批量数据，效率较高。

技术缺点：格式没有统一标准，标准性差；需要开放文件系统权限，安全性差。

（8）过程调用和共享数据表

过程调用和共享数据表技术实现了服务端向客户端开放可直接调用的过程和可直接进行读写操作的共享数据表，客户端直接调用服务端过程和对共享数据表进行读写操作。

接口支持各种数据库连接方式，如Login、DB Link等。

接口的通信过程包括2种：

①客户端直接调用服务端开放的过程或对服务端开放的共享数据表进行增、删、改和查询操作，完成业务处理。

②客户端向开放的共享数据表中写入服务请求数据，服务端定时扫描共享数据表并作出响应，根据服务请求数据中的接口服务类型代码，进行不同的业务逻辑处理，然后向共享数据表中写入处理结果数据；客户端定时扫描共享数据表，根据处理结果数据并作出响应，进行业务后续处理。

此类接口不需要其他软件支持，只要接口双方做好相关约定即可；但接口没有统一标准，而且需要开放数据库权限，安全性差。

技术优点：实现简单，传输批量数据，效率较高。

技术缺点：标准性差，适用场合有限，安全性差。

（9）数据质量控制

现在管理软件项目中接口需求很多，很多项目接口实现得并不理想，其原因就在于接口协议质量不高，而接口协议是和接口调研紧密相关的。一般接口调研和其他调研方法是一样的，但做好接口调研的关键是调研人员需拥有一定的专业知识储备。

（二）开放式数据库方式

开放数据库方式需要协调各个软件厂商开放数据库，其难度很大；一个平台如果要同时连接很多个软件厂商的数据库，并且需要实时获取数据，其对平台本身的性能要求极高。

一般情况而言，来自不同厂商的系统，不会完全开放自己的数据库给对方连接，以免产生安全问题。但如果是同一厂商为实现数据的采集和汇聚，开放数据库是最直接有效的一种方式。

两个系统分别有各自的数据库，那么同类型的数据库之间链接访问是比较方便的：

（1）如果两个数据库在同一个服务器上，只要用户名设置得没有问题，就可以直接相互访问，需要在from后将其数据库名称及表的架构所有者带上即可。如select*from DATABASE1.dbo.table1。

（2）如果两个系统的数据库不在一个服务器 上，那么建议采用链接服务器的形式来处理，或者使用openset和opendatasource的方式，这个需要对数据库的访问进行外围服务器的配置。

不同类型的数据库之间的连接相对麻烦，需要做很多设置才能生效，一般同一厂商不会使用两种不同类型的数据库。

开放数据库方式可以直接从目标数据库中获取需要的数据，准确性很高，是最直接、最便捷的一种方式，其实时性也有保证。

（三）临床数据中心方式

接口对接方式需花费大量人力和时间协调各个软件厂商做数据接口对接；同时其扩展性不高，比如由于业务需要各软件系统开发出新的业务模块，其跟大数据平台之间的数据接口也需要做相应的修改和变动，甚至要推翻以前的所有数据接口编码，工作量很大且耗时长。开放式数据库适合系统均源自同一厂商的情况。

随着科技的进步，各大医院纷纷建设数据中心，集中存储医院相关数据。临床数据中心实现病人诊疗信息的整合及共享，医院各类系统的数据均收取到临床数据中心，DRG系统可以直接从临床数据中心获取相关数据。

数据中心须支持HL7 CDA （ clinical document architecture ）格式。保证异构系统之间能够在语义层进行文档交换和共享，文档架构规范了文档最基本的通用结构和语义。交换的文档包括各类临床文档，交换的信息主要包括实验室检验报告、住院首页、出院小结、医学影像报告以及居民健康档案等内容。

临床数据中心在可扩充性上需要满足医院未来对临床数据的存储及数据利用的要求，临床数据中心在性能及效率上应确保在正确的时间对正确的人员提供正确的数据格式。

1.系统架构

遵循国家相关的政策及顶层设计要求，贯彻“技术与业务高度融合”的原则，从医院实际面临的多个业务系统接口复杂、数据口径不统一，以及医院管理需求多变等问题入手，以数据流向为基础，以规范化管理、智能化管理、精细化管理、科学化管理为重点，提出以下顶层设计架构，以支撑临床数据中心建设。

（1）操作型数据存储层

操作型数据存储（operational data store，ODS）数据来源于在线业务系统的实时映像，为了减少对业务系统影响，提高抽取效率，ODS的数据结构基本与业务数据库保持一致，在抽取过程中进行初步的数据清洗转换。

利用ODS，既可以允许历史数据在保存周期中进行更新，又可以随时对现有监测数据进行分析，满足各种数据分析及利用的需求。数据从业务库抽取出来装载到ODS后，从ODS中根据主题模型进行数据清洗和转换，从而完成建立临床数据中心、运营数据中心等准备工作。

（2）临床数据中心层

临床数据中心（clicinal data repository，CDR）是整合分散在医院不同信息系统中（如HIS，医嘱、护理，病历、检验、心电、超声、病理、病案首页等）的临床数据，以病人为中心汇总到一起重新进行梳理，实现所有临床诊疗数据的整合，为临床、科研和医疗大数据挖掘做基础。

（3）平台服务层

临床数据中心通过EMPI服务，实现同一病人、不同就诊卡的就诊记录、住院记录等各种临床数据的整合，并通过主数据服务实现临床数据中心数据的标准化转换处理，使得临床数据中心能对外提供标准的数据服务，满足医院各种数据访问的需求。

（4）元数据管理

元数据的定义是“关于数据的数据”，反映了数据的交易、事件、对象和关系等，即凡是能够用来描述某个数据的，都可以被认为元数据。元数据管理帮助用户理解数据关系和相关属性，有助于统一数据口径、标明数据方位、分析数据关系、管理数据变更，为全院级的数据治理提供支持。

通过元数据管理，实现元数据的模型定义并存储，在功能层包装成各类元数据功能，最终对外提供应用及展现；提供元数据分类和建模、血缘关系和影响分析，方便数据的跟踪和回溯；并可通过统一管理方式对业务元数据和技术元数据进行管理。

（5）数据中心管理系统

实现对ODS及临床数据中心数据质量的管理，包括数据中心作业流量监控、作业运行状况监控、数据校验的管理，从而保证ODS及临床数据中心的数据质量。

2.数据建模

医院信息平台相关业务活动来源于各个业务域，由不同医疗服务角色负责执行，其信息以业务表单形式记录，通过对这些医疗业务活动采取自下而上的方法进行分解、归纳、汇总，去重抽象后，形成不可再分的基本活动，这些基本活动可以只存在一个业务域中，也可以存在多个业务域中。医院服务角色在具体业务域中执行基本活动，就是对基本活动的实例化。因此，医院业务活动是由基本活动演绎和组合形成的。

（1）模型构建步骤

①收集医院业务表单，并进行归并和整理。首先明确表单的名称和含义，对含义相同的表单进行数据元合并，并确定表单名称；参考《卫生信息数据元标准化规则》对合并后的表单中的数据元名称和含义进行明确，符合数据元名称定义的，其相同含义的数据元保留一个，去掉重复；符合数据元取值定义的，列入数据元允许值表；在对每张表单和每个数据元进行合并和去重时，均由医疗领域专业人员对其进行确认。

②以CDA的头、体、段的基本结构为框架，参考西医诊断学的体系结构和内容分类，以及我国病历规范的信息分类方式，构建信息模型的第一层设计，并请医疗领域专家讨论修改。

③按照信息模型的第一层设计，对合并后的表单集中的数据元进行信息抽取和分类，通过将这些数据元匹配到信息模型的第一层设计中，进一步形成信息模型的第二层设计。

④将表单中分类后的数据元对应到健康档案中的联用数据元，即用健康档案中的数据元组取代表单中的单个数据元，称为数据元的标化。将标化后的数据元组匹配到第二层设计的信息模型中，形成描述信息模型的最小信息单元，即数据组。对于不能匹配到健康档案中的表单数据元，对其进行定义和分类，并增加必要的数据元素，使之形成新的标准数据元组。

⑤信息模型的实际应用：利用数据组对业务表单进行重构，形成业务表单的模板。

（2）业务表单整理

表单中的项目我们统称为“数据元”，在进行表单中的数据元整理的过程中，必需对数据元名称和数据元值阈进行明确区分。

①数据元（Data Element，DE）：是指用一组属性规定其定义、标识、表示和允许值的数据单元。

②数据元名称（Data element name）：是用于标识数据元的主要手段，由一个或

多个词构成的命名。

③值阈（ value domain，VD ）：是指该数据元允许值的集合。

④允许值（ permissible value ）：是在一个特定值域中允许的一个值含义的表达。

⑤值含义（ value meaning ）：是一个值的含义或语义内容。也就是数据元的取值范围由数据元允许值定义，而该取值的意义说明则由值含义来定义。其取值范围可以是一个数值区间或枚举值，而每个值的含义可以由一个值含义列表来说明。

（3）模型构建方法

①信息分类

HL7 CDA R2的临床文档架构模型定义了用于交换的临床文档的语法和语义标准，它是由文档头（ Header ）和文档体（ Body ）两大部分构成，其中定义交换标准的数据元素及取值在进行交换时才有意义，并且在CDA的Schema中有详细的定义。通用信息模型来源于CDA的架构标准，为电子病历信息构建规范化的通用信息模型，定义其中与电子病历内容相关的类及其属性。

参照国家卫健委病历书写规范，病历可以区分为门诊病历和住院病历两种不同的记录格式。

门诊病历包括基本信息：包含一般项目（病人姓名、性别、出生年月、民族、婚姻状况、职业或年龄、工作单位住址和药物过敏史），以及首诊日期、就诊科别、主诉、病史、体检、诊断、处理意见、经治医师签名及门诊手术记录等。

住院病历内容包括住院病案首页、住院志、体温单、医嘱单、化验单、医学影像检查资料、特殊检查同意书、手术同意书、麻醉记录单、手术及手术护理记录单、病理资料、护理记录、出院记录（或死亡记录）、病程记录、疑难病例讨论记录、会诊意见、上级医师查房记录、死亡病例讨论记录等。

病历规范中规定要记录的内容，按照其功能性及目的性，在不拆分其信息完整性的基础上，将其按内容划分为若干类。

A.病人基本信息：如姓名、性别、出生日期、民族、籍贯、通信地址、电话、工作单位、职业、婚姻状况等。

B.主诉：为病人感受最主要的痛苦或最明显的症状或（体征），也就是本次就诊最主要的原因及其持续时间。

C.体格检查：是记录医师运用自己的感观和借助于传统或简便的检查工具，客观地了解和评估病人身体状况的一系列最基本的检查方法。

D.现病史：现病史，是病史中的主体部分，记述病人患病后的全过程，即发生、发展、演变和诊治的经过。内容包括起病情况与患病的时间、主要症状、病因与诱因、病情的发展与演变、伴随症状，诊治经过、病程中的一般情况等。

E.既往史：包括病人既往的健康状况和过去曾经患过的疾病、外伤手术、预防注射、过敏，特别是与目前所患疾病有密切关系的情况。

F.检查：是通过仪器设备对病人进行物理检查的过程，如心电图、放射检查、核医学检查、内镜检查等，包括申请检查的项目、影像资料、结果审核及报告等信息。

G.检验：是关于通过临床实验室分析过程得到病人的标本分析结果，包括申请检验的项目、病人的标本、结果解释以及报告审核、授权发布等信息。

H.诊断：关于病人病情诊断的描述，包括诊断类别、诊断顺位等信息。

I.操作：关于对病人进行治疗的操作描述，如手术、麻醉等信息。

J.用药：关于病人用药的描述，包括药品描述、使用方法描述等信息。

K.护理：关于病人护理过程信息的描述，如护理等级、护理用药、护理操作等信息。

L.诊疗计划：指对病人进行诊断治疗的计划信息，如病人提醒、临床路径等。

M.诊疗过程记录：关于病人诊疗过程的记录，如病程记录、医嘱记录等信息。

N.医疗费用：关于病人本次就诊的费用记录信息。

O.健康指导：指对病人在饮食、生活方式、规避事项等的建议和指导。

P.评估：关于对病人的治疗结果、医疗质量的评估信息。

②通用信息模型

HL7 CDA R2 RMIM模型中， CDA的头部分（ header ）中定义了9个与该文档直接相关的参与（participation）， 这些参与中定义了与文档直接相关的角色及实体。在一份临床文档的头部分， 需要记录信息的内容有两类：

A.人及人所扮演的角色信息或对其他角色所限定的信息。

B.组织及组织所扮演的角色信息或对角色所限定的信息。

人包括：病人、签证者、法定签证者、数据录入者、副本接收者、文件作者、情报提供者等；组织包括：限定签证者、法定签证者、复本接收者、文档作者、文档保管单位、数据录入者、信息提供者、其他参与者以及病人、卫生服务提供者所在范围的组织或单位。

③领域模型

领域模型是指按照临床数据元来建表，如脉搏、体温、主诉、婚育史、月经史等临床上的数据元可单独建表，便于数据利用。领域模型是在信息模型的基础上，对表单中的数据元进行信息分类，进行自底向上的数据元信息分类匹配的过程。

医院表单在经过数据元的去重后，虽然各张表单中的冗余数据元素得以消除，但表单之间必然存在数据元素重复的情况。例如，“姓名”这个数据元素在每张表单中都存在。根据对医疗业务表单的理解，“姓名”这个数据元，在表单中的上下文背景中，是指病人的姓名或是医生的姓名，而不同表单合并后，该数据元将产生混淆，无法识别。鉴于以上因素，依次对表单集中的每张表单的分别进行数据元信息分类，使之与信息模型进行匹配。分类和匹配的过程是将表单中的每个数据元，根据其在表单中的上下文含义，分类到信息模型中，同时对于匹配到同一类别中的数据元组合排序。

④模型构建内容

CDR模型从场景出发，首先根据医院日常业务建立若干个场景，再根据该场景的业务流程建立若干个事件，每个事件由不同角色执行，也会引发各种活动。

CDR建模范围包括多种主题，如病人信息、病人服务、医嘱处方、检验服务、检查服务、输血服务、护理、病历文书、手术麻醉、体检等。其覆盖范围大，深度广，几乎涵盖了医院所需要的全部业务。

以门诊服务为例，场景名称为门诊流转，包含挂号、就诊、处方和皮试等事件，事件执行角色有操作员、医生、药剂人员和护士，他们分别执行不同活动。

3.数据管理

数据管理功能对于整个数据中心以及对DRG系统抽取数据都是非常重要的，这涉及数据质量、监管、维护、数据安全等多方面内容。对于医疗数据中心的数据管理方面，需要建立一套统一的技术标准体系和技术平台。数据管理的统一化、平台化，可以更好地完成数据管理工作，更好地为DRG系统数据应用提供支撑。

（1）统一的数据存储

关于数据的存储，从应用的角度进行设计，即数据存储的设计满足各类业务的应用需求，支持存储结构与非结构性的数据，同时兼顾数据扩展和性能要求。

通过对数据的分类管理，将数据存储到不同的区域内，以满足各项应用要求。

①标准化存储：基于主数据管理，形成内容丰富的受控术语词汇阈，词汇阈作为基础数据来源组成了临床数据中心的基础字典数据，词汇定义使用ICD、SNOMED、LONIC等标准来定义临床术语，建设医院临床数据中心，使医院数据中心数据按照国家卫健委下发的各种字典表和电子病历等级评审的要求标准化存储，满足医院临床诊疗分析及决策、科研分析等需要。

②模型化存储：以病人EMPI为主线组织病人的临床数据，构建病人基本信息、就诊记录、门诊处方、住院医嘱、电子病历、检查化验报告、手术麻醉等数据模型，将病人的所有医疗信息，如就诊记录、门诊处方、住院医嘱、电子病历、检查化验报告等模型化存储。以全面、标准、统一的方式实现病人临床结构化、非结构化数据的整合存储，为临床数据的共享提供了统一的平台支撑，最终实现辅助改善医疗服务质量、较少医疗差错、提高临床诊疗水平，为决策提供支持信息和降低医疗成本的目标。

（2）统一的数据处理引擎

统一的数据处理引擎是数据从数据源到数据中心整个ETL过程通过统一的数据处理机制和流程对数据流转进行控制。包括ETL调度、 错误处理、过程监控、数据抽取、转换、加载等功能的统一化、流程化。

数据处理引擎可以通过专业的ETL工具实现，也可以自行编写代码实现。对数据处理过程统一的主要目的是要规范数据ETL过程，易于数据管理和控制。同时可保证数据出自一处，避免数据二义性，从而出现数据质量问题。

（3）统一的元数据管理

元数据管理可通过专业工具实现，也可以通过初始化数据表方式实现。通过管理平台的元数据查询功能，实现对元数据的管理，并通过统一管理方式对业务元数据和技术元数据进行管理。

（4）统一的数据访问

面向不同应用，数据中心提供了多种数据服务，包括基于标准的数据共享、Web Service等方式。对数据访问服务提供访问接口的规范化和统一化，并对外公开数据服务接口，实现数据服务统一化。

4.数据采集设计

临床数据中心采用ETL的方式进行数据采集，对数据进行ETL的目的进行数据抽取、转换、清洗及加载，保证数据的质量。ETL的过程就是数据流动的过程，包括数据的抽取、清洗、转换和装载等过程。抽取工作通过工具SSIS/Kettle开发抽取包完成。

（1）数据抽取

数据抽取就是从数据源中获取数据（无论是何种格式）的过程。这个过程有两种方式：全量抽取、增量抽取。

①全量抽取：类似于数据迁移或数据复制，它将数据源中的表或视图的数据原封

不动地从数据库中抽取出来，并转换成ETL工具可以识别的格式。数据中心历史数据抽取采用全量抽取的方式。

②增量抽取：指抽取自上次抽取以来数据库中要抽取的表中新增、修改、删除的数据。如何捕获变化的数据是增量抽取的关键，目前增量数据抽取中所采用的捕获变化数据的方法有：CDC、发布订阅、时间戳等方式。

（2）数据清洗

清洗就是“把脏的洗掉”，是发现并纠正数据文件中可识别的错误的最后一道程序，包括检查数据一致性，处理无效值和缺失值等。因为数据仓库中的数据是面向某一主题的数据集合，这些数据从多个业务系统中抽取而来且包含历史数据，这样就无法避免有的数据是错误数据、有的数据相互之间有冲突，这些错误的或有冲突的数据显然不是我们想要的，称为“脏数据”。我们要按照一定的规则把这些“脏数据”“洗掉”，这就是数据清洗。

而数据清洗的任务是过滤那些不符合要求的数据，将过滤的结果交给业务主管部门，确认是否过滤掉还是由业务单位修正之后再进行抽取。

（3）数据转换

数据转化通常是指数据从非结构化的数据，按照设定的规则转换为结构化的过程。转化通常不仅仅是数据格式的转换，业务系统数据可能包含不一致或者不正确的信息，这些操作也包含在转换的步骤中。

（4）数据抽取管理

数据抽取转换工具通过配置文件连接到各业务系统后，通过配置抽取数据任务信息的各项属性，如任务名称、任务描述、起点时间等，建立数据抽取作业。数据抽取转换工具通过这些数据抽取作业的创建维护和管理来完成数据的抽取和转换。

（5）采集方式

①发布订阅模式

发布订阅采用SQL Server复制实现数据同步，复制是一组技术，它将数据和数据库对象从一个数据库复制和分发到另一个数据库，然后在数据库之间进行同步以保持一致性。

SQL Server提供了3种复制类型：快照复制、事物复制、合并复制。每种复制类型都适合于不同应用程序的要求，根据应用程序需要，可以使用一种或多种复制类型。

A.快照复制：通常用于为事务和合并发布提供初始的数据集和数据库对象，但快照复制还可为其自身所用。当符合以下一个或多个条件时，使用快照复制本身是最合适的：a.很少更改数据；b.在一段时间内允许具有相对发布服务器已过时的数据副本；c.复制少量数据；d.在短期内出现大量更改。

在数据更改量很大，但很少发生更改时，快照复制是最合适的。例如，医院组织维护一个药品价格列表且这些价格每年要在固定时间进行一两次完全更新，那么建议在数据更改后复制完整的数据快照。

B.事务复制：事务复制通常用于服务器到服务器环境中，在以下情况下适合采用事务复制。a.希望发生增量更改时将其传播到订阅服务器；b.从发布服务器上发生更改，至更改到达订阅服务器，应用程序需要这两者之间的滞后时间较短；c.应用程序需要访问中间数据状态，例如，如果某一行更改了5次，事务复制将允许应用程序响应每次更改，而不只是响应该行最终的数据更改；d.发布服务器有大量的插入、更新和删除活动；e.发布服务器或订阅服务器不是SQL Server数据库（例如，Oracle）。

在事物复制模式下，以发布订阅方式实现数据库之间数据同步，在默认情况下，事务发布订阅服务器应作只读处理，因为更改并不传回发布服务器。但事务复制提供了允许在订阅服务器上进行更新的选项。

C.合并复制：通常用于服务器到客户端的环境中。合并复制适用于下列各种情况：a.多个订阅服务器可能会在不同时间更新同一数据，并将这些更改传输到发布服务器和其他订阅服务器；b.订阅服务器需要接收数据，脱机进行更改，并在随后与发布服务器和其他订阅服务器同步更改；c.每个订阅服务器都需要不同分区的数据；d.可能会发生冲突，并且在冲突发生时，需要具有检测和解决冲突的能力；e.应用程序需要最终的数据更改结果，而不是访问中间数据状态。例如，在订阅服务器与发布服务器同步前，如果订阅服务器上的行更改了5次，则该行将只在发布服务器上更改1次，以反映最终数据更改（也就是更改为第5个值）。

合并复制允许不同站点自主工作，并在以后更新合并成一个统一的结果。由于更新是在多个节点上进行的，同一数据可能由发布服务器和多个订阅服务器进行更新。因此在合并更新时可能会产生冲突，合并复制提供了多种处理冲突的方法。

根据数据中心的特性综合考虑，最好采用的是事物复制模式，通过事物复制发布订阅的方式实现数据库之间的同步操作。发布订阅包含两个步骤：发布和订阅。首先在数据源数据库服务器上对需要同步的数据进行发布，然后在目标数据库服务器上对上述发布进行订阅。发布订阅可以发布一张或多张表的全部数据，也可以发布整个数据库。发布、订阅的过程如下。

事物复制由SQL Server快照代理、日志读取器代理和分发代理实现。快照代理准备快照文件（其中包含了已发布表和数据库对象的架构和数据），然后将这些文件存储在快照文件夹中，并在分发服务器的分发数据库中记录同步作业。

日志读取器代理监视为事务复制配置的每个数据库的事务日志，并将标记为要复制的事务从事务日志复制到分发数据库中，分发数据库的作用相当于一个可靠的存储转发队列。

分发代理将快照文件夹中的初始快照文件和分发数据库表中的事务复制到订阅服务器中。在发布服务器中所做的增量更改根据分发代理的计划流向订阅服务器。

数据的发布：发布需要用实际的服务器名称，发布的信息包括表中数据新增、修改、删除信息，同时对业务系统数据结构的变化能及时通知数据仓库进行自动变更操作。

数据的订阅：订阅是对数据库发布的快照进行同步，将发布的数据源数据同步到目标数据库，实现数据库或者表数据源的自动同步。

②CDC模式

变更数据捕获（change data capture，CDC）：通过对事务日志的异步读取，记录DML操作的发生时间、类型和实际影响的数据变化，然后将这些数据记录到启用CDC时自动创建的表中，通过CDC相关的存储过程，可以获取详细的数据变化情况，由于数据变化是异步读取的，因此对整体性能的影响不大。

CDC模式有以下特点。

A.通过读取日志，而不是直接读取业务事务数据库来避免对业务系统的资源争用。

B.通过解析日志"拿出"必需的信息而不是搬出整个日志，避免过多的I/O消耗。

C.日志的解析和后续的变化数据的处理都是在CDC专用服务器上来进行，对业务系统影响达到最小秒级日志读取以及变化数据捕获。

D.灵活的数据变化机制，有利于后期的数据管理和维护。

③时间戳模式

数据库中自动生成的唯一二进制数字，与时间和日期无关，通常用作给表行加版本戳，存储大小为8个字节。每个数据库都有一个计数器，当对数据库中包含timestamp列的表执行插入或更新操作时，该计数器值就会增加。该计数器是数据库时间戳。这可以跟踪数据库内的相对时间，而不是时钟相关联的实际时间。

时间戳模式有以下特点：

A.时间戳是天然的主索引，可以确定数据的唯一性，避免并发。

B.时间戳是主流数据库内部机制，稳定高效，不影响性能。

C.时间戳是一列只读字段，写入由数据库内部完成，对业务系统的改造升级影响最小。

D.可控性强，续传能力好。

（6）数据采集主流工具

数据采集主流工具为ETL， ETL是英文extract-transform-load的缩写，用来描述将数据从来源端经过抽取（ extract ）、交互转换（ transform ）、加载（ load ）至目的端的过程。

ETL一词较常用在数据仓库，但其对象并不限于数据仓库。

ETL是构建数据仓库的重要一环，用户从数据源抽取出所需的数据，经过数据清洗，最终按照预先定义好的数据仓库模型，将数据加载到数据仓库中去。

ETL的质量问题具体表现为正确性、完整性、一致性、 完备性、有效性、时效性和可获取性等几个特性。而影响质量问题的原因有很多，由系统集成和历史数据造成的原因主要包括：业务系统不同时期系统之间数据模型不一致；业务系统不同时期业务过程有变化；旧系统模块在运营、人事、财务、办公系统等相关信息的不一致；遗留系统和新业务、管理系统数据集成不完备带来的不一致性。

实现ETL，首先要实现ETL转换的过程。体现为以下几个方面。

①空值处理：可捕获字段空值，进行加载或替换为其他含义数据，并可根据字段空值实现分流加载到不同目标库。

②规范化数据格式：可实现字段格式约束定义，对于数据源中时间、数值、 字符等数据，可自定义加载格式。

③拆分数据：依据业务需求对字段可进行分解。

④验证数据正确性：可利用Lookup及拆分功能进行数据验证。

⑤数据替换：对于因业务因素，可实现无效数据、缺失数据的替换。

⑥Lookup ：查获丢失数据Lookup实现子查询，并返回用其他手段获取的缺失字段，保证字段完整性。

建立ETL过程的主键约束：对无依赖性的非法数据，可替换或导出到错误数据文件中，保证主键唯一记录的加载。

在ETL架构中，数据的流向是从源数据流到ETL工具，ETL工具是一个单独的数据处理引擎，一般会在单独的硬件服务器上，实现所有数据转化的工作，然后将数据加载到目标数据仓库中，如果要增加整个ETL过程的效率，则只能增强ETL工具服务器的配置，优化系统处理流程（一般可调的东西非常少）。IBM的datastage和Informatica的powercenter原来都是采用的这种架构。

ETL架构的优势有如下几点。

可以分担数据库系统的负载（采用单独的硬件服务器）；相对于ELT架构可以实现更为复杂的数据转化逻辑；采用单独的硬件服务器；与底层的数据库数据存储无关。

第三节　DRG信息系统在医疗服务绩效评价中的应用

一、医疗机构绩效管理与评价的价值

（一）绩效的定义

绩效一词，源于performance这个英文单词的中文释义，即执行、履行以及表现、成绩。绩效是一个专业术语，通常是指一个组织中的群体或个体在工作中的各项行为、表现、劳动成果及工作业绩和最终效益的一体。绩效所体现出来的价值不仅体现在经济意义方面，而且还体现政治、社会以及伦理等方面的意义。绩效管理是一种系统的管理方法，是为实现组织发展战略和目标，管理者和员工就既定目标、如何实现目标达成共识的全部活动过程以及促进员工成功地达到目标的最佳管理方法。

医院的绩效管理是指医院在履行各项社会责任中，在追求医院内部管理、外部效应、经济因素，以及国家刚性规范与医院柔性管理等相统一的前提下，为实现医疗卫生事业的效益最大化制定医院的发展战略与目标，结合医院战略目标针对临床系统、门诊系统、医技系统和医院后勤人员，通过制定绩效目标和评价标准，组织实施，评价考核，奖罚兑现，最终达到既定目标的一系列过程。绩效管理包括绩效指标的设定、管理和实施、绩效考核评价、绩效反馈和应用等内容，其中绩效考核评价是绩效管理的核心环节，它通过绩效管理工具的运用，成为医院内部管理价值链的关键环节，促使医院管理水平不断提升。

（二）医院绩效管理的基本原则

医院绩效管理应以全成本核算为基础，围绕医院的发展战略、工作指标，经济效益与社会效益进行，制定科学、规范、可行的绩效管理方案和绩效考核指标体系，并坚持以下基本原则。

（1）公平、公开的原则：在全院公开各个科室、各个岗位工作的年度、季度及每月任务指标、各项工作的工作标准、考核标准、考核流程及奖惩办法。

（2）客观、公正评价的原则：制定考核目标要客观，要以医院和科室的实际情况为起点，要有可行性。考核标准要规范一致，执行要严格，统计考核要做到公平、公正。

（3）考核指标量化原则：通过量化指标比较，可直观反映科室经营效果，而且对量化指标的评价简便、易行，所得出的考核结果有事实依据。

（4）考核结果及时反馈及应用原则：考核结果应及时进行反馈，并根据考核结果兑现奖惩承诺，针对绩效不佳科室及职工提出相应建议，做好职工与管理者双向沟通工作，使其目标一致。

（5）实行院科二级核算原则：每年度把各科室经济、质量等考核指标下达给科室。每月、季度、年度进行统计，进行绩效核算，并与科室绩效工资挂钩，按照完成系数进行分配。各科室再把具体指标下达给小组或个人，根据职工完成工作的效率和质量进行科室内部二次分配，刺激职工的积极性。

（三）现阶段医院绩效管理存在的主要问题

1.未建立完善的绩效管理体系

据了解，当前各大医院在实施绩效管理的过程中，由于对绩效管理缺乏深度认识，对医院战略管理缺乏了解，绩效管理与战略管理实施相脱节，战略目标或年度计划未被层层分解到各级部门和每个员工，容易导致员工行为与医院战略目标相背离。现阶段一些医院单纯地将绩效管理工作认为仅仅是人力资源部门的工作，多是从人力资源管理的角度来看待绩效管理，仅是将年度考核和岗位考核展开绩效评价，未能建立起完善的绩效管理体系，绩效管理目标不明确，也未明确划分各职能部门以及各类工作人员在绩效管理工作中的职责与权限。医院内部管理关系混乱，各个岗位责权利界定不清，各级管理者和员工责任不明，绩效管理常出现“真空地带”。

医院管理者在制定绩效管理目标时，往往会忽略与员工的沟通环节，认为员工无须参与绩效管理目标的制定中，只需要执行具体指标即可，不能将绩效管理目标的制定与员工的实际情况结合起来。此外，多数医院的绩效管理考核都是单向的，即对下不对上，缺乏医院、部门和员工的共同参与，管理者不能以身作则，这样容易导致员工产生不满情绪，不能调动员工的工作积极性和责任心。有时绩效管理目标的分解转化不一致，不能使员工对医院的总目标有个清晰的理解。这些都会对医院绩效管理目标的实现产生不利的影响，无法达到管理的良性互动。

要在持续沟通的前提下，将医院的战略、职工的绩效目标等管理的基本内容贯穿于绩效管理的始终。医院绩效管理目标的确定要体现全员参与的原则，由医院管理者和员工共同完成绩效管理目标的制定。只有建立起科学、全面的绩效管理系统，把医院所导向的绩效目标变为职工的自觉行为，才能实现医院的长远规划和战略目标。

2.绩效考核指标体系不够完善

绩效考评标准欠客观、不全面、不合理。虽然很多医院抛弃了完全主观的评价法，但由于设计指标时未能科学合理测算各分项指标所占权重比例及未能全面考虑实施过程中的各种影响因素。例如，考评者的心理因素导致的过宽、过严倾向，考评者与被考评人的关系，考评时使用的工具，方法是否设计合理等。导致采用的方法及其分项指标所占权重比例不科学，针对性不强，指标太过笼统，无法量化，不能真正反映员工绩效。或者考核指标太多太细，影响了员工的积极性，束缚了员工的工作能力的发展。细化考核指标，在一定程度上能做到相对公平，但当指标细化到工作过程中的每一个细节都能找到相应的规定要求，将会使员工产生厌倦感，造成工作程序僵化，影响员工工作积极主动性，从而降低员工工作效率。

大多数的公立医院将如何根据考核结果进行有效利益分配作为绩效管理最主要的出发点，只关注绩效成绩的量化，因而在绩效管理系统的设计中，更多地将注意力放在了如何确定绩效收入的发放金额、拉开收入差距上面。如果员工只注重利益的分配，而忽视绩效的提升和改进，则无法达到绩效管理的真正目的。现实中，由于过多地强调定量的绩效考核，导致医生开高价位的大处方、大检查、滥用抗生素等问题屡见不鲜。

3.绩效管理整体性未落实

绩效管理包括绩效指标的设定、管理和实施、绩效考核评价、绩效反馈和应用四个环节组成，只有这四个环节都能够有效地实施和运行，形成持续、整体的工作链，才能真正体现绩效管理在建立以明确的发展战略、主动沟通和激发员工内在积极性为特征的绩效文化方面的巨大作用。目前很多医院只重视绩效考核评价，不重视绩效管理工作链中的其他工作环节，忽视其他环节的重要作用，把绩效考核评价等同于绩效管理，更有甚者，把奖金核算等同于绩效考核评价，等同于绩效管理。

医院管理者缺乏对绩效管理的正确认识和理解，对绩效管理的本质理解出现偏差，绩效管理与绩效考核的概念混淆不清，致使在实施绩效管理的过程中陷入误区，认为欲达到医院绩效管理的目标，只要经常对员工进行绩效考核即可。实际上，绩效考核不等于绩效管理，绩效考核只是绩效管理过程中的局部环节和重要手段，它主要是用考核所得的数字用于判断与评估，重点是考核后的评价。绩效管理是现代的人力资源管理方式，它侧重于员工的信息沟通和绩效提高，将管理的重心放在事先的沟通环节。将绩效考核和绩效管理等同起来，会导致医院管理者忽视绩效管理的其他环节。此外，员工的认知度也会受到医院管理者对绩效管理的认识程度的影响，若医院管理者对绩效管理认识不足，则医院绩效管理的整体性得不到落实，将会使医院的绩效管理水平徘徊在较低的层次，不利于医院的健康可持续发展。

4.加强医院绩效管理的思考与建议

（1）健全医院绩效管理体系

绩效管理是一个复杂的系统过程，医院实行绩效管理，必须建立健全绩效管理体系。建立健全绩效管理体系，首先应加强绩效管理组织机构建设，配备高素质的专业管理人员，明确各级机构及人员的职责；其次要制定医院绩效管理的总体目标，医院绩效管理总目标应结合医院发展战略目标，从医院的实际工作情况出发，制定出符合医院实际情况的绩效目标；第三要根据医院绩效目标建立合理、量化的医院绩效考评标准体系；第四应加强绩效管理知识的学习培训工作，使职工正确认识医院绩效管理的含义，明确知晓个人在绩效管理工作中的职责与目标，积极主动地将职工个人目标与医院绩效目标结合起来，提升医院及职工的绩效。

（2）建立合理、量化的医院绩效考评标准体系

绩效考评指标的客观和量化是保证绩效考评全面公正以及数据连续可比性的基础。建立医院绩效考评指标体系，应遵循科学性、导向性、可比性、操作性和系统性5个基本原则，从客户因素、内部经营过程、员工的学习成长及财务指标4个层面出发，结合医院组织愿景和战略，通过关键绩效指标的确定，将组织的战略目标具体化、现实化。同时应认真对待绩效管理中难量化要素的处理问题，区分不同层面的绩效管理，建立医院绩效考核体系，使医院管理者、各部门和员工就工作目标与如何达成目标形成承诺，不断交流沟通，并通过医院、科室、员工三者之间的互动，确保绩效管理的可持续进行。

（3）重视绩效考评结果的应用

医院绩效考评结果的用途包括：①利用绩效考评结果不断改进绩效目标，找出问题所在，以寻求解决办法，努力提高医院绩效；②利用绩效考评结果对人力资源进行规划，包括人员补充、培训、分配使用等，最大限度地开发和利用人力资源；③利用绩效考评结果对职工针对性强的培训，不断提高职工的专业知识、工作技能和工作效率，提高职工和医院的绩效；④利用绩效考评结果建立有效地激励机制，在效率优先、兼顾公平的前提下，结合绩效考评结果，适当拉开职工绩效分配差距，建立有效的激励机制；⑤利用绩效考评结果对部门、科室项目投资进行规划。

综上，在正确认识医院绩效管理概念的基础上，建立健全完善的绩效管理体系，制订绩效计划，明确绩效管理目标，建立合理、量化的绩效考评指标体系，加强绩效管理实施过程中的沟通与反馈，加强绩效考核，建立绩效反馈回路，重视绩效考评结果的应用，全面落实绩效管理的整体性，提高医院绩效管理水平，提高医院核心竞争力，促使医院向可持续方向发展，为我国深化医药卫生体制改革做出贡献。

二、新医改形势下对公立医院绩效管理提出的新目标

随着医改逐步深入，各类管理部门也开始尝试新的管理机制。2017年，人社部、财政部、国家卫生计生委、国家中医药管理局印发《关于扩大公立医院薪酬制度改革试点的通知》。通知中明确了“两个允许”，即允许医疗卫生机构突破现行事业单位工资调控水平，允许医疗服务收入扣除成本并按规定提取各项基金后，主要用于人员奖励。同年，药品加成全面取消，医疗服务项目价格整体调整。

一方面是绩效天花板被强力突破，长期以来一直被低估的医务人员的劳动价值亟待回归；另一方面是医疗服务价格调整，原有以收入为绩效核算基础的绩效管理体系面临巨大挑战，开展绩效改革逐渐成为公立医院迎接医改的必选项之一。

2018年12月10日，国家医保局发布《关于申报按疾病诊断相关分组付费国家试点的通知》；2019年1月30日，国务院发布《国务院办公厅关于加强三级公立医院绩效考核工作的意见》；2019年6月5日，国家医保局发布《关于印发按疾病诊断相关分组付费国家试点城市名单的通知》；2019年10月24日，国家医保局发布《关于印发疾病诊断相关分组（DRG）付费国家试点技术规范和分组方案的通知》；2019年12月5日，医政医管局发布《关于加强二级公立医院绩效考核工作的通知》。接连出台的一系列文件，从绩效考核和医保支付两个维度完成了DRG前期的政策引导。

基于此，从国家印发的一系列指导意见和不断加大的财政支出中，应能清醒地认

识到，对公立医院开展综合绩效考评工作势在必行且刻不容缓。加强医院绩效管理成为医院经营管理工作中的重中之重，同时也向医院管理者就如何建立合理、量化的医院绩效考评标准体系，建立有效的沟通与反馈机制，以适应新医改形势下医院发展的要求，提出了新挑战。

（一）医院绩效管理面临新的挑战和要求

医院绩效管理面临新的挑战和要求，这主要体现在以下几个方面。

（1）精细化的绩效考核刻不容缓，无论是卫健委、医保局还是各级医院，精细化管理手段要深入运用，尤其是各级医院，传统的考核方式将逐渐淡出视野，数据将成为绩效衡量的关键指标。

（2）绩效考核不仅是核算方式改革，传统的收减支模式被彻底抛弃。医院内部“四统一”（病案首页、疾病分类编码、手术操作编码和医学名词术语集的统一）。医院要全面推进预算管理，加强内涵建设，推动公立医院综合改革和分级诊疗制度落地见效。

（3）绩效改革统筹兼顾，作为绩效考核的基础和着力点，绩效改革必须紧紧围绕考核目标进行，科学合理设计绩效改革方案，既推动深化医改政策落地，凸显医院公益性，提高服务能力，又要充分调动广大医务人员的积极性，促进收入分配更科学、更公平。

（二）医院发展面临新的转型

随着社会经济的发展和技术的进步，医院自身发展也面临着新的转型，主要包括以下方面。

（1）发展方式上由规模扩张转向质量效益发展。绩效考核引导医院从规模打张发展模式，转向内涵质星效益型发展模式。三级医院要围绕DRG医保支付制度改革，提高医疗技术水平。

（2）管理模式上由粗放的行政化管理转向全方位的绩效管理。绩效考核引导医院管理模式，用数据说话，通过加强信息化建设，用现代管理替代经验管理，提高精细、精准、精益的管理水平。

（3）投资方向上由投资医院发展建设转向扩大分配提高医务人员收入。传统的三级医院主要的资金用于医院建设和设备购置，绩效考核引导医院，将资金更多地用于提高医务人员待遇，充分调动职工积极性。

（4）服务功能定位由医疗服务数量型向医院功能定位转变。三级医院按照功能定位，主要提供急危重症和疑难复杂疾病的诊疗服务。绩效考核从目前的医疗服务数量型，引导向功能定位转型。

（5）服务理念由“以疾病为中心”转向“以病人健康为中心”。绩效考核促使各级医院适应健康中国战略，转变服务理念。

总之，随着各地卫健委、医保局医改工作的不断深入，三级医院绩效考核工作将全面铺开，医改攻坚克难总攻战已经打响，只有与时俱进、未雨绸缪、练好内功、顺应时代潮流才能得到发展。

三、医院内部绩效与行政外部绩效的协同统一

通过DRG数据管理系统出院病案数据自动采集自动分组后，对医院出院病例按照疾病诊断相关分组进行精细化统计，比较出各评价对象在DRGs指标下的高低和变化趋势，为医院、科室、医生内部绩效评价、奖金分配、级别晋升等提供客观、科学的数据支撑。

（一）绩效评价的分类

绩效评价按照评价人群的不同，分为以下2类：

（1）由卫生行政部作为评价方，评价各级各类医疗机构，即我们常说的“外部绩效评价”。

（2）由医院内部管理人员作为评价方，评价医院不同科室、不同职级的医务人员，即我们所说的“内部绩效评价”。

（二）政府的宏观调控与外部环境压力对医院发展的影响

1.政府对医院发展的宏观调控

通过在行政管理层面建立可比较、可量化的考核指标体系，设定统一的考核规则和评价方式，用同一把尺子对各级各类医疗机构进行评价与督导，正确引导医院办院方向及医院内部联动，两者相互结合、相互促进，才能推动公立医院真正转变延续已久的运行机制，真正实现医疗机构的可持续发展。

（1）医院的可持续性发展离不开政府的宏观调控。各种医疗机构的经营活动形成了医疗市场，相比其他社会主义市场来讲，由于医疗市场的特殊性，需要政府有力的宏观调控才能保证医疗市场的有序运行。

对于政府来讲，已经从“办医院”转变成“管医院”。政府不直接参与医院的经营活动，但可以通过各种政策措施来引导医院向良性方向发展；对于医院来讲，只有积极主动地贯彻实施政府的政策，积极参与卫生系统的改革，才能在不断完善的医疗市场中占得先机。

在控制医疗费用方面，针对医疗费用不断上涨的情况，政府对几个重要的统计指标进行严格的控制和考核，如门诊人均费用、人均住院费用、平均住院日、规定的单病种费用增减幅度、药品比例等，通过对上述指标的定期检查，达到监督管理医院的职能。在财政补助方面，政府正不断加大对医疗卫生行业的投入，对医院的人才培养和科研等项目给予一定的经济扶持。

（2）政府的宏观调控，是规范医疗市场的必要措施。这些措施为建立健康的医疗市场提供了行政保障。作为政府，为医院不断提供发展契机是其管理职能的一部分，而对于医院，政府为我们提供了良好的外部环境，我们就应该珍惜和利用，从而使医院得到不断的发展。

2.外部环境的压力对医院发展的积极影响

（1）医院的发展必须和外部环境相协调，随着我国卫生体制改革与卫生产业化进程的深入，社会对医疗服务的需求行为及支付方式的改变对医院经营管理影响巨大，医院的经营策略与外部市场政策环境是否协调将成为医院可持续性发展的关键。

对于医院来讲，除了上面阐述的政府宏观调控外，外部环境主要还包括人民群众对医疗服务的需求以及保险机构介入对医院的影响。人民群众对医疗服务的需求直接决定了医院的生存和发展，随着社会经济的发展和人民生活水平的提高，人民群众对医疗服务的要求也在不断提高，这样一来就形成了人民群众日益增长的对优质医疗服务的需求同相对短缺的优质医疗资源之间的矛盾，医院是解决这一社会矛盾的排头兵。如何解决这一矛盾，医院可以通过提高医疗质量、改善服务态度、依靠科技进步等措施，从“一切以病人为中心”的角度出发来解决。总之，医院应该根据社会的需要、人民群众的需要、医疗市场的变化，不断调整自身的经营策略。只有以发展的眼光制定自身的经营策略，主动适应外部行政环境，才能使医院得到不断的发展。

（2）医院面临医改新时代压力，加之内部绩效分配不均带来的矛盾叠加，倒逼医院绩效管理必然从刺激“粗放式规模扩张发展模式”，转向“内涵质量效益型成本管控发展模式”。因此，医院的绩效管理的改革在面临新形势、新政治、新问题时必须有的新思考。

①新形势：即医保基金的有限性，与民众对健康医疗美好需求的无限性矛盾，与

医院对收入驱动无限性矛盾。伴随着人口老龄化及疾病谱变化，三者之间的矛盾日益突出，“看病贵”的呼声和医保基金串底风险大增。

②新政治：即破除公立医院趋利性回归公益性，成为当前医改的主要目标。医疗涉及广大人民群众的民生，涉及社会和谐安定，控制医疗费用增长保民生是最大的政治。

③新问题：即医院绩效面对不允许与收入挂钩的政策高压红线，政府强化对医院药占比、耗材比和均次费用等公益性指标考核，但医保支付制度改革、社会办医的蓬勃兴起、医生自由执业、医院医技检查盈利业务拆分、药材零加成及两票制、分级诊疗制度推行等一系列问题都摆在面前。

外部环境的压力是对医院行为和体制改革的效果产生深远影响的关键因素。医院绩效评价实际是公立医院改革的一个主要产物，因此医院绩效评价的力度和深入程度受到政府行政职能支持力度的影响，同时也受到医疗卫生体制改革的促进。医院作为卫生系统的一个重要组成部分，医院绩效的评价应该按照整个卫生系统绩效评价的战略方向进行。

四、DRG在医院绩效管理评价中成为行政管理者的有效抓手

（一）DRG概念本身具有的评价优势

DRG之所以能受到国家卫健委的大力推荐和各大医院管理者的认可，是因为DRG有其独有的概念优势和技术优势。

DRG的主要特点是以病例的诊断和（或）操作作为病例组合的基本依据，综合考虑了病例的个体特征，如年龄、主要疾病、并发症和合并症，将临床过程相近、费用相似的病例分到同一个组（DRG）中。DRG属于一种综合体系，与其他管理理念相比，着重分析了不同疾病的严重性及复杂性，将医疗卫生机构的实际医疗需求及相关资源在诊疗过程中的使用状况作为关注的热点问题，在医疗服务绩效评价、医疗费用管理等方面均有着比较深入的应用。

医疗机构服务范围的差异性是造成各机构之间没有可比性的主要原因。DRG系统是在医疗大数据的背景支持下，将病人按照诊疗过程与资源消耗相似度进行分类，对数据进行标化，使医疗指标既保留了数据真实性又具有可比性，大大提高了评价结果的可靠性。同时，DRG绩效考核系统的维度包含了医院医疗服务范围、能力、学科建设以及质量安全等多个方面，能较为综合地判断和对比区域医疗差距、医院能力差

距、学科建设差距以及病种质量差距，由于其具有客观性、可比性、科学性、真实性及公平性等概念优势，因此，不论从省市级卫生行政管理部门的宏观管理还是到医院的微观管理，DRG都为医疗质量的评估提供了一个好方法。其特有的技术优势主要表现在以下5个方面：分组器优势、权重计算科学优势、手术分级优势、单病种分组器和重点病种分组器优势。

DRG数据分析平台的总体特点是多层次、多角色、多维度的DRG统计信息展现。通过RW、CMI等诊疗难度指标，以DRG分区域、医院、科室、医务人员为分析对象，分别计算出其各自对应RW和CMI值。分析不同区域、不同级别类型医院、科室、医务人员的DRG组分布情况，并基于CMI值对医疗服务质量、效率、安全等各项指标进行横向和纵向的对比，分析CMI变化原因，引导医疗机构进行医疗资源结构优化调整。

DRG出现的根本原因之一，就是让医疗效率可比较。这不仅是病种之间的比较，也是科室、个人之间的比较。而医院的专业水平和医疗服务效率水平是临床科室与医生个人水平的集中反映。医保DRG支付与公立医院绩效考核中DRG相关指标，将极大地改变医院服务效率、科室经营和医生个人收入的计算方式。

（二）DRG数据来源的客观性和评价公平性弥补了绩效管理核心环节的缺憾

尽管医院绩效管理是一种非常有效的管理模式，但是这项工作本身还存在很多需要完善的地方。目前认为阻碍绩效管理工作开展的原因在于绩效管理的核心环节——绩效评价体系不够完整，除了评价指标选择及权重的确立等“技术性障碍”外，更主要的是绩效评价现存的不公平性。

这种不公平性主要表现在客观评价指标占比较少、数据来源获取不易及信息不准确上，最终导致评价结果的不公平性。如果绩效结果不公平，不仅不能有助于改善被评价对象的经营管理，反而会造成一定的负面影响，难以调动医务人员的积极性，评价结果反而造成了低效率和各种资源浪费现象的发生。建立以DRG为核心的医疗质量评价体系，更能深入反映不同医院、科室之间的技术难度和风险程度差异，打破了医院间、科室间评价的壁垒，使评价结果除了具备有效性、安全性、及时性外，更具有公平性。

三、信息化手段帮助管理走向精细化

以往的卫生行政绩效考核评价，普遍存在以实地考核为主、主观考核较多等问题，既难以很好地发挥考核监督的实效，又大大增加了卫生管理部门和各级医疗机构的负担，制约了卫生行政部门管理水平，已不能顺应医疗卫生体制改革的发展要求。借鉴国外发达国家和国内先进省市绩效管理经验，充分利用信息数据监测及统计分析，是公立医院综合绩效考核评价客观性、公平性、真实性的基本保障和促进公立医院可持续发展的技术支撑。此外，对数据的深入分析挖掘，也是我们的管理方式从应急式走向预警式、从粗放的感性管理走向精细的量化管理的重要路径。

（四）DRG是内部绩效评价和外部行政绩效和谐统一的纽带

基于以上DRG的概念优势与技术优势、数据来源和分析结果的可靠性和客观性，评价导向符合当前国家对医疗卫生行业的定位及要求，造就了行政决策层面的关键业务核心指标能够量化至各级医疗机构，从行政决策层面至医院微观质控管理层面，可以通过建立可比、可量化的考核指标体系，设定统一的考核规则和评价方式，用同一把尺子对各级各类医疗机构进行评价与督导，正确引导医院办院方向，同时引导医院发现自己的竞争优势，逐步引导医疗机构从传统的偏重数量增长模式转向强调以改善质量为目标的可持续性发展。

五、DRG在绩效管理评价中的具体运用

（一）基于DRG的卫生行政部门医疗管理综合评价

1.公立医院绩效考核中DRG应用

2015年5月，国务院办公厅出台了《关于城市公立医院综合改革试点的指导意见》[国办发（2015）38号]，同年12月，国家卫生计生委（现国家卫健委）、人力资源和社会保障部、财政部、国家中医药管理局联合下发《关于加强公立医疗机构绩效评价的指导意见》[国卫人发（2015）94号]，两份国家层面的指导意见都明确提出卫生行政部门要建立以公益性为导向的考核评价机制，突出功能定位、定期组织公立医院绩效考核以及院长年度和任期目标责任考核。

应国家要求，各地卫生行政部门纷纷开展对公立医院的绩效考核评价工作，出台综合绩效考评方案。政府绩效评价具有很强的导向功能，评价指标的设计要遵循量化、客观的原则，要把能够反映战略性、政策性的具体内容作为遴选指标的依据。可

以说，评估指标的选择是整个评估过程最为重要、也最为困难的工作，推进绩效评价指标体系设计的理论研究与探索，有利于政府绩效评价的常规化和规范化。

在DRG系统的帮助下，卫生行政管理部可以对不同的医疗机构和诊疗专业进行较为客观的医疗质量、服务绩效评价比较。各区、市完成本辖区内住院病案首页信息采集与报送工作后，可利用诊断相关疾病组分组的方法，对医院开展服务绩效等相关评价。指标设计围绕医院业务能力、医疗服务水平、医疗服务效率、外科能力、重点病种和医疗安全这六方面开展。同时，因DRG考核指标意义不同，对各级各类医疗机构按照不同的级别、不同类型配以不同的DRG指标权重值进行考核，确保医疗机构的功能定位与考核导向的一致性。

随着卫生行政部门对DRG数据需求的不断提升以及在不同时期对各级医院监管侧重点的变化，DRG分析考核指标及权重也可以进行相应的更新。此外，DRG数据分析对省级层面的评价还能体现以下几方面内容：各区域的医疗服务能力对比，医疗资源的使用程度，各医疗机构整体医疗服务水平的排名，某些二级医院赶超三级医院现象以体现服务的可及性，某些社会办医赶超公立医院以体现服务的多元化，还能对全省年龄结构、恶性肿瘤分布情况、高危病种、异地病人诊疗情况、专科发展整体情况及诊疗集中性、不同区域间同一病种诊疗的差距等进行细化分析。

2.等级医院评审中DRG应用

为促进三级综合医院不断提高医疗技术水平，保证医疗质量和安全，改善医疗服务，早在2011年，卫生部（现国家卫健委）办公厅下发了《关于推广应用疾病诊断相关分组（DRG）开展医院评价工作的通知》，明确提出应用DRG开展医疗机构绩效服务评价工作，并相继推出《三级综合医院评审标准实施细则》《二级综合医院评审标准实施细则》及部分专科类医院评审实施细则。

等级医院评审是一个系统性评审工作，其意义在于促进专业技术发展，建立科学完善的医疗质量体系，不断提高服务水平，实现医院的可持续发展，这与DRG数据分析的指标意义是相同的。评审要求中前六章主要是考察各类制度、体系的建立和完善以及政策要求是否达标，较少涉及一些指标的计算，而第七章则集中了能体现医院等级分类的重点数据，虽然目前最新版的等级医院评审实施细则还没有出台，但许多省市已经利用DRG开展数据信息的收集和分析工作，例如，对重点病种、重点术种技术能力进行评价。在DRG评价中，术种和病种的定义更加明确，而非简单地把ICD编码中的某一段作为某种病种，或者作为定义不清的病种名称。数据信息的提取也更加精准，范围更加全面，只要是病案首页中可以提取到的数据信息，通过专业的数据分析都能进行进一步了解数据，掌握隐藏在数据背后的诊疗信息。

以往等级医院评审工作需要依靠大量专家以现场审核的形式完成评审工作，但在DRG的支持下，去除了很多主观填报的内容给予的不精准、甚或错误的信息，同时也能够通过DRG数据分析数据量和技术难度，来验证医院填报材料中的真实度。更重要的是，大大节省了专家进行现场评审所耗费的人力和时间成本。

3.分级诊疗中DRG应用

2015年国务院办公厅发布《关于推进分级诊疗制度建设的指导意见》[国办发（2015）70号]，指出建立分级诊疗制度是合理配置医疗资源、促进基本医疗卫生服务均等化的重要举措，是深化医药卫生体制改革、建立中国特色基本医疗卫生制度的重要内容，对于促进医药卫生事业长远健康发展、提高人民健康水平、保障和改善民生具有重要意义。为贯彻落实《中共中央关于全面深化改革若干重大问题的决定》和《中共中央、国务院关于深化医药卫生体制改革的意见》精神，开展并推进分级诊疗制度建设工作。

在分级诊疗中，要求明确各级各类医疗机构诊疗服务功能定位。城市三级医院主要提供急危重症和疑难复杂疾病的诊疗服务。城市二级医院主要接收三级医院转诊的急性病恢复期病人、术后恢复期病人及危重症稳定期病人。县级医院主要提供县域内常见病、多发病诊疗，以及急危重症病人抢救和疑难复杂疾病向上转诊服务。基层医疗卫生机构和康复医院、护理院等（以下统称慢性病医疗机构）为诊断明确、病情稳定的慢性病病人、康复期病人、老年病病人、晚期肿瘤病人等提供治疗、康复、护理服务。依据医院的收治对象来明确各级各类医疗机构诊疗服务的功能定位，从根本上说是基于病种服务范围来判断各级各类医疗机构是否符合其相应的诊疗服务功能定位。能够对就诊人员病种范围进行精确的数据分析是DRG的优势。通过对某地区范围内各级各类医疗机构病案首页数据的收集，可以分析出每一家或者每种、每级医疗机构其病种的构成，并且包括以病种为主线的年龄、性别、付费方式、住院时间、住院费用等信息的再次挖掘。可以说，以DRG为支撑的分级诊疗数据分析，是目前最为精准、数据最为客观、全面且可比的一种分析方式。

同时，DRG数据分析对分级诊疗中提出的完善医疗资源合理配置机制，强化区域卫生规划和医疗机构设置规划在医疗资源配置方面的引导和约束作用，制定不同级别、不同类别医疗机构服务能力标准，给予政策信息，以便卫生行政部门通过数据反映出的信息，指导开展行政管理、财政投入、绩效考核、医保支付等激励约束措施，引导各级各类医疗机构落实功能定位。通过对DRG指标的考核及评价，引导三级综合医院控制数量和规模，建立以病种结构、工作效率为核心的公立医院床位调控机制，严控医院床位规模的不合理扩张，逐步减少常见病、多发病复诊和诊断明确、病情稳定的慢性病等普通门诊，分流慢性病病人，缩短平均住院日，提高病房运行效率。

4.省市级DRG简报发布

DRG数据分析平台可以提供针对省、市级卫生行政部门层面的各级各类医疗机构分析模块，主要包括医院数据情况查询、上报数据质量情况、医疗服务能力分析模块、诊疗难度分析、外科能力分析、重点病种及术种分析、专科排名等。通过对全省及各市、区、县的数据范围进行分析，可以得到相应总体范围内的、具有可比性的、数据信息一致的分析结果。并且通过对简报中的各项指标数据进行综合排名、各指标排序等多种展现形式，可引起相关医疗机构的重视，从而促使各医疗机构按照指标导向开展技术服务能力的竞争，以落实国家对不同医疗卫生机构的功能定位。也就是说，引导医院自行开展与卫生行政部门所构成的外部绩效评价导向一致的内部绩效评价方向。

（二）基于DRG的临床质控中心管理评价

（1）对各省级临床质控中心开展基于DRG数据分析，引导医院以重视临床技术服务为主的发展方向。对各省级临床质控中心开展基于DRG数据的分析，将行政政策导向性通过质控中心传达至各专业。准确针对本专业各类病种在各区域和医院不同年龄、性别、死亡率、住院次数、离院方式等进行深层次挖掘，提供精细化的病种分析结果。

（2）通过对各临床质控中心的数据进行纵向对比，对各质控中心进行能力评价，构建以质量为核心的医院良性竞争氛围。医疗质量控制中心是对各医疗机构履行医疗质量控制、监督与管理的职责，其目标在于提高医疗救治能力及医疗质量整体水平。通过对质控中心既往几年数据的对比性分析，帮助行政决策层了解质控中心的发展趋向，同时数据分析结果也能验证质控中心职能开展是否扎实落地。DRG数据指标CMI、RW、中低风险死亡率、DRG总量、组数等指标均能按照病种索引开展相应的数据收集和分析。因此，能准确为质控中心成员及管理决策层提供数据分析结果，大大提高了评价的可靠性。

DRG数据的信息化来源可以满足临床质控中心对质控情况的实时监控，而在没有DRG数据分析库之前，是无法做到这一点的。质控中心对质控情况的实时监测有利于对数据异常的相关医院进行及时沟通，并对纠偏后整改落实情况进行跟踪、反馈，必要时可立即开展现场督促、核查与指导，极大地提高了临床质控中心的质控能力。

（三）基于DRG的医院绩效管理评价

1.各医院整理绩效管理评价简报

在省级层面，通过DRG数据分析结果形成的简报，能有效引导医院按照省级层面对医院的功能定位开展内部绩效考核与评价。医院会积极主动找到与同级别、同类型医院的差距，分析原因，制定主要质控目标，再将质控目标分解至各临床科室，从而形成院级层面的质控体系。重要的是，在这里，院级质控体系与质控导向性，完全符合国家、省级及市级医院管理机构对医院的引导方向和定位，且数据来源都是一致的，病例的入组情况一致，进而对数据分析结果也一致，不会产生以往建立在主观评价基础上的结果矛盾的情况。

医院平台版DRG是专门为各级医疗机构设定的基于DRG数据分析的平台，其指标罗列、意义均与省、市级DRG数据分析路径一致，并且在数据分析模块方面更全面。例如，对CMI、RW及三、四级手术提供了在以省级同级别类型医院为总体范围内的排名。例如，不仅对医院的病种结构有所分析，还有各科室的病种结构分析，能精准指导临床各科室，促进其了解自身病种结构及相应权重，以便科室调整病种结构，进而调整收入结构。再如不仅有科室主任的CMI报表分析，还有主治医生和医生级别的CMI报表，通过CMI报表，充分暴露了临床科室的梯队建设是否合理、三级医生制度落实情况，给科室进行绩效二次分配提供了有力的依据。

2.帮助医院实现精细化管理

精细化管理是当前背景下医院开展内部管理工作的核心理念，通过良好的管理，可以有效提升医疗服务的质量。将DRG应用在医院精细化管理中，能够进一步加强医疗费用管理，规范医疗服务行为，提升医院的医疗效率和服务质量，在医院的发展中扮演着非常重要的色。

从目前来看，在医院管理中引入DRG是非常必要的，它对提高医疗质量和服务效率发挥着非常显著的导向作用和制约作用，同时规范了医疗费用的支付方式，控制了医疗经费的增长速度，优化配置了医疗资源。通过DRG的分组，可以针对不同类型的病人开展不同的管理，提供不同的服务，确保了管理与服务的效果，同时能够实现同质病例的评估，对医疗服务绩效进行考核，进一步保证了评估结果的准确性和可靠性，在提高医院的服务质量和服务水平方面效果显著。

对于医院而言，应用DRG能够有效提升管理的精细化水平，保证管理效果，而且在保证医疗卫生服务质量的前提下，实现对于医疗经费增长的有效控制，确保了医疗卫生资源的高效利用。DRG不仅考虑了病人的疾病类型，而且考虑了疾病自身的复杂程度、医院的类别、区域平均薪资水平等，可以综合各种卫生支付方式存在的不足，形成一种在当前条件下相对合理的支付方式，实现对经费的有效控制。

以DRG分组为基础，实现DRG统计分析、基于DRG的业绩考核和质量评价等功能。DRG通过对医院内部指标的评价与考核，客观反映了不同科室及工作人员的工作量、医疗质量、诊疗技术难度、诊疗风险等多方面差异，进而帮助医院调整病种结构，优化资源配置，加快专科能力建设，应对医保支付方式改革。在人员激励上，DRG数据分析结果可以引导医务人员规范医疗行为，改善工作态度与业务能力，达到全面提升医院的运行效率和服务水平的目的。

具体运用主要体现在：

（1）比较院内相同科室之间的差距，提供分立与合并的政策指导意见。也可以通过分析相同科室的病种结构，对同一DRG组的病例进行差距性分析，构建相同科室的良性竞争。

（2）为医院提供亚专科发展建议。通过医院或科室DRG组在MDC中的覆盖率，帮助医院拓展诊疗广度，协助科室发现可以涉足的亚专科。

（3）各医院对各自专科发展领域进行客观且进行可比性的差异对比，可确定发展定位，确定赶超对象和领域。

通过DRG数据分析结果显示的省、市级排名，可有效帮助医院寻找赶超指标、赶超对象和赶超专业。

（4）省级对公立医院各项改革措施的引导最终将落实到各医院的微观质控评价结果中，即临床专科发展。

（5）形成院科两级综合绩效考核体系。医院可以结合自身的实际情况，将DRG作为基础和前提，融合相应的理论方法，构建DRG结构式评价法。通过分析临床科室医疗服务绩效评价结果，将科室的工作量、工作质量、工作难度、成本控制成效以及急危重症数等进行综合考虑，完善相应的评价指标体系，结合统计学的相关理论和公式，进行评价和分析，为医院中的每一个科室计算出一个量化分值，以此为依据进行临床科室工作成果的评价。这样，不仅能够了解每一个科室的工作状况以及取得的成效，还可以在相同科系之间进行对比分析，找出存在差异的原因，更可以解决不同科系之间医疗质量评价以及服务能力评价的问题。

（6）利用DRG医疗服务产出指标，推算院科两级人均权重，不仅可以非常直观地反映医院的医疗服务能力和服务效率，而且可以有效合理分配人力资源，以此为核心构建相应的绩效指标，可以对医院的整体管理水平、工作质量、医疗护理技术水平以及医患双方利益进行评价，意义重大。

（7）促进医院平稳发展。在DRG中，绩效考核基础数据来源于每一位出院的病人，综合体现整个医疗服务过程。医院医疗服务绩效评价结果可以对医生进行引导，使病人能够得到最好的治疗，在最短的时间内康复。同时，结合统一的目标，强化医院的整体管理效果，促进医院的稳定健康发展。

蒂托A.康蒂等在《21世纪的质量》一书中提出，质量是满足永续经营和取得核心竞争优势的需要。我国医院质量管理正朝着专科化和以单病种质量控制为代表的微观化方向发展。专科化等微观化方向是医院间质量评价具有可比性的实践基础。科学的质量评价是进行有效质量管理的关键环节。研究目前国内外医院质量评价的实践，可以看出，医院质量评价从原来的以医院整体作为评价对象，逐步发展为将临床专科作为质量评价单元，并重点研究单病种质量控制方法。微观化方向是在不同医院间进行质量比较和评价的实践基础。因此，临床专科的评价体现的是行政策略与医院绩效统一导向的最终结果。

通过平台对临床专科的临床服务能力排名，帮助相应科室了解自身专业所在水平，找出差距，才能弥补不足，从而引导本地区临床专科的积极发展。

从卫生行政部门到临床质控中心，从医院绩效管理到临床专科发展，这一系列统一指标的设定，打造内外部绩效环境统一性，从而保持政策靶向的一致性。面对新的发展环境，医院应该及时更新观念，加强认识，从自身实际出发，提升管理能力和管理水平，逐步实现精细化管理。将DRG应用到医院精细化管理中，可以保证管理效果，而且在保证医疗卫生服务质量的前提下，提高医疗服务绩效能力、效率与质量安全，实现对医疗经费增长的有效控制，提升医院的整体实力，促进医院稳定发展。通过DRG绩效管理模式的成功运用，卫生行政管理部门、质控中心、医院、科室、临床专科及个人做到了目标同向、行动同步，整个医疗闭环系统充满生机，具有强大的凝聚力和向心力，保障了医疗机构的健康快速发展。

（四）基于DRG的医院支付方式的转变

DRG作为按病种打包付费的分支，是当今世界公认的比较先进的支付方式之一。近年来，我国也陆续出台多项政策，在全国范围内推广应用DRG。2016年11月，中共中央办公厅、国务院办公厅转发《国务院深化医药卫生体制改革领导小组关于进一步推广深化医药卫生体制改革经验的若干意见》[国医改发（2016）3号]，提出全面推进支付方式改革，逐步减少按项目付费，完善医保付费总额控制，推行以按病种付费为主、按人头付费、按床日付费、总额预付等多种付费方式相结合的复合型付费方式，鼓励实行DRG方式，逐步将医保支付方式改革覆盖所有医疗机构和医疗服务。2016年12月27日，国务院印发《“十三五”深化医药卫生体制改革规划》[国发（2016）78号]，提出深化医保支付方式改革，健全医保支付机制和利益调控机制，实行精细化管理，激发医疗机构规范行为、控制成本、合理收治和转诊病人的内生动力。2017年初，国家发改委又发布《关于推进按病种收费工作的通知》（下简称《通知》），要求各地方二级及以上公立医院都要选取一定数量的病种实施按病种收费，城市公立医院综合改革试点地区2017年年底前推行不得少于100家；同时，《通知》公布了320个病种目录，供各地推进按病种收费时选择。2017年2月20日，财政部、人社部、卫生计生委（现卫健委）联合发布通知，要求实施基本医疗保险支付方式改革，统筹地区要结合本地实际，全面实施以总额预算为基础，门诊按人头付费，住院按病种、疾病诊断相关分组（DRG）、床日付费等多种方式相结合，适应不同人群、不同疾病及医疗服务特点的复合支付方式，逐步减少按项目付费，将支付方式改革覆盖所有医疗机构和医疗服务。建立健全“结余留用、合理超支分担”的激励约束机制，激励医疗机构提高服务效率和质量。

（五）利用DRG进行成本控制和质量效率评价

DRG精细化绩效管理体系在提升质量内涵建设、有效降低病人医疗费用及提高医院运营能力等方面具有明显的同业竞争力和社会影响力。

精细化管理是医院为了提高医疗质量、控制医疗成本、降低病人医疗费用，从而提升医院运营效率的强有力手段。通过绩效与年绩效奖金分配方式以DRG为切入点，把绩效管理细化到每张床、每个病人及每名医务人员，从提供服务的数量、质量、费用、成本核算开始进行绩效考核，充分发挥每一名医务人员的主观能动性，进而实现医院的战略目标。依据疾病分组情况，最终选定部分成本指标用于DRG成本控制的考核与监管，并最终确定每一个成本项目的核算口径。然后确定DRG质量效率考核指标进行考核。开展运用DRG“费用消耗指数”考核次均住院费用增长率及医保次均费用增长率指标，通过与该疾病组历史最低值进行比对和计算，确定该项指标考核结果的奖罚依据。同时，运用DRG“时间消耗指数”对出院病人平均住院日、术前平均住院日进行考核。

医院医疗成本逐年增加，其主要原因如下：人力成本增加；一次性材料、用品费用增加；管理成本增加；各种材料、试剂等涨价；大型设备检查设备消耗品、维修费用上涨。这些都与医院的绩效管理密切相关。DRG成本指标是将成本计算分摊细化到每位出院病人。该病人诊疗方式的选择、药品卫材的使用及住院天数将决定成本指标的完成情况，可有效控制就诊资源的浪费。

（六）利用DRG建立医师评价模式

传统医务人员评价模式存在注重科研教学能力、忽略临床能力的问题。通过DRG结算模式，运用信息化手段，可以对医院医务人员的工作量、工作质量进行统计分析。通过合理设置评价指标权重，将分段评价与个体评价相结合，把业务能力评价结果与岗位聘任、薪酬、职称晋升、评先评优等挂钩，顺应了国家提出的淡化科研评价、重视医务人员临床服务能力评价的政策号召。

把DRG分组平台作为风险调整工具，并使用DRG绩效评价平台的指标对医师团队的医疗质量进行评价，能够真实反映临床医师的医疗质量。所以在国家提出淡化科研评价权重，重视医疗能力评价的背景下，对省、市级医院建立DRG医师评价模式的探讨尤为必要。

DRG数据分析平台每月提取出院病人病案首页上的相关信息，测算形成各医师本月DRG各项指标值。这种连续快捷的测算模式，能公平、公正地体现临床医师的工作量、工作质量和工作效率。但是此模式在运行中仍存在以下一些问题。

（1）存在未提取到的工作量等评价信息失真情况。DRG各项测算指标仅涉及出院时病案首页信息，不能通过分段提取病人住院的各个节点信息来测算。对于发生转科、多科协作的病例，提取到的数据都划归到出院的科室和医生，对转科前及多科诊治的医师显得不公平。在病人住院期间付出劳动的其他科室和医生的工作量无法体现，特别是重症医学科、卒中单元、新生儿等科室的部分工作量无法体现在DRG中，因此，月末提取到的工作量等评价信息存在着失真。

（2）对人才岗位聘任、职称晋升、评先评优排序有不公平情况。DRG指标仅能评估有出院病人的临床医生，对其他医技岗位及因各种原因未管床的医生则不能提供考核和评价数据。那么，在对人才进行岗位聘任、职称晋升、评先评优排序时，就存在无法一致评价的问题。

推广DRG模式对人才进行评价是时代发展趋势，具有科学性和操作性强的优势，克服了传统人才的评价模式只能对科研进行量化却无法对临床能力量化的难题，营造出了积极向上的人才激励氛围。该模式的政策导向也十分明确，即医生要具备过硬的临床实践能力，这也是老百姓的福音。

综上，DRG人才评价各项指标如何取舍、如何确定权重是考核评价是否公平公正的关键。

（1）合理设置总权重，这是对医生收治病人数量和难易程度的综合体现，能更精准地反映医生的总工作量。总权重指医生收治每一例病人的权重值和入组病人数量的乘积。该指标可按全院（或各专科）排名由高到低赋予不同分值。

（2）合理设置CMI，这是对医生收治病例的平均技术难度的指标。病例组合指数（CMI值）指医生收治所有病例权重值总和除以入组病例数。指标可取全院中位数，按中位数以上及以下分别赋予不同分值。

（3）合理设置时间效率，以反映医生治疗同类病例的时间长短。时间效率指医生收治每个DRG组病人例均住院时间与分组器预置全样本例均住院时间的比值。基准值为1，大于1为负向，小于1为正向。这个指标可结合费用效率指数综合考核。

（4）合理设置费用效率指标，反映医生治疗同类病例的费用高低。费用效率指数是医生收治每个DRG组病人例均费用与分组器预置全样本例均费用的比值。可以结合时间效率指数综合考核，时间效率指数低、费用效率指数低为最佳，两者均高为效率最低。也就是说，医师诊治的病例人均费用低且住院天数短者，那么在人才评价时应该取得较高的分数。

（5）合理设置低风险死亡率指标，以反映医生诊治病人的质量安全水平，测算各医生收治的处于低风险病人组别的病例发生死亡的概率。可按例次赋予负向分值，也可按死亡率排名赋予不同分值。

通过 DRG 组数测评使个体评价更精准。医生收治病例分布的 DRG 组数量，反映该医生的诊疗技术范围。可按组数排名由高到低赋予不同分值，做好个体评价，同时在专科细分和要求专病专治的情况下应该逐步降低 DRG 组数测评的权重。传统的人才评价模式存在着考核形式僵硬、绩效评估体系缺位、激励机制不健全、员工积极性不高等问题。通过 DRG 人才评价模式，可以量化医生诊疗疾病的种类、严重程度、工作量和工作质量，做到客观评价其临床技术水平。按照新的评价模式对医务人员实践能力评价，将结果应用于岗位设置、工资晋级、职称晋升等方面，优秀者得以通过评价脱颖而出，避免以往人员聘用随意无法量化的问题，同时也可通过绩效管理提升员工的职业价值感。

第四节　DRG信息系统在医疗保险管理中的应用

一、医疗保险的内涵

医疗保险，是指以保险合同约定好的医疗行为的发生为给付保险金条件，为被保险人接受诊疗期间医疗费用的支出提供保障的保险。医疗保险分为2大类：社会医疗保险和商业医疗保险。本章所说的医疗保险指的是社会医疗保险。

社会医疗保险是国家和社会根据一定的法律法规，为向保障范围内的劳动者提供患病时基本医疗需求保障而建立的社会保险制度；是以立法形式通过强制性社会保险的原则由国家、单位和个人共同缴纳保险费，把具有不同医疗需求群体的资金集中起来进行再分配，当个人因疾病接受医疗服务时，由社会医疗保险机构提供医疗保险费用补偿的一种社会保险制度。社会医疗保险在社会保险体系中属于关联性最强的险种。我国目前的社会医疗保险由基本医疗保险和大额医疗救助、企业补充医疗保险和个人补充医疗保险3个层次构成。

（一）医疗保险费用支付方式概述

1.医疗保险费用的构成

人们需要医疗服务的目的并不是医疗服务本身，而是健康。随着时间和环境的发展，健康在不同的时间段具有不同的标准和内涵，作为健康成本的医疗保险费用则有相应的外延。

考察医疗保险费用的情况，我们总体上可以从需方和供方这两个方面来分析其构成。

（1）从需方来看，需方的医疗保险费用主要是指参保者在购买医疗服务时所产生的费用，包括挂号费、检查费、化验费、手术费、治疗费等，以及参保者需要负担的一些间接的经济成本，比如参保者因患病所产生的时间成本、信息成本等。

（2）从供方来看，供方的医疗保险费用主要是指医疗服务提供者在提供医疗服务过程中所产生的费用，主要包括技术成本、人力成本、管理成本、药品成本等。

2.医疗保险费用支付方式的概念

医疗保险费用支付是指参保者在获得医疗服务后，参保者或保险机构向服务提供方支付费用的行为，简称费用支付。医疗保险则通过支付参保者的医疗费用来实现其承担医疗费用、抵御疾病风险的功能。它是医疗保险过程中涉及各方经济利益最直接、最敏感、最有效的环节。

基金管理是医疗保险制度运行中的重要环节，而医疗保险费用支付又是基金管理的重中之重，是基本医疗保险制度改革成败的关键点。从世界范围看，支付制度的改革是各国医疗保险制度改革的重点，各国都十分重视本国医疗保障支付制度的完善和改革。

医疗保险费用支付方式是指医疗保险费用支付的方式和流向，不同的支付方式与标准产生不同的激励机制。在我国基本医疗保险制度中，包括需方支付方式和供方支付方式两类。

社会医疗保险的支付办法遵循成本效益最大化原则，旨在为满足参保病人得到应有的医疗服务的前提下，一方面使医疗机构的服务成本得到合理补偿并鼓励其提供服务的积极性，另一方面使医疗服务的成本最低。这就涉及病人参保是否划算，医疗机构能否正常运营，保险机构能否收支平衡，成为医疗保险的重点难点和焦点问题，受到医院、医保、病人三方的共同关注。

3.医疗保险费用控制概述

（1）医疗保险费用控制的概念

社会医疗保险费用控制是在社会医疗保险管理中，按照相关的法规、协议，通过一定的方法、程序和规范来管理医疗保障体系中各方的行为，达到保障参保者基本医疗需求、遏制医疗费用的不合理增长、保证医保基金正常运行的目的。社会医疗保险费用的控制主要就是支付的管理，在保障参保者权益的基础上，降低总体的医疗费用，减少不必要和不合理的医疗费用，用尽量少的社会医疗保险基金使更多的人得到基本医疗服务。

医疗保险的费用控制主要体现在需方和供方两方面。需方控制机制主要采取起付线、个人负担比例、补贴限额、个人账户、设立封顶线及制定支付目录等方式；供方的费用控制机制主要是对医疗保险机构与医疗机构之间的医疗费用支付方式和标准的研究。

检验一种社会医疗保险费用控制方式是否有效 ，其标准有两个：一是控制效果，即医疗服务供方违规现象和医疗费用不合理增长是否得到有效抑制；二是预防效果，即医疗服务提供方的道德风险和潜在的影响医疗服务质量和增大医保基金支出的因素是否得到有效控制。

（2）医疗保险费用控制的特点

①科学性：科学的管理手段是医疗保险费用控制实现的基本保证。医疗保险是社会保险项目中覆盖面最广、涉及职工利益最敏感、工作量最大的一项险种，如果没有科学的管理手段，要实现有效的费用控制是非常困难的。

②公平性：通过对费用的合理控制，一方面确保所有参保者享有公平地接受应得的医疗服务，另一方面确保所有的医疗服务提供者在为参保者提供优质的基本医疗服务时，在我国医疗保险费用支付方式与费用控制政策许可的情况下公平地获取应得的收益。

③平衡性：医疗保险费用控制的目的在于确保医疗保险基金支付的合理性和有效性。确保医疗保险基金的收支平衡，维护医保基金的平稳发展和医疗保险制度的长久发展。

（3）社会医疗保险费用控制的基本原则

①以收定支，收支平衡：社会医疗保险费用控制必须遵循以收定支、收支平衡的原则，即社会医疗保险机构的医疗费用支付总额，只能低于或等于社会医疗保险筹资的总额，而不能超过社会医疗保险筹资水平。

②权利与义务一致：参保者在享受社会医疗保险机构为其支付社会医疗保险费用的权利的同时，必须承担与自身所享权利相对应的义务。同样，在医疗保险费用偿付上，在兼顾公平的同时也要体现出权利与义务的基本一致性，多付出就意味着应得到更多的回报，缴费越多，所享有的偿付数额就越大。

③依法偿付：社会医疗保险费用偿付必须按照社会医疗保险合同规定的范围，且一般限于参保者就诊时发生的直接医疗费用，而不在社会医疗保险合同规定的范围以内的医疗费用，保险机构不应予以偿付。

④有限偿付：为了保证社会医疗保险的正常运行，维持医疗保险基金的平稳运行，提高参保者的费用意识，社会医疗保险费用偿付金额一般不应超过参保者实际发生或支付的医疗费用。

（三）医疗保险支付方式的分类

社会医疗保险费用支付方式多种多样，以下分三个角度进行介绍。

1.按支付时间分类

（1）后付制：指在医疗服务发生之后，根据服务发生的数量和支付标准进行支付的方式。这是一种较为传统、应用最广泛、按照一般商品交换规律形成的支付方式。其优点是能够调动医疗服务提供者的积极性，病人对医疗服务有较多的选择性；其缺点是供方容易产生诱导需求，造成医疗服务的过度使用及浪费，难以有效控制医疗费用的过快增长。

（2）预付制：指在医疗服务发生之前，社会医疗保险机构按照预先商定好的支付标准给予支付，向参保者的医疗服务提供者支付医疗费用。按照付费标准的不同，预付制又可以分为总额预付制、按服务单元付费、按确定的病种费用标准支付（DRG）以及按人头付费等。其优势是可以较好地控制医疗服务的过度利用，进而控制医疗费用的过快增长；其缺点是医疗服务提供者为了自身利益可能推诿病人，人为降低医疗服务的质量。

2.按支付对象分类

（1）对医生的支付方式如工资制、按人头付费制、以资源为基础的相对价值标准（RBRVS）支付等。

（2）对医疗服务的支付方式包括门诊医疗服务的支付、对住院医疗服务的支付、对药品和护理服务的支付等。

3.按支付方法分类

（1）直接支付：指参保者在接受医疗服务供方的服务后，按照社会医疗保险的规定，仅支付由个人负担的医疗费用，其余费用由社会医疗保险机构直接支付给医疗服务提供方。

直接支付方式的操作简单，有利于制约医疗服务提供方的服务行为，合理控制医疗费用，管理成本也比较低。

（2）间接支付：指被保险人在接受医疗服务提供方的服务后，先由参保者向医疗服务提供方支付全部医疗费用，然后由社会医疗保险机构向参保者支付应该由医疗保险支付的费用。间接支付操作复杂，工作大，管理成本较高。尽管这种方式对被保险人有较好的制约作用，但难以有效控制医疗服务提供者的诱导需求行为，并不利于合理控制医疗费用。

4.按支付主体分类

（1）分离式：指社会医疗保险机构和医疗服务提供方相互独立，前者负责社会医疗保险费用的筹集与支付，后者则负责向被保险人提供医疗服务。

（2）一体化方式：指社会医疗保险机构和医疗服务提供方两者合为一体，既负责社会医疗保险费用的筹集和支付，又为被保险人提供医疗服务，比如美国的健康维护组织（Health Maintenance Organization，HMO）。

5.不同医疗保险支付方式的分析与比较

医疗保险机构向医疗服务供方的各种费用支付方式可分为后付制和预付制，医疗保险传统的支付方式就是这种第三方的付费方式。这种由第三方付费的方式在节约管理成本、规范医疗服务供方的行为、方便就医等方面具有一定的作用。但是也会存在一些问题：首先，由于参保者不直接参与支付，费用意识就开始变得淡薄，可能会为了自身的利益出现过度利用医疗服务的行为；其次，由于医患之间的信息不对称和保险机构的监控能力有限性，医疗服务供方受经济诱因等影响，会出现过度提供医疗服务的违规行为；最后，由于参保者缺乏控费意识，医疗服务供方缺乏控制动力，这样医疗费用不可避免地出现迅速上涨。

由于各国的社会经济发展水平不同以及社会文化的差异，各国在医疗保险改革中形成了各种各样的支付方式。

从支付的角度来理解，医疗保险费用是指参保者按规定在患病时获得的医疗补偿费用的总和。根据“统账结合、分别使用”的原则，参保者患病时发生的医疗费用可以从不同途径来获得补偿：①参保人员在门诊期间发生的医疗费用以及在定点零售药店发生符合规定的零售药品费用，一般情况下从个人账户支付，个人账户不够支付的通过其他途径来解决，如补充医疗保险、商业医疗保险以及基本医疗门诊补助等；②参保人员在住院期间发生的医疗费用以及部分特殊疾病门诊医疗费用从社会统筹医疗基金中支付。

（1）社会医疗保险需方的费用支付方式

世界各国社会医疗保险制度的实践证明，由政府医保基金负担参保者的全部医疗费用，尽管也体现公平性的一面，但却造成了卫生资源的浪费和卫生费用的过快上涨。为了弥补这种费用支付方式的不足之处，各国逐渐加强需方的费用负担，让参保者分担部分费用，以限制不必要的需求，从而抑制医疗服务费用的过快上涨。

①起付线方式：起付线方式又称为扣除法，它是由社会医疗保险机构规定医疗费用支付的最低标准，即起付线，低于起付线的部分费用由参保者个人承担，超过起付线的部分费用则由社会医疗保险机构支付。

这种方式的优点是：首先，费用分担有利于促使参保者产生费用意识，控制医疗消费行为，从而控制医疗费用；其次，减少了保险结算的工作量，有利于降低我国医疗保险费用支付方式与费用控制管理成本；再次，由参保个人负担部分医疗费用，减少了医保基金的不必要支出，提高了医保基金对大病的保障能力。它的缺点是：首先，起付线的确定难以把握，过高或过低对于参保者或社会医疗保险机构影响较大；其次，单纯的起付线方式容易诱导参保者过度利用医疗服务，进而引起医疗保险费用的增加。

②共同付费方式：共同付费方式又称为按比例分担，即社会医疗保险机构和参保者按一定的比例共同支付医疗费用。这种方式的优点是：首先，简单直接，易于操作，有利于提高参保者的费用意识，控制医疗费用；其次，有利于引导参保者的医疗消费倾向，去选择价格相对较低的医疗服务。它的缺点是：不同人群和不同收入阶层采用统一的自付比例，会出现医疗服务的不公平现象，而且合理的自付比例较难确定。

③封顶线方式：封顶线又称为最高保险限额，是与起付线方式相反的费用分担方法，该方法先规定一个医疗保险最高支付限额，超过限额的部分社会医疗保险不再给予支付。

这种方式的优点是：首先，有利于限制参保者对高额医疗服务的过度需求以及医疗服务提供者的诱导需求；其次，有利于提高参保者的预防意识，控制医疗费用的产生。它的缺点是对于经济风险高的大病和重病保障程度低。

④混合支付方式：由于以上3种医疗保险需方的费用支付方式各有其优缺点。因此，在实际的社会医疗保险费用支付方式的选择上，往往将2种以上的支付方式结合起来使用，形成优势互补，更有效地促进医疗保险需方合理的医疗服务需求，控制医疗费用的过度增长。

（2）社会医疗保险供方的费用支付方式

社会医疗保险供方的费用支付方式是指社会医疗保险机构作为第三方代替参保者向医疗服务供方支付费用的方法，是社会医疗保险主要的费用支付方式。其中最有代表性有以下几种。

①按服务项目付费支付方式：服务项目付费是所有费用支付方式中最传统、运用最广泛的一种方式。它是指医疗保险机构根据医疗机构所提供的医疗服务的项目和服务量，对他们进行费用补偿的办法。此支付方式最大的特点是根据医院向病人提供的服务项目的多少决定着其收入的多少。

这种方式的优点是：一是操作简单，应用范围广泛；二是能调动医疗服务供方的工作积极性，有利于促进医学新技术的研发和新设备的推广应用；三是有利于满足参保者对全面优质医疗服务的需求；四是便于医保经办机构收集相关的医保信息，为进一步制定政策提供依据。

它的缺点是：一是容易出现供需双方的双向诱导需求，医疗费用难以控制；二是审核程序复杂，管理成本高；三是服务单元价格难以科学而准确地确定；四是会诱导医疗服务供方向参保者提供高成本的新技术和新设备，忽视常见病多发病的基础病防治工作。

②总额预付制：总额预付制又称为总额预算制，是由政府或医疗保险机构同医疗服务提供方协商，确定由医疗保险机构支付每个医院医疗费用的年度总预算，"结余留用，超支不补"。在制定年度预算时，往往考虑以往年度实际发生的医疗费用总额、医院规模、医院服务总量和服务地区人口密度及人口死亡率、参保人数的变动、人口老龄化、疾病谱的变化、医院是否为教学医院、通货膨胀等综合因素，然后确定下一年度医疗费用总预算。

这种方式的优点是：一是医疗保险机构可以对医疗费用进行较为可靠和有效的控制，有效避免基金风险；二是有利于调动医疗服务供方的费用控制意识，促使其降低医疗服务成本，提高资源的利用率，促进卫生资源的合理配置；三是医疗服务供方从控制费用的被动方转变成为积极主动的参与者，减少了医疗保险机构的工作体量，促使医疗保险费用结算更加简单，节省了管理费用。

它的缺点是：一是合理确定预算额度较为困难；二是降低医疗服务供方提供服务的积极性和主动性，如缺乏有效的监督措施，医疗服务供方可能会有不合理的减少支出的行为；三是因为医疗服务供方的收入不能随其服务量的增加而增加，也将直接影响医疗服务供方提高医疗技术、更新医疗设备的主动性和积极性，可能阻碍医疗技术的发展；四是预算方法会弱化市场在卫生资源配置中的作用，影响着医疗机构提供医疗服务的主动性，进而恶化医患关系。

③按人头支付方式：按人头支付方式是指社会医疗保险机构按照合同规定的时间，根据医疗服务供方服务的社会医疗保险对象的人数和个体的支付定额标准，预先支付一笔固定的费用，在此期间，医疗服务供方提供合同规定内的医疗服务均不再收费。其特点是医疗服务供方服务人数决定着其收益的多少。为了保证医疗服务的质量，这种支付方式通常规定每个医生负责服务人数的最高限额。按人头支付方式在西欧多国被广泛使用。

这种方式的优点是：一是作为一种预付制支付方式，具有预付制的特点，同时操作简单，管理成本低，费用控制效果较好；二是有利于医疗服务供方强化内部管理，增强医院的费用意识和经济责任，控制医院过渡提供医疗服务的行为；三是有利于促使医疗服务供方开展预防工作，尽可能减少服务对象发生疾病，降低医疗费用支出。

它的缺点是：一是由于实行定点医疗，减少了医疗服务需方的选择性，不利于促进医疗服务机构之间的良性竞争；二是医疗服务供方出于自身利益的考虑，可能减少对医疗服务需方的服务数量，降低医疗服务质量。

④一体化方式：一体化方式是指医疗保险机构和医疗服务供方作为一个整体，既收取参保者的保险费，同时又负责为他们提供所需的医疗服务，其医疗费用的支付行为表现为机构内部的支付。典型的一体化方式是美国的健康维护组织（HMO）。HMO最早出现于1929年，它具有两个基本特征：一是为参保者寻求和提供综合性、连续性医疗服务，为参保者的全面健康服务；二是在有效控制医疗费用的同时，还在改变着传统的医疗服务方式。

这种方式的优点是：一是由于一体化方式使保险机构和医疗服务供方成为一个整体，增强了保险机构主动控制医疗费用的积极性，有利于控制医疗费用的不合理增长。同时，由于一体化方式减少了医疗保险系统的第三方，也减少了医疗保险的管理费用，管理成本较低；二是为了达到为参保者的全面健康负责，一体化方式为参保者提供的服务具有较好的连续性和综合性，并重视疾病的预防以及早发现、早治疗；三是为了降低服务成本，医疗保险机构比较强调参保者对基本医疗保健服务的获取和利用，有利于控制卫生服务的过度利用，减少资源浪费；四是一体化方式的医疗保险形式比较符合现代生物—心理社会医学模式的要求以及医疗卫生事业发展的规律，因此，能较好地满足参保者的医疗服务需求。

它的缺点是：一是由于医疗保险机构和医疗服务供方成为一个整体，因此，参保者对医疗服务的选择性受到限制，特别是对先进医疗技术和服务的选择；二是一体化方式对医务人员实行工资制，不利于调动医务人员的工作积极性。

⑤按病种支付方式：疾病诊断相关分组（DRG），即根据国际疾病分类法，将住院病人发生的疾病按诊断分为若干组，每组又根据疾病的轻重程度及有无合并症、并发症分为不同级，对每一组不同级别的病种分别制定不同的价格，并按该价格向医疗服务供方一次性支付。DRG最早于1983年产生于美国。

这种方式的优点是：一是有利于医疗服务供方控制参保者每次住院的费用，促使医院提高工作效率，降低服务成本，缩短住院天数，减少诱导需求的发生；二是精准有效的诊断和治疗，意味着医疗服务供方服务成本的降低，因此，DRG将促使医院和医务人员不断提高诊疗水平，促进医疗质量的提高；三是DRG对管理要求较高，这种方式将促进医疗服务提供方和医疗保险机构加强科学管理，尤其是标准化管理，以提高整个医疗保险系统的管理水平。

其缺点是：一是由于病情的轻重和复杂程度与病种的支付成正比，为了获得更多的利益，医疗服务供方会提供过度医疗、诱导病人重住院，造成医疗资源的浪费；二是医疗服务供方为了降低成本，有可能减少必要服务，缩短必要住院天数，从而危害着病人的健康和利益；三是尽管按病种付费结算方法简单，但这种支付方式要求有完善的信息系统和较高的管理水平来支持，因而管理成本较高。

二、DRG与DRG-PPS支付制度改革

（一）基本概念的异同

1.DRG基本概念

疾病诊断相关分组，其实质是一种疾病分类的管理类技术工具，以临床疾病诊断和治疗方式为核心，可扩充解剖系统综合多种其他影响因素。科学的DRG可以在医疗质量、科学研究、费用管控等多个领域起到标化管理的基础作用。

以DRG为基础的预付费制度（Diagnosis related groups-prospective payment system，DRGs-PPS），是医疗管理和支付制度的结合。

按病种付费是国内对于类似于DRGs-PPS等技术工具的一种模糊统称，既可以理解为DRGs-PPS的中文翻译，也可以理解为运用DRG分组原理、精细化程度不一的各种方法的统称。

2.DRG异同分析

不同表述的几个概念，其内含的基本原理具有同源性，即是对临床处置和资源耗费相近的病例进行统计管理上的分组综合，总体方向都是由细到粗、由零碎分散到集中归并，进而简化管理。在具体技术处理层面，则主要存在以下两个差异。

（1）系统化程度差异：DRG和DRGs-PPS分组办法的系统化程度高，可覆盖全部住院病例，整体设计、标准优先。通过预设的分类办法，辅以组内、组间变异数理统计控制，保持所有住院病例分组原则的相对一致性和不同临床学科分类粗细程度的相对均衡性。在我国前期探索的单病种付费，系统化程度较低，先易后难、逐步推进，预设系统化标准和定量化数理统计控制缺失，难以保证推进过程中前后分组原则和粗细程度的一致性。

（2）应用侧重点差异：DRG其本质是对疾病诊疗的系统化分类，作为一项基础

分类方法，可以有质量、科研、费用管理等多种综合用途，其实施主体应以医院和医疗行业管理者为主。DRGs- PPS和按病种付费基于疾病分类分组，但侧重于“同病同费”的支付管理，其实施动力主要来自医保支付方，但又受制于疾病分类办法， 换言之，即疾病分类类法决定支付。

（二）分类分组的标准

经过前述基本概念的梳理，按病种付费的关键在于如何确立一套系统化、规范化、科学化的疾病分组体系，而疾病分组体系的基础则在于临床诊断（ ICD-10 ）和治疗方式（ ICD-9 ）的编码标准、分类分组的标准， DRGs- PPS运用的关键在于这两个标准的可行性和执行度。

DRG由美国耶鲁大学在20世纪六七十年代研究创立，自1983年起被美国国家卫生筹资管理局（HCFA）引入作为老年保健医疗制度（Medicare ）、医疗补助制度（Medicaid ）预付款的基础依据。澳大利亚于1988年开始引入DRG，用于医院之间和医院内部的评估，1993年起全国实行DRG，采用病例组合方式，来核定医院总额预算。德国是从2000年通过健康保险改革法案，规定对住院费用引入全新的全付费DRG支付体系，2009年起在全国铺开。纵观DRG发展历程和国际应用经验，其技术方法具有以下3个显著的特点。

（1）先后逻辑性：诊断名称和诊疗编码标准是疾病分组标准的基础，没有前者编码的规范化，就没有后者分组的合理性，故现在引用国家临床版编码。

（2）动态变化性：首先，表现为不同地区引入DRG方法均需要进行本土化适应性改造，不同国家均有不同的DRGs版本；其次，表现为即使是同一地区的DRG方法，也都在不断进行修订完善。美版DRG已发展了6代。澳大利亚版DRG基本每2年修订1次。德国立法规定：

由法定医疗保险协会、商业医疗保险协会和德国医院协会共同建立医院赔付系统研究中心（Institute for the Payment System in Hospitals，InEK），专门负责DRG相关技术标准的制定及其动态调整，同时明确标准确认发布的决策由InEk董事会协商，如无法达成一致，则最终由德国卫生部决定。

（3）专业性和综合性：要体现临床诊疗的专业性，需要医师深度介入（如德国InEK的主要工作就是广泛收集医师意见，再加以汇总分析）。要促进医院内部医师和病例编码、财务管理、行政管理人员的衔接融合，如运用于医保支付，还要形成多方参与的协同机制。

（三）政策目标需要和技术工具选择

通过上述对于DRG概念、作用、核心要素和配套条件的阐述，使我们更加深入地了解其作为医疗管理专业技术工具的内在特征。换言之，DRG作为一种管理的技术工具，有其自身的使用规则、基础条件和适用范围，其基础作用是合理归类。当DRG工具被应用于医院的内部管理、行业评价管理和医保支付管理等领域，实现了技术工具和政策手段相结合后，可进一步发挥规范诊疗行为、 完善临床路径、标化科研比较、优化费用管理等延伸效应。

在政策目标需要和技术工具选择的互动过程中，需要重点关注以下两点。

1.技术工具作用的双重性

（1）利弊效应的双重性

任何一种医保支付方式（或技术工具）均有其利弊，按病种付费既有规范诊疗行为、促进 “同病同费”的正向效应，也有诊断升级、推诿同组重病人等弊端。医保支付需采用混合支付模式，尽力发挥不同支付方式优势、遏制弊端，已成为国际共识。

（2）作用方向的双重性

依据政策目标，经核心环节和指标的适当调节，同一技术可具备正向和反向两种不同功能用途。如DRG既可控制费用支付，也可增加费用给付。德国DRG在分阶段推进过程中，优先选择了资源配置相对薄弱、费用较低的区域先行试点，即利用了其增加费用给付、促进资源供给的作用。再如，同类的医院内部管理手段，用于私立医院可追求营利性，用于公立医院可追求公益性。

2.目标和手段的双向选择

特定政策目标需要和具体技术工具对应选择，这是一个双向互动的过程。

医保支付政策依据不同阶段、不同侧重具有不同层次的目标。医保制度初创阶段，主要应实现医保筹资和医院补偿功能，因此可按与医院按项目收费对应的项目付费，这无疑是最可行、最平稳、最现实的选择。医保制度稳定发展阶段，主要应通过建立基金平衡机制确保制度性保障可持续，合理控费、收支平衡成为阶段性重点目标，总额预算、总额控制由于其具有可整体覆盖、操作简便的特点，容易成为最优选的技术方法。医保优化管理阶段，如何发挥团购优势、提升医保购买性价比、落实社会治理分级责任逐渐成为阶段性重点，按病种、按人头、按绩效付费等精细化技术工具逐步进入政策手段研究视野。

再从技术工具能否满足政策目标需要的角度分析，梳理因素如下：一是替代性，即某一技术工具的作用能否被其他工具替代，为实现某一政策目标有多少技术方法可以选择；二是成熟度，即某一技术工具是研究论证、实践运用过的成熟技术，还是需要在应用过程中行政扶持、政策推动的成长性技术；三是覆盖性和兼容性，即某一技术工 具能够覆盖管理对象的范围，例如，DRG比较适用于住院，那么与门诊管理的其他方法如何衔接，如何保持政策导向、管理力度和操作过程中的协同，能否与总额控制办法兼容等；四是技术难度和管理复杂性，即基础条件是否具备、运用标准是否严苛、操作环节是否众多、参与主体是否多元、责任划分是否清晰等；五是通用性和公开性，即是否容易被普遍掌握和使用，其标准和规则（ DRG分组器）是否公开透明。

DRG是一项有利于规范诊疗行为、合理调控费用的有效技术，具有精细化管理程度高、需要较高水平基础配套条件的特点，应在现阶段重点解决“看病难、看病贵”的问题，有效控制公立医院医疗费用不合理增长，建立医保总额控制办法的基础上，宏观上系统设计、联动统筹，中观上有效分工、责任落实，微观上关键环节、逐一突破，推动其技术的成熟以及政策的应用。

（四）DRG支付方式的作用

DRG医疗支付方式作为一种创新的疾病分类方法，与现有的其他付费方式相比，有着本质上的优势，如覆盖了住院全部病例、分组更合理、有统计学依据，其住院费用、住院天数参考值则是根据各地区若干年均值、医院制定的费率和权重加以规定。除此之外，DRG支付方法是一种相对合理的医疗费用管理方法和质量评价方法，既兼顾了政府、医院、病人等多方利益，又达到了医疗质量与费用的合理平衡，对控制医疗费用的不合理增长有着明显的效果，是目前世界比较先进的一种费用支付方式。其作用表现在以下几个方面。

（1）促进医院提高医疗质量，降低医疗费用。目前，国内大部分地区还是实行按服务付费制度，这种后付制容易产生诱导性需求，导致“急病慢治”“小病大治”“轻病久治”等现象的发生。DRG支付方式下，病种的费率不会因医疗机构支出的多少而发生变化，有助于激励医院加强医疗质量管理，迫使医院为获得利润主动降低成本，缩短住院天数，减少诱导性医疗费用支付，有利于费用控制。

（2）有利于医院建立成本核算系统，加强成本控制和计划管理。在DRG支付下，固定的病种补偿标准成为医疗机构各种服务项目盈亏的临界点，决定了医疗机构的预期收益。因此，医院必须通过建立成本核算体系实现对各科室、医生、病例资源消耗的计划管理，制定各科室、病例的费用标准，降低经营和医疗成本。

（3）激励医疗机构调整改进医疗方法、改善治疗效果，从而促进医疗技术的进步。为获得最大的经济效益，医疗机构会积极寻找最合理的治疗流程，优化临床管理、病人诊疗过程的管理；通过诊疗水平的提高和医疗技术的进步来改善治疗效果、缩短病人的平均住院日，以达到降低医疗费用的目的。

（4）有利于推动医疗机构和医护人员的评价方法的建立。在DRG支付下，病例组合可以用于衡量医疗机构的医疗产出，而每个病例的实际消耗是医疗机构的投入标准，通过投入产出分析，评价各医疗机构的综合效益具有实际意义。同时，医疗机构和医护人员可以通过与其他医疗机构和医护人员相关指标的比较，找出差距，制定各项改进措施，促使医疗服务机构不断提高其管理水平和医护人员不断提高其医疗技术和服务水平。

第十章 大数据对医疗保障的促进及风险管控

第一节 新医改背景下大数据分析对医疗资源配置的促进

为了缓解和根本上解决长久以来困扰医疗行业健康发展的诸多问题，国家积极实施了一系列医疗体制改革的措施并取得了一些成效。然而，当改革逐步进入“深水区”，协调推进医疗服务体制、药品供应保障体制以及医疗保障体制改革已是势在必行。医疗资源优化配置既是医疗行业发展的关键，也是三医联动中亟待解决的重要问题之一。资源是稀缺的，医疗资源更是如此。有学者认为，医疗资源的优化配置需要以医疗服务的可及性、医疗服务的公平性以及医疗体系的效率为主要标准，因此，在三医联动中要实现资源的优化配置需要三个层次共同协作完成：首先，医保基金要对医疗、医药资源的配置体现出核心杠杆的作用；其次，在医联体改革中，促进医疗资源下沉，平衡各级医疗机构成员间的医疗资源的分布，实现“双向转诊”制度长久并有效得到实施，也需要体系内医疗资源的合理配置；最后，对于参与改革的各级医院来说，协调改革与发展的关系，提升人力及物质资源有效分配，实现资源优化配置也是保证改革顺利实施的重要一环。要每一个层次达到资源优化配置的管理目标，不但需要实施管理的主体对自身情况有充分的认识，同时还需要对改革所涉及的各利益主体有更为全面和深刻的了解。如何更有效地实现这三个层次的资源配置的目标，便是摆在改革者面前的一个难题。幸运的是，在互联网及云计算风起云涌的当前，大数据的分析与应用或许可以为我们提供一个解决问题的全新视角。什么是大数据？目前学术界没有明确统一的界定，但是数据规模大、数据类型多以及应用价值高等特点是目前很多学者广泛所认同的。随着信息时代的到来，海量数据的收集、处理、分析与应用已经帮助很多行业实现跨越式的发展。近几年，医疗卫生服务体系改革的有关研究中，很多学者已经开始运用大数据的分析作为工具解决改革过程中涉及的一些问题。

一、三医联动中大数据分析已取得的进展

（一）大数据分析在医疗保障及药物保障体系中的应用

《“十三五”深化医药卫生体制改革规划的通知》中明确指出，未来的医疗体制改革将以病种付费为主，按人头、按床日、总额预付等多种付费方式相结合的复合型付费方式，鼓励实行按疾病诊断相关分组付费（DRG）的方式。有条件的地区可将点数法与预算管理、按病种付费等相结合，促进医疗机构之间有序竞争和资源合理配置。由此可以看出，医保付费的核算趋向精细化、复杂化。这就迫使医保付费体系的改革需要涉及更多方面，既需要考虑医保及自费总额的总体控制要求，又要考虑医学技术的安全性、疗效以及经济性。因此，信息的收集和分析也必然是多维度的，如公共卫生数据，患者就诊行为偏好，临床医学信息以及管理等方面。通过整合大量信息，可以为医保决策提供更有价值的科学依据。另外，在基本药物保障体系中，由于网上集中采购信息系统功能的缺失，存在着交易过程以及信息不对称所造成的信息碎片化问题。借助于大数据可以帮助政府监管者从全局掌握信息，有助于降低政府型和市场型交易费用，提高药品供应效率。

（二）大数据分析在平衡医联体中医疗资源的应用

为了解决目前医疗资源在地域间以及不同层级的医疗机构间分布不均衡的问题，我国正逐步引导并实行社区首诊、分级诊疗、双向转诊的医疗体制的供给侧改革。有研究表明，借助智慧医疗项目的大数据平台，可以有效地控制医疗业务成本并进行预警式分析，并借助服务创新以弥补各级医院的服务短板。此外，融合大数据分析及博弈论的思想，通过模型建立医疗系统总效益公式，可以提高患者病情甄别精度、提高院间双向转诊的效率，实现医疗系统以及患者双方总效益的增加。

（三）大数据分析在医院资源优化配置中的应用

在疾病诊治、慢性病的防治以及重大疾病的诊断、精准治疗等方面，大数据的收集与应用也有了开拓性的进展。其中精准的治疗就意味着通过对患者大量的诊治数据分析，对疾病的治疗方式、药物用量等能做到更为精准，也可以为医院实现智慧医疗

提供强大的数据支持。从管理运营角度来看，大数据的分析和应用因客观情况存在着差异，在管理方面仍属于起步和探索阶段。未来改革中，医院决策的可靠性程度将更多地依赖数据分析的全面性。通过挖掘大量患者的诊疗数据的有价值的信息，可以实现医疗数据社会效应与经济效应的双重提高。还有学者认为，大数据可以为医院的管理带来潜在的价值，其中包括依据通过对患者住院信息，可以降低住院患者的平均住院日以及医疗保险赔付精算和预测。

二、信息时代大数据分析的优势

在信息时代背景下，医疗机构内部管理的分析中，大数据的分析具有时代优势。大数据的分析具有较强的预测性。在三医联动的改革中，医疗服务提供主体在各项决策的制定过程中，对信息的预测性需求增强。从很多成功实施医联体改革地区的经验来看，在形成医疗联合体的同时，普遍都采取了整体打包医保资金的做法。以更为精细化的医疗资源布局，推动医生合理接诊、患者合理就诊的新格局的形成。而为了实现这一目标，与医保机构协商确定打包资金的规模以及打包资金在医疗服务体系内部的再分配，则是医疗服务机构需要决策的难点。通行的做法就是根据以往的信息进行测算并据此对下一年的医保资金进行预测，因此，数据的分析要具有一定的预测性。大数据分析正是以大量样本作为分析对象，因大量样本总体变化具有一定的稳定性，可以弥补个别样本以及极端特殊情况对分析结果造成的影响。面向管理决策的有关研究认为，大数据的分析的技术可以厘清数据交互连接所产生的复杂性，克服数据冗余与缺失对分析造成的不确定性，根据实际需要从高速增长和交叉互联的数据中充分挖掘其中的信息、知识和智慧，以达到充分利用数据信息价值的目的。随着改革过程的逐步推进，医疗服务机构面临的不确定因素增多，这就意味着医院决策所需要考虑的因素既是多方面的又是难以量化的。管理决策的制定所依赖的不仅是管理者的经验和直觉，而是需要获取大量的外部信息，尤其是与患者就诊有关的信息。只有基于这些科学的数据所得到的结果才能使决策更为科学、合理。另外，传统的财务指标对运营成果的考核具有局限性。大数据的分析既可以满足传统财务指标综合分析的需要，同时还支持对非财务指标的需要，正是这种高维度信息的使用，对于问题成因可以有更为充分的认识和发现，提高决策的精准性和预测性。

三、医疗服务体系改革中大数据分析所面临的问题

（一）跨机构数据整合口径一致性

为了提高医疗资源的利用效率，大数据的分析的内容既包括医疗机构运营所产生的全成本信息，同时又包括患者在药品使用、医疗费用以及医保基金等海量就诊数据。而这些数据在信息系统开发之初，不同医疗机构对信息要求的个体化差异，会使这些数据在统计口径、数据格式以及信息完整性方面存在差异。在医联体组建过程中，信息共享以及信息整合的程度，会直接影响到大数据分析的内容覆盖的范围以及分析获取数据的质量。

（二）分析方法的应用

医疗行业用于资源整合的数据信息既包括大量的已经量化的数据，同时包含大量的定性数据的分析。决策的对象既包括可用货币计量的实物资产，又还包括医护等人力资源等非货币化资源的配比问题。数据处理及分析方法除了涉及统计、计量等管理学科，还可能扩展到计算机、社会学、生物等多学科、多角度的交叉来处理相关问题。因此，数据处理及分析的方法的应用既可能会影响到数据分析质量，又是大数据分析需要突破的难点和重点。

基础层为系统提供运行环境，本系统支持两种方式容器方式和传统服务器方式。接入层是指接入安防集成平台的子系统，包括电子巡查系统、视频监控系统、入侵报警系统、安全检查及探测系统、出入口控制系统。

四、数据库平台架构

安防集成平台数据库分为站点级安防数据库和线网中心/线路中心级数据库。各级别由三部分组成：内存数据库、关系数据库和非结构数据库。内存数据库是用于管理在线运行的数据；关系数据库主要用于存储核心业务数据，但实时性要求比较低的数据。非结构数据库主要存储事件视频数据等辅助性质数据。

第二节　医疗保障信息平台医院端集成建设及应用

随着信息技术的不断发展及其在医疗卫生行业应用的日趋成熟，医院信息化建设水平已初具规模。2021年，国家卫生健康委统计信息中心公布2020年度“国家医疗健康信息互联互通标准化成熟度测评”结果，显示绝大多数申报的三级医院信息化建设水平都达到了四级甲等水平。截至2018年底，全国三级医院“电子病历应用水平分级评价”平均水平也已较高。当前，作为医院日常业务重要内容的医疗保险工作已经成为医院信息化建设的重要内容。2021年6月17日，国务院办公厅发布《深化医药卫生体制改革2021年重点工作任务》通知，明确要重点推进“改善群众服务体验”“推进医保支付方式改革”“完善全民医保制度，完善异地就医结算管理和服务，基本实现普通门诊费用跨省直接结算统筹地区全覆盖”等工作。医院是提供医疗服务的主体，以上重点工作是医院医疗保障信息相关系统建设的重要依据。本节就当前医疗保障信息平台医院端（以下简称“医院端医保系统”）集成建设与应用情况、重点需求把握和难点问题进行归纳分析研究，旨在为医院落实医疗保障信息平台建设，加强医院端医保系统应用提供借鉴。

一、需求分析

（一）电子凭证和线上支付

1.电子凭证

由于医保推广初期信息条件的限制，以及对医保资金安全的考虑，实体卡片在相当长的时期里一直是医保身份标识的主要介质，包括医疗保险卡、社会保障卡和新型农村合作医疗卡等。实际运行的效果表明，以实体卡片作为医保身份标识，使患者在诊疗过程中不得不到医院窗口或者指定自助设备上缴纳医事服务费、诊疗费用等，一方面，增加了患者因非诊疗服务在医院内驻留的时间，影响患者的就医体验；另一方面，降低了医院空间使用效率，影响医院诊疗服务能力。同时，还可能存在医保身份冒用的风险，造成医保资金损失。2019年11月24日，国家医疗保障局在山东省济南市举行了全国医保电子凭证首发仪式，推出了医保电子凭证。医保电子凭证由国家医保信息平台统一签发，是基于医保基础信息库为全体参保人员生成的医保身份识别电子介质。与实体卡片相比，医保电子凭证具有安全性更加可靠、激活方式便捷、医保业务场景丰富等优点。

2.线上支付

线上支付是医院医疗保障相关系统建设的核心环节。目前，医院端医保系统支付支持患者凭借医保电子凭证在参保地医院、异地就诊医院、互联网医院或者互联网诊疗服务过程中发生的医事服务费及诊疗费用等的结算。

（二）医保贯标

标准化是支撑信息系统实现业务互联互通的关键。医疗保障信息业务编码标准是形成全国统一的医疗保障标准化体系的重要内容，扎实推进医疗保障标准化工作对医疗保障制度的完善有重要意义。医院需要做好医保信息业务编码标准的宣贯。现阶段，医院医保贯标的主要工作内容是做好国家医疗保障15项信息业务编码标准的落地应用工作，主要包括医保疾病诊断、手术操作分类与代码，医疗服务项目分类与代码，医保药品分类与代码，医保医用耗材分类与代码，定点医疗机构代码，医保医师代码，医保护士代码，定点零售药店代码，医保药师代码，医保系统单位分类与代码，医保系统工作人员代码，医保门诊慢特病病种，医保按病种结算病种，医保日间手术病种和医保结算清单。

（三）智能监管

医疗保障基金是人民群众的“看病钱”和“救命钱”，作为医疗服务提供主体的医院需要做好医保资金的合理使用。对于医院而言，需要发挥信息技术优势，充分利用人脸识别、人工智能、大数据等新技术，在事前、事中、事后各个管理环节有效提升医保资金管理。

二、建设方案及难点分析

（一）整体思路

《医疗保障信息平台应用系统技术架构规范》明确了国家医疗保障系统架构的设计思路，医院信息系统通过对接上级医疗保障信息平台，完成医院端医保系统构建，实现医保支付等业务。医院端医保系统建设是在国家医疗保障系统整体架构下实现的，通常不独立建设信息系统，建设范围集中在与医院信息系统（HIS）的集成等，包括挂号、结算、基础字典等内容。

（二）难点分析

1.使用医保电子凭证

推进医保电子凭证在医院的有效应用，重点工作有几个方面：医院信息系统与参保地医保信息系统的对接及接口改造工作；窗口、自助设备等相关软件程序的改造；读取医保电子凭证各业务节点扫码设备的更新等。其中，核心工作是HIS与参保地医保信息系统的对接，完现医院端医保系统应用。目前，医保患者到医院首次就诊时，通常需要先将医保卡与院内就诊卡进行绑定，后续诊疗费用结算时才能够享受医保待遇，本质上是由于HIS与医保信息系统之间互联互通的程度不够，需要实现读取患者医保身份与患者在院内信息系统的ID进行关联，用以结算时标识患者的医保身份。医院院内就诊卡的主要作用是采集患者的基本信息并在院内信息系统中生成唯一ID，伴随患者的所有诊疗流程，保证患者诊疗数据的连续性。而医保电子凭证也采集了参保人员的基本信息，复用医保电子凭证采集的信息，从业务流程上消除信息系统之间的关联绑定操作，应该成为改善患者就医体验和深化电子凭证应用的重点工作。挂号通常是诊疗服务开始的第一个环节，较为可行的建设路径应是患者在进行挂号操作时，HIS在后台根据患者提供的有效身份信息，通过接口调取医保电子凭证已采集信息，根据需要补充信息后进行院内ID和医保电子凭证的绑定，使患者就医体验更顺畅。

2.实现医保线上支付

医院端医保系统线上支付一般通过电子就医凭证与互联网接口对接，直接生成数字身份信息（电子凭证码值），由互联网端发起医保结算请求，将相应信息传回医院本地，调用医院本地医保接口完成由互联网端发起的医保结算的方式实现。异地结算是医保线上支付的重点和难点。一方面，从技术实现角度看，涉及的系统及平台较多，且标准化程度不足，以门诊异地医保结算为例，完成1次结算数据通常需要在4个节点进行6次流转：就诊医院需将待结算数据通过其所在地医保系统、国家医保平台传递至患者参保地医保信息系统，参保地医保信息系统根据患者医保类别等对结算数据进行分解，再通过原路径返回患者就诊医院以完成此次结算。如果遇到医保结算挂起的情况，处理流程则相对较为复杂。另一方面，各地医保政策的差异，以及综合医院和专科医院医保覆盖范围的差异，也给为患者提供异地医保线上服务带来一定的挑战。提升系统的稳定性，推进医保相关标准化工作，是解决这类问题的有效措施，也是一项长期工作。

互联网医院及互联网诊疗，其本质决定了医保线上服务是必不可少的建设内容。我国互联网医院已经初具规模，医院需要在满足相关管理规范要求的前提下，稳步实现与医疗保障信息平台及相关监管平台的平稳对接，不断优化医院端医保系统的应用。

三、医保信息业务编码标准贯标

（一）贯标重点

医保信息业务编码标准的贯标工作包括两方面：一方面，需要全面梳理医院业务系统运行字典，并按照要求实现与医保信息业务编码标准的对照；另一方面，为了能够保证贯标后医院业务系统平稳运行，需要对相关信息系统进行升级改造。

（二）贯标内容

医院业务系统运行字典与医保信息业务编码标准对照复杂，且工作量极大。15项业务编码中“医保医用耗材分类与代码”最有代表性，特点是一品一码、码库结合满足应用。

（三）贯标路径

通过医院业务系统改造，构建医院端医保系统，实现相关标准落地，需要围绕两条路径。一条路径是保证业务系统平稳运行的同时优化医保信息业务编码维护流程。例如，在相关业务系统增加必要的字段，实现采购、物价、物流等系统数据维护的连续性。另一条路径是围绕医保信息业务编码中医保结算清单的内容，梳理相关数据项来源，确保进行改造和整合的相关系统数据的质量。例如，已经建成信息平台的医院，可以充分利用平台的优势，避免重复工作。

四、建立与完善智能监管

（一）事前医保身份智能化认证

使用实体卡片作为医保患者身份标识的方式，在认定实体卡片持有人和使用人是否为同一人的场景中不够便捷，增加了医保资金被冒用的风险。使用医保电子凭证作为患者医保身份标识的方式，通过使用人脸识别、人工智能等技术，可以在患者激活医保电子凭证时保证其医保身份的有效性。同时，在患者诊疗环节，医保电子凭证可为医院审核提供便捷，从而保证了医保基金的合法使用。需要特别注意的是，对于儿童特别是新生儿，需要做好针对性的措施。

（二）事中诊疗服务医保智能化审核及提示

为了合理有效地使用医保基金，多数医院目前都针对医保基金使用要求，在医生工作站等节点提供了基于规则的简单提示，例如用药超量、适应证等，受限于技术条件及HIS产品架构，这种方式通常只能提供较为简单的提醒。随着医保标准化体系的不断完善和推广落地，利用大数据技术构建基于诊疗标准、用药规则和医保政策等智库的医保智能审核系统，将成为医院医药信息化建设的重要内容。通过再造医保审核流程，将医保智能审核系统与HIS有效对接，将为医保基金使用过程中的事中预警提醒，提供更为多样有效的手段。

（三）事后医保基金使用效率智能化评估

与总额预付医保支付模式相比，国家正在试点推行按疾病诊断相关分组（DRG）付费模式、区域点数法总额预算和按病种分值付费模式，对医院医疗保障信息相关系统建设与应用管理提出了更高的要求。医院需要增强大数据、人工智能等新兴技术对医院医保管理的有效支撑，合理高效地使用医保基金。

五、应用成效

（一）服务线上化，有效改善广大群众医疗服务体验

医院端医保系统以医保电子凭证为介质，实现HIS与国家医疗保障信息平台对接。一方面优化了就诊流程，减少了群众就医的环节，患者首次就诊减少了建卡环节及院内就诊卡和医保卡绑定环节，平均减少13.6分钟就诊时间，有效缩短了群众就医时间；另一方面，异地医保直接结算的逐步落地，将切实改善异地就医无法直接结算的问题。

（二）建设标准化，促进区域间医疗保障系统数据互联互通

医疗保障信息业务编码标准提供了跨区域的统一标准，为区域间医疗保障数据的

互联互通提供了有力保证。特别是15项信息业务编码标准的落地使用，有效保障了全国医保系统和各业务环节“一码通”，能够有效解决地方差异带来的标准不统一、数据不互认等问题。同时，为开展有效的、基于大数据的各种场景应用打下了坚实的基础，让信息技术更好地为人民群众做好健康维护。

（三）监管智能化，提升医院医保基金管理效能

通过应用深度学习、机器学习和大数据技术等，加强医院端医保系统的智能化建设，提升了医院医保基金的管理效能，能够更加合理地使用医保基金，从而让群众获得最大的实惠。同时，可以使医生从诊疗过程所承担的控费工作中解放出来，将更多的时间和精力用来为病人提供医疗服务。

第三节　“互联网+”医疗服务纳入医保支付后的风险及管控

“互联网+”医疗服务在纳入医保支付之后，极大地促进了线上医疗服务的开展，并且更好地推动了分级治疗落地，不断均衡我国各地区不同的医疗资源，使得医疗费用的不合理增长现象不断减少。但是其在纳入医疗服务体系后也存在一定的风险，如患者安全风险、医疗信息以及隐私泄露等。需要通过对医疗服务平台进行监管，合理地设置医保控制总额，把握好基金管控风险，才能够进一步提高其管理质量，确保互联网医疗服务能够实现健康且可持续发展。

一、“互联网+”医疗服务纳入医保支付后的风险

（一）医疗质量以及患者的安全风险

在分析将互联网医疗纳入医保支付后的风险时，首先要考虑医疗质量以及患者的安全风险，这是十分常见的风险之一。传统的医疗服务与“互联网+”医疗存在非常大的区别。在传统的医疗服务中，患者可以直接到医院就诊，能够在第一时间了解到

该医院的经营资格证书以及医生的从业证书。然而在互联网医疗时代下，却有着极其明显的区别。患者在互联网平台就诊时，针对提供互联网医疗服务的人员是否有资质、治疗行为是否规范、处方是否合理等均无法在第一时间内进行考证。为此，会对医疗服务质量以及患者的人身安全带来较大的影响，如果在这一阶段监督管理不到位，很有可能出现极为严重的医疗事故，并且导致患者自身的安全受到威胁。

（二）隐私泄露的风险

在互联网时代下，医疗信息以及隐私泄露的风险越来越高，特别是在近几年有很多患者都选择了互联网诊疗服务，互联网会积累大量的医疗数据，而这些医疗数据信息是一些待解决的个人问题。个人隐私均以信息化呈现，而信息化、数字化的痕迹会直接暴露个人隐私。查阅我国现有的法律制度可以发现，国家对个人隐私的保护是一些碎片化的规定，并没有实质立法。为此，在“互联网+”医疗服务纳入医保支付后，其所面对的最严重的风险就是医疗信息以及隐私的泄露。

（三）医保基金风险

“互联网+”医疗服务的全过程相对简单，提高了医疗服务的可靠性以及便利性。但是在进行医保报销的过程中，存在极强的信息不对称情况，导致医患双方均容易发生道德风险，很有可能会造成越来越多的无效医疗服务。一方面使得医疗资源被滥用；另一方面也直接降低了医疗服务效率，增加了医疗卫生费用的支出，导致资源配置水平以及资源应用质量在不断下降。无论是医生道德方面或者是患者道德方面，均存在一定的风险，导致医疗费用出现不合理的过快增长情况，直接影响了医疗机构的成本控制。

二、“互联网+”医疗服务纳入医保支付后的风险管控建议

（一）通过制度标准建设规范“互联网+”医疗服务开展

在“互联网+”医疗服务出现后，我国就出台了相应的互联网治疗服务管理方法，制定了相应的互联网医疗服务标准、行业规范以及安全标准等，要求各地区的医疗行业协会承担相应责任，并且制定符合该地区社会发展的互联网医疗管理制度以及控制质量标准；要求所有的控制质量标准能够严格且准确的落实，实现互联网诊断的规范性、合理性，并且提高质量控制，确保在使用互联网医疗的过程中，保证患者的

人身安全以及患者的数据不会出现泄露。互联网医疗涉及数据采集、传输、存储、获取、应用等，规范“互联网+”医疗服务可以实现健康发展。将互联网医疗服务的整体质量直接纳入卫生管理部门对不同医疗机构的绩效考核以及医疗机构的等级及评审中，最终可以开展线上、线下一体化监管。依托不同的医疗机构、科研院所等，联合建立“互联网+”医疗服务质量控制中心，加强对全流程的监督，能够切实提升医疗质量，同时可以维护医疗安全，让所有患者的合法权益不会受到损害。例如，现阶段国家医保局对各地“互联网+”医疗服务的医保支付政策进行了规定，其中主要包括以下两点。第一，应坚持线上与线下一致，要求所有互联网医院在提供服务过程中，需要依托实体医疗机构，做到线上支付额度与线下医保总额预算相同。这一政策是将互联网医疗服务与实体医疗机构相互融合。现阶段“互联网+”医疗服务在开展的过程中，开放的诊疗项目大多是复诊，包括普通门诊的复诊或者是部分门诊的慢特病复诊，但是部分首诊仍旧没有开放，其目的是避免出现大量且高频次的、重复性的针对同一问题进行的诊疗行为。第二，各地区在提供“互联网+”医疗服务的过程中，针对医保支付仅在本地区能够实行。通过这两个不同的政策，能够将“互联网+”医疗服务限制在实体医疗机构的服务范围内，既可以有效控制患者存在的跨区域流动问题，同时也能够让“互联网+”医疗服务的医保模式的基金监管风险可控。

（二）借助信息化手段加强对“互联网+”医疗服务监管

当下需要建立省级“互联网+”医疗服务监管平台，能够利用大数据时代下的信息化手段，加强对互联网医疗的整体监督和管理，保证医疗质量的同时应对医疗监管进行分析，同时也让医疗效果得到改善，能够确保医疗的安全底线不被打破。医疗机构在提供互联网医疗服务时，要求全程留痕，做到每一个步骤都可以进行查询、追溯，同时保证访问和处理数据的行为均是可控的、可监管的，需要医疗机构开放数据接口，并且与省级互联网医疗服务平台、医疗服务监管平台进行对接，促使所有的医疗监管部门都可以利用监督管理平台，保证在第一时间内对所有的互联网诊断的事前、事中、事后三个部分进行监督管理。无论是医生的执照，还是医疗机构的营业执照、处方药、诊疗行为、患者的隐私保护等都需要第一时间内进行监控，才能够确保患者的隐私不会被泄露，同时也可以实现全过程、全方位的防护，让每一名患者在接受“互联网+”医疗服务时，其信息安全不会有后顾之忧。同时，患者在接受治疗服务之前，也可以与监管平台对接，了解该服务机构是否有相应的资格证书，并且对业务范围进行查询。在提供诊疗服务过程中，要求所有的职业人员具有相应的整治资质，同时对于所有的诊疗服务以及开具的处方进行全过程的监督管理，平台还需要做到及时的预警以及干预，一旦发现问题第一时间内保证患者的安全、保证医疗安全。在治疗服务结束后，要求监管部门可以通过数据分析判断本次互联网医疗服务是否符合医疗规范，而其医疗过程又是否达到相应要求。除此之外，要求所有提供“互联网+”医疗服务的机构以及平台均及时地将治疗数据向该区域内的医疗信息化平台进行传输和备份，以此满足行业的监管。

（三）应用现代信息技术管控“互联网+”医疗服务报销

近年来，大数据技术飞速发展，在医疗管理中应用互联网、云计算等一系列技术，可以促进医疗行业不断改革。其中，医疗保障制度的发展速度也越来越快，为了确保医疗保障制度的有效应用，其需要利用各种监管方式提高医保治理能力，即可以在第一时间内改善原本参保人员的就医体验。而由于“互联网+”医疗服务报销的出现，将其纳入医保支付中，保障医保部门可以利用人工智能审核系统实现对互联网医疗服务的实时监控与管理，同时也能够加强管理效果。

针对所有互联网医疗机构在服务过程中存在的不合理、不合规的服务项目，需要在第一时间内将其踢出医保报销的服务范围。如果医疗机构和互联网医疗平台在服务的过程中出现了强制服务，或者是价格失信、分解服务、欺诈患者等一系列违规、违法行为，可以由患者进行匿名举报，并且在调查清楚后，要求医保部门对该互联网平台第一时间进行训诫教育，并且给予行政处罚。如果情节十分严重，则需要在第一时间内解除服务协议，将其移送至公安机关等。只有处罚相对严厉，才能够确保所有的医疗机构在进行违规操作之前有所考量，为更多的患者提供正确的服务。

随着医疗改革的发展速度越来越快，医疗机构若要实现高质量发展，依托“互联网+”已经成为一种必然趋势，这就需要提供规范的、便捷的、优质的、高效的医疗服务，不断优化医疗服务管理，实现管控医保费用，确保医疗质量以及患者的安全，同时也能够提高卫生资源的整体配置和使用效率，真正满足互联网医疗发展的实际需求。当前应尽快制定与“互联网+”医疗服务相关的医保支付目录、支付标准以及在支付过程中所涉及的管理办法，严格区分并界定咨询问诊种类和实质性的医疗行为、治疗行为。在互联网时代下，医保支付处于萌芽阶段，其需要大量的监管以及价格监测才能够不断地根据社会发展进行适当调整，确保医保支付政策能够得到有效完善，满足我国大部分人群对于“互联网+”医保、医疗服务的使用要求，同时也能够通过医保支付方式引导患者分流，优化医疗服务、医疗资源分配。在这个过程中，需要通过大数据技术对医疗基金进行预算，实现价格监测、服务监管以及结算支付等。选择试点地区进行互联网医疗服务项目的打包付费，以此应对原本在“互联网+”时代下医保支付开放后可能产生的过度医疗等问题。同时，也需要合理地控制医保费用总额，选择最为正确的引导方式，支持医疗机构提供“互联网+”医疗服务。作为医保部门，则需要对所有的医疗机构进行监督和管理，其中最重要的一个手段就是医保总额监管。卫健委所发布的《互联网医院管理方法》指明，互联网医院是医疗机构，需要对其进行医保总额设置，而具体的监管路径可以分为以下两点：第一，如果该医院本身有实体医疗机构，而第二名称将其作为互联网医院的部分，这部分并不会设置单独的医保额度，而是应与该医院的实体医疗机构医保总额进行合并处理；第二，如果该实体医疗机构设置了与实体医疗机构相互独立的互联网医院，则这部分的互联网医院的医保额度应该与独立设置的互联网医院进行协商，其目的是合理控制医保总额。控制医保总额的目标是能够站在全局的角度上，防止出现负面医患关系，同时也可以避免由于双方不可控的道德问题而导致过度医疗和医疗费用不合理快速增长现象，从而促进医院医疗服务健康发展。此外，这也能够降低原本存在的医疗资源大量浪费或医保基金滥用风险，保障了所有医保资金在使用时的安全性以及可靠性。

第十一章　大数据在医保服务中发挥的作用

第一节　基于医保数据管理平台的精准控费管理策略

随着人民对生活质量和健康水平需求的不断提升，全民参保，人人享有社会保障，成为社会一大趋势。就医者作为参保对象，其对于医疗资金的结付与医院经济水平的整体发展具有极度密切的作用，数据准确地记录与报告，能够调节医院发展需求与就医参保者对医疗费用的结付水平之间的关系。而当下所运用的传统数据信息处理手段难以顺应当下医院发展的需求。按病种分值付费，是基于一种分组方法，叫作大数据病种组合（Big Data Diagnosis-Intervention Packet，DIP）。所以，按病种分值付费是按照DIP方法，对病种分组体系赋值，并给予支付的一种方法。分值审核的意义在于对医疗统计数据的统计归类，包括诊断ICD编码中的两万余种编码以及医疗保障局所给予的诊断分值中的5600余种诊断。患者的治疗医生会根据分值系数的匹配关系进行记录，若因转科等原因而导致患者的病例首页与分值系统输出的要求诊断方法不一，医生需要对分值统计结果所推荐的第一诊断办法与参保患者的医保第一诊断办法相对比选出较为合理的诊断手段并记录到病历册中。

一、背景

做到管理精准是当下医院管理平台在社会医疗经济背景下的主要目标，这是由于社会主义现代化社会正处于建设阶段，国家对于国民的经济政策在一定范围内进行宏观调控和微观调控。为了平衡医保控费和医疗支出之间的关系，医院管理人员应当提高对国家政策的敏感程度，但这远不能够满足医院对整体控费制度的高效化处理，因而新型数据管理平台应运而生。其主要由信息中心和医疗部门共同完成设计，该系统能够精准地从数据库中提取所需了解患者的具体信息，包括患者的病史、病例情况、身体健康状况、病种分值信息等，为医生准确而快速地进行诊断带来可能性；而对于医院管理部门而言，数据管理平台能够更加便捷地提供患者的主治医生信息以及患者就医的科室情况等，在医院HIS系统的协助下，对患者的就医费用、项目加分等具体情况一目了然；在这一条件下，医院管理人员再通过大的国情政策以及医院的个体发展需求进行调控、分析和评价，从而达到医院合理化运行的需求。

国家所规定的医保政策背景下，要使医院在有限的人员与医疗手段的前提下，提高医保的管理绩效水平，就需要医院建立科学合理的分值审核机制。医院医务科室要加强与第三方合作，通过知识水平的互补和完善完成对医保数据管理平台系统的编写，即患者治愈后的分值评价辅助系统。该系统的主要功能有如下几个方面。第一，能够从医保地纬系统中提取患者信息，如病例、病史以及基本健康状况等，入院上传分值信息，如患者就医医师等；第二，从病历系统中提取病历首页出院诊断、手术操作编码等，通过对住院具体情况的价值分析标定分值水平，为患者出院的分值总水平的划分提供基础；第三，从医院HIS系统提取新技术、费用明细，为医院管理人员提供项目加分等患者费用信息，提升分值审核的严密性。最终，医院结合上述系统所提供的信息数据进行数据的整合、处理、测算，从而达到医保诊断分值审核要求，通过审核要求后，分值结果能够在审核界面实现实时推送，提升了医院整体经济运行的效率。

二、实施

医院医疗部门与第三方信息处理技术部门共同设计的医保数据信息管理平台，在实施过程中，能够实现对患者病例、病史、身体健康状况、就医医师、手术费用等信息进行提取和整理组合，该系统能够根据医疗保险结付手段对大数据进行分类，主要分类方法有技术加分情况以及超三倍情况等。信息匹配完毕后，患者的基础信息被记录在案，医生和管理人员能够根据需求对患者的各项指标进行查询，如健康信息、就医科室以及超支信息等，数据信息平台能够帮助医疗人员更高效地获取信息，提升工作效率。医疗人员通过对患者信息的查询和了解之后，根据二八原则，寻找两个管理重点，即重点病种和重点病区。对于前者，管理的主要手段是依靠分享医保控费来实现，加强对病种的分析力度，并深入科室传播与医保相关的知识内容，实现信息的有效建设；对于后者，需要使用重点管制的方法进行管理，患者就医科室通过数据系统的反馈，进行合理的分析。分值评估结束后，数据管理系统中的医保地纬系统对分值结果进行诊断审核，审核通过且分值修正后的诊断分值为医保结付的最终分值。按照医保审核管理需求，并结合医保付费的方式，我们能够对数据信息的整合结果进行提取，查询想获取的信息，从而获得就医患者的前三页的病例诊断书，同时还可以获得医保支付金额的测算结果、医院医疗部门上传的诊断分值以及患者的超支水平信息等，从而高效化地实现医院发展与医保结付之间的平衡。举例而言，某肺部器官出现异常的患者来我院就诊，病历书所出示的第一诊断表现为肺恶性肿瘤，而实际上患者系住院化疗体现在第二诊断应为据实结算，病例书所提供的诊断方案标准与实际操作标准不相符，按医保要求上传第一诊断明显不合适。医疗人员通过将患者信息录入我院医保数据管理信息平台，实现精准控制，调取出患者就医所需的信息数据，点击诊断后，系统对分值进行及时修正，较为全面地提供一个可靠的诊断分值信息。随着技术的成熟，在保证审核修正数据准确、合理、合规、高效的前提下，使住院费用结付率在政策允许范围内得到有效提高。医保数据管理平台是利用数据挖掘与分析技术，对医保数据进行采集处理、清洗过滤、整合加工以及分析预测，方便挖掘分析深层次、有价值的信息，为医院医保管理提供决策信息。在利用医保数据管理平台的过程中，对医院数据进行关联性集中管理，并建立数据仓库以及医保相关数据资源库。以医保资源库为基础，利用数据挖掘技术以及扩展显示功能，提高医保数据分析与数据展示水平。同时，利用医保数据管理平台，可以对医保用药占比、费用使用情况、人员来源等进行统计与整理，为政策制定以及医保管理评估等提供参考依据。此外，在创建医保数据仓库中，建立结构化数据稽核，可以反映医保历史数据，并利用HIS数据库、PACS数据库、LIS数据库等，对医保数据进行采集处理、清洗过滤、提取转换以及整合加工，从而实现数据信息统计与数据资源处理。并且，通过数据挖掘技术的应用，可对医保数据信息进行追溯与管理，拓展医保业务，提高患者对医院服务满意度。

三、效果

医院在传统数据管理模式下，人工记录数据的细节不全面且常存在数据疏漏的现象，医生需要调查患者信息时也较难高效率采集。在大数据时代背景下，随着医保数据平台系统的建立，数据处理也取得了突破，为医生和工作人员获取所需信息打开了便捷的获取渠道。医保数据管理平台利用数据挖掘技术，对数据进行处理，为医保管理奠定基础。对各类参保患者的门诊费用情况、病种情况、病人来源情况等进行分析，帮助医院管理人员发现问题、解决问题，以达到保险有效控制的目的。以门诊医保为例，每个月医保相关管理部门可以对医保费用的使用进行统计，并对各科室进行医保数据进行量化计算。在对医保信息数据进行统计与处理中，可对医保药物占比、是否超标等方面进行综合管理，并结合超标情况，对不同医保指标进行综合统计与管理，提高医保数据管理平台的实际应用效果。在对医保数据管理平台的应用功能进行分析中，则需要对不同疾病在不同区域的分布情况、医保追溯功能、数据操作以及数据挖掘等方面进行综合处理，通过医保条形码，对查询、统计等功能进行管理，实现医保数据管理平台的综合处理与控制水平。此外，医保数据管理平台的追溯功能可以对无菌包进行定位，对操作人、操作实践、操作设备等相关信息进行统计，并根据无菌包的信息、日期、设备定位等进行信息管理，在数据信息管理与控制的基础上，可根据患者的具体情况，辅助医生对患者进行用药与治疗，达到拓展医疗业务的目的。医保数据管理平台可根据每日就诊以及参保数据等，以不同维度、不同颜色进行区分，在数据对比与分析的基础上，可实现医保管理决策综合管理水平的提升。医保数据管理平台系统的影响下，具体的实施效果还体现在以下几个方面。其一，赋予了科室医生对医保分值的决定权，使过去各科室医疗人员从不了解科室超支情况的医保费用管理到行使决定权。其二，数据信息系统提供了数据统计分析的可能性。传统数据处理模式下，由于信息不清晰导致相关人员无法准确获取信息数据，而在医保数据管理平台的支持下，实现了可以分析出科室控费重点病种的可能性。其三，体现在医保费用结付水平的提高。即医保资金的拨付率不断提高，分值单价呈下降趋势发展。通过数据分析比较可知，分值单价平均水平的降低，能够有效地提高医保费用的结付水平，从而实现精准的控费管理，提高医疗人员对医保结付和医院发展的科学调控。

第二节　医保数据中台建设的实践

一、背景

随着医保覆盖率的不断提升、医保制度的不断完善，我国对医保精细化管理的要求愈发强烈。信息化作为实现医保精细化管理的重要手段，已成为我国医保体系建设的必然趋势，而数据中台作为国家医保信息化系统中的重要组成部分，也成为实现医保精细化管理的有效途径。从2000–2009年建立的社保管理信息系统核心平台一版、二版、三版，到2018年国家医保局成立后开始进行的全国统一医疗保障信息平台建设，医保信息化建设已经积累了20多年的宝贵经验。在这20多年中，医保信息化得到了很大的发展。在业务层面，医保信息化从主要面向经办发展到兼顾经办、监管、公共服务和决策；在架构层面，医保信息化从最初的C/S架构发展到当前基于政务云和专有云的HSAF架构。此外，伴随着大量医保数据的积累，医保信息化系统也从面向事务发展到面向"事务+大数据分析"。当前的医保信息平台顶层设计在核心业务区中明确规划了大数据区，并在该区域内通过数据中台来支撑大数据的存储、加工和应用。在目前的医保信息平台建设中，我国是以"中台+子系统"的方式进行的。其中，中台部分包含了业务中台和数据中台，业务中台是基于国家医保局下发的程序代码进行部署，数据中台则基于我国发布的《医疗保障信息平台数据中台建设及应用指南》（以下简称《指南》），需要各地对建设的内容和需求进行消化吸收后再具体建设实施；子系统部分共包含14个子系统，均遵循强约束、基础约束和弱约束的原则在下发的代码版本上进行建设。

二、数据中台建设的具体架构

数据中台建设需要对《指南》进行深入解读，结合医保信息平台建设场景需求，对应具体的内容，进而加以建设实施。结合数据中台建设和大数据应用的经验，通过对《指南》中的6大模块、16大功能需求进行详细分析，可梳理出数据中台所对应的建设内容。

（一）大数据计算引擎

此部分内容主要对应建设当前主流的、经过实践的大数据存储和计算引擎，包括Hadoop和Spark等离线计算引擎，以及Spark Streaming和Flink等实时和流式计算引擎，以满足大吞吐量的计算场景和高实时性的计算场景。

（二）数据集成

此部分内容需要包含数据采集和数据集成两个模块。其中，数据采集指通过离线同步、实时同步、文件传输等方式，将新平台生产的业务数据、地方历史业务数据、平行委办局共享数据等来自各个数据源的数据传输到数据中台；数据集成则负责将这些纵向（不同时间维度）和横向（不同空间维度）的数据纳入同一个框架下进行统一使用。

（三）数据仓库

该部分内容由大数据仓库和数据资产管理共同组成。其中，大数据仓库按照《指南》的建议分为缓冲层、操作数据层、通用数据模型层、数据应用层，并承担相应的功能；数据资产管理是大数据仓库的顶层管理系统，负责根据当前大数据仓库的存储内容，实时对其库表、主题、血缘（指表与表之间的生成关系）、权限等进行梳理，并提供相应的管理和展示界面，方便各医保局的大数据仓库管理人员对当前的数据资产进行把控。

（四）数据治理

数据治理是当前医保数据中台建设中的核心部分，包含数据标准（模型）管理模块、数据质控管理模块及数据转换模块。其中，数据标准（模型）管理模块管理和融合不同来源、不同版本的数据元数据、数据值域等，以保证数据中台最后提供的数据在符合国家标准要求的统一框架下运转；数据质控管理模块优先承载国家下发的各个版本的质控要求，并在此基础上扩展地方业务需要的其他质控标准；数据转换模块是数据中台工作流的核心模块，提供从数据源到数据仓各层的可视化工作流配置，并将数据标准和数据质控融合其中，带动数据中台的整体运转。

（五）数据服务

数据服务主要依照《指南》，通过API接口、数据库接口和数据文件接口，提供数据写入和更新等数据类服务、数据查询类服务、数据运算类服务。

（六）数据应用

数据应用主要由应用支撑和应用集市构成。其中，应用支撑包含BI（智能报表分析工具）、可视化大屏、机器学习平台等组件，在数据的基础上进一步提供数据分析和深度加工的支持；应用集市负责托管、分类标记和组织各类医保应用。

（七）数据安全体系

数据安全体系包含角色权限配置管理、数据库表权限审批管理、数据服务脱敏、数据查询行级限制等功能，其从数据采集、数据存储到数据服务和应用，贯穿于整个数据生命周期。

三、数据中台建设的实践与经验

从明确具体的建设框架和功能模块到实际完成建设还有很长一段路要走。在数据中台建设的实际打磨中，一整套实施方法和路径逐渐形成，为当前医保数据中台标准化的成型及下一步实践提供了方向。

（一）实施方法和路径

实施方法和路径是实施效果和质量的保证，尤其是对于医保数据中台这类功能多、对接方多、角色复杂的系统。根据数据中台建设经验，可总结出主要的实施步骤。

1.环境调研

部署环境是一切系统部署实施的基础，当前数据中台的主要建设目标是采集业务数据、完成省级数据上报和支持应用子系统建设，因此至少需要调研4个环境情况。一是数据中台本身的部署环境。这部分主要包括数据中台部署所需的硬件情况、网络情况等，硬件和网络配置会直接影响数据中台大数据引擎的计算速度、存储能力和服务调用效率。二是业务数据源环境。业务生产数据库是数据中台的主要数据来源，为了防止业务生产数据库压力过大，通常将与生产库主备实时同步的生产备库作为业务数据源。业务数据源环境要将数据库的网络环境、吞吐能力、是否支持实时同步机制（如binlog获取）等情况调研清楚，以明确制定数据采集策略，并提前申请测试库进行测试。三是省级交换库环境。数据上报是省级数据中台建设的使命之一，一方面要确保省级交换库的版本满足国家要求；另一方面要确保省级交换库与国家交换库及数据中台的网络已打通，同时需要详细了解交换库的读写机制（如XA机制）是否与数据中台的大数据环境相匹配。四是应用数据库环境。为了提升应用子系统对运算结果数据的统计和查询速度，在省级平台建设架构中，往往会在数据中台和应用子系统之间设计大规模并行分析数据库（MPP库），因此，需要提前调研了解MPP库所使用的产品特性，并提前申请测试库进行测试。

2.数据归集

数据归集是数据中台部署完成后的主要任务，主要包含数据模型收集、数据归集两部分。其中，数据模型收集包含了数据建表所需的元数据等信息，需要在数据实际归集前进行创建。在实际工作中，会有大量的数据库表归集到数据中台（目前数量级上千），在数据中台会有4个大的数仓层，因此，在数据中台中会涉及大量的数据模型创建工作。为减轻该部分工作所带来的人力消耗，同时降低人工出错率，数据模型创建主要采用批量收集建立的方式进行。数据归集则可以大致划分为历史数据归集和增量数据归集，其中，历史数据归集采用一次性采集的方式进行，增量数据归集则采用定时任务配置或实时任务配置的方式进行周期性采集。

3.数据治理

数据治理作为当前数据中台建设的核心使命，主要包括6方面内容。一是数据质控链路规划。其是指在数仓各层的工作流中规划数据质控节点的位置。当前上报国家的库表为数据中台归集库表的一部分，因各地在数据应用中存在个性化差异，需要根据各地的建设需求，优先合理化规划各条链路中的数据质控规则及质控方式。二是国家质控规则注入。其是指将国家最新版本的交换库质控规则注入中台质控规则库，并通过版本管理的方式对国家交换库质控规则的更新进行跟进。三是质控规则扩充，针对地方应用需求，对质控规则库进行扩充及管理。四是质控规则启用及质控报告，按质控链路规划的质控方式启用相应的质控规则集，并对质控报告结果进行跟进。五是质控结果反馈及治理，质控问题通常可以分为两大类——业务生产数据问题和地方国家标准不一致问题。针对第一类问题，采用反馈至业务厂商并推动业务侧改进的方式进行提升，而第二类问题通常是由于地方业务编码颗粒度与国家下发标准不一致而引起的，因此可以通过数据转换先行治理，并经由合理的方式向国家反馈。六是数据上报国家，将国家上报链路中治理后的数据上传至省级交换库，并持续跟踪国家侧对上传数据的检查反馈结果。

4.数据服务及应用

数据服务及应用作为当前数据中台建设的另一核心使命，需要完成以下工作。一是数据库表访问权限。根据各个应用子系统建设厂商的使用需求，完成相应数据表权限的开放，并控制权限的读写设置，避免子系统间产生不必要的影响。二是应用子系统建设支撑。对各应用子系统厂商进行数据中台的使用培训，并及时解答厂商使用中的各种问题，以确保各应用子系统厂商可以正确地使用数据中台，完成子系统的上线。三是数据资产管理发布。通过数据中台中的“数据资产模块”完成地方数据中台数据资产的梳理，并对管理方进行培训，以保证数据资产管理方可以通过数据资产模块，快速、完整、动态地管理地方数据。

5.上线运维

完成以上任务后，即可进行数据中台正式环境的整体上线运转，但由于数据中台功能多样，大数据环境运维本身也较为复杂，为保障数据中台的正常运转，还需长期持续运维。

（二）功能优化

医保数据中台涉及大量的库表，需要对接多个系统，使用需求较为丰富，因此在实际落地实施的过程中，需针对各功能的使用做出相应的优化和改进。

1.自动批量建表

医保场景下涉及数千个库表模型的建设，若单纯靠人工录入或以写脚本的方式建设，在消耗人力、拉长周期的同时，也容易出现人为错误。因此，可以通过自动批量导入建表的方式，快速、高质量地完成数据库表模型的建立。

2.自动关联大部分质控规则

目前，国家下发的交换库质控规则已有数千条，如此大量的质控规则很难靠人力逐条录入并维护。在分析国家质控规则库后，可对规则进行详细分类，并将其中绝大部分规则融入建表环节一同关联建立，从而减少质控规则录入和管理的成本。

3.多样化的质控方式

在实际建设过程中，各地不同应用及上传国家的链路对质控的要求各有不同，因此，在数据中台中，可以通过强质控（过滤脏数据）、弱质控（仅生成质控报告）和阻断质控（阻断脏数据链路）等方式对不同需求场景进行支持。

4.链路数据转码

地方编码和国家编码间的差异往往是大部分脏数据形成的原因，这其中既有业务因素，也有历史因素。为同时保证上传国家的数据质量（脏数据少）和数量（总体数据多），可以在链路中支持数据转码，把既往的“脏数据”转化为国家要求的编码数据。

5.常用功能算子化

一般的数据中台仅支持数据同步、数据脚本等通用型算子，利用这些算子可以实现当前医保数据中台的需求，但这需要编写大量脚本，工作量较大。为减少工作量，可将数据质控、数据转码等医保场景下常用的操作进行算子化，以方便可视化工作流的配置及后期的维护。

四、数据中台建设的痛点及优化思路

目前，各地的医保数据中台建设已能够基本满足当前阶段的使用需求，但在各地实际使用的过程中仍存在痛点，亟须优化。

（一）数据治理体系

当前的医保数据中台已经在多个环节上引入国家下发和地方拓展的质控规则，并通过数据转换、强弱质控等操作满足了目前建设阶段的基本需求。然而在各地的实际使用过程中，仍存在“零散化”的质控方式，无法完全满足整体把控数据治理情况、各质控环节效果展现不够清晰、部分环节仍存在缺失等问题。因此，作为数据中台核心任务的数据治理需要向更体系化的方向进行优化。结合既往的经验，数据治理体系应当至少实现数据标准、数据转码、数据对账、数据质量、数据资产在业务上的联动。

1.数据标准

数据标准作为数据治理的起点，除了目前已经涵盖的元数据等数据模型信息外，还需包含各个库表、字段、值域等相关联的数据质控规则，即数据质控规则应当在数据模型建立之初就进入整个体系内，而不是在后续工作流中进行补充，这样一方面可以在整体标准层面维护和掌握所有的质控规则，保证各层数仓的一致性和透明度，另一方面还可以统一质控规则的分类、标签等，便于对大量的质控规则进行统一管理和分析。

2.数据转码

数据转码是医保数据中台中最常见、数量最大的数据转化操作之一。为避免不同链路手动转码出现的各类错误，需要增加统一的数据转码管理子模块对数据转码进行管理。数据转码是建立在数据标准之上，对不同数据标准之间关联性的进一步约束。通过该子模块的增加，整个数据中台中的数据将得到进一步规范。

3.数据对账

医保数据中台涉及多层数仓，其间的工作流由各个不同厂商共同参与使用和修改。因此，各层数仓的表间出现各类不一致性的可能性较大，从而导致最后的出口数据受到此前链路上各节点数据的影响而出错。为最大限度避免此问题，需要在数据治理体系中引入数据对账环节。这里的对账既包括数据层面的对账，如数据量、去重后主键数量等，也包括业务层面的对账，如参保人数、就诊人数、基金支出等，以满足实际工作中对数据准确性把控的复杂需求。数据对账中比较特殊的一类需求是业务源数据库与数据中台的数据对账。由于该类对账及后续数据问题的处理均涉及两个独立系统之间的联动，因此，需要针对两个系统的设计特性进行特殊的修正处理。医保业务子系统的设计需求使得医保业务库可进行物理删除或更新等操作，但是由于业务库事务特性和大数据仓库分析特性的区别，该类操作会引发两侧数据的不一致。因此，该类对账问题的修正还需要通过引入实时同步等方式对业务库物理操作进行捕获并同步至数据中台。

4.数据质量

数据质量指的是整体数据质量的把控，而不是某个节点的质控报告结果。整体质量把控是建立在数据标准和数据转码基础之上，对整个数据中台各个环节中数据对账、数据转码、数据质控的综合把控。医保数据中台中各层数仓之间有较为复杂的工作流关联，若需要每日掌握各级工作流的工作状态和生成结果，需要到各层的表中进行查看和统计。为把控整个中台的数据质量，需要添加统一的工作流看板，自动统计各层的工作情况并进行展示，同时支持对工作节点进行下钻以掌握具体的工作执行细节，从而使管理者能够快速掌握并定位可能存在的问题。

5.数据资产

数据质量把控着工作流间数据库表变化导致的数据质量变化，即工作流上的数据质量。除工作流上的数据质量，我们还需要把控从采集到存储、应用、共享各类节点上的数据质量，这就需要一个完整的数据资产模块来完成。当前的医保数据中台已支持数据资产管理模块，但是数据资产管理模块主要针对中台内的数据资产进行梳理，未形成完整的体系。完整的数据资产应实现从数据收集到数据处理、应用、共享全生命周期的全面覆盖，需要覆盖数据资产采集（哪里来）、数据资源目录（怎么看）、数据资产管理（怎么管）、数据共享使用（怎么用）和数据安全管理（怎么保证安全）。

（二）大数据仓库体系

当前的医保数据中台已经在分布式文件存储系统上初步形成了分层的大数据仓库，但是医保大数据仓库从设计、使用上暂时仍未完全发挥大数据引擎的能力，仍存在各项目数仓建设规范不同、数据操作在各层数仓之间划分不清晰等问题，一方面使得大数据引擎的能力受限，另一方面也导致了资源利用不合理。一个完整的大数据仓库体系一般包含大数据仓库规范、数据指标、分析引擎等，结合既往经验，建议从数据仓库、数仓应用、新型联机分析处理（OLAP）引擎引入方面进行优化。

1.数据仓库优化

数据仓库是一切计算和分析的基础，但因其多分层的结构也使其使用和维护的难度加大，因此需要在开始便明确数据仓库的建设规范，并通过权限管理、规范约束等保证后续使用符合此规范，从而避免数仓使用的混乱。依据《指南》的规定及以往的实践经验，数据仓库优化可实行以下细化方案。其中，各层功能的约定包括以下几个方面。一是缓冲层（STG层）。缓冲层存储数据源采集到的原始数据，一方面可以作为后期数据溯源或问题数据恢复的最初源头，也可以实现与数据源的数据对账，保证采集到的数据与数据来源一致。二是操作数据层（ODS层）。操作数据层主要实现元数据统一，通过对不同来源数据进行结构转化，保证来自不同数据源的同一业务数据的表结构一致，以实现数据结构的统一，这其中包括医保新老系统的元数据统一、横向委办局的元数据统一等。三是明细数据层（DWD层）。明细数据层在操作数据层之后实现明细数据的进一步标准化，这其中包含了数据去重、内涵治理等，在此层后提供的数据均为标准化数据。四是汇总数据层（DWS层）。汇总数据层在明细数据层之后面向主题进行主题数仓建设，主题数仓建设一方面是为提升主题内的查询效率，另一方面也希望针对后续主题使用场景，对某些维度和事实进行预汇总，以便于后续使用。五是数据应用层（ADS层）。数据应用层在数仓的最后面向应用进行进一步的使用优化，目前在医保数据中台中主要有两个使用场景，即面向报表应用、面向子系统应用。六是维度数据层（DIM层）。维度数据层贯穿后几层的使用，主要提供一致的维度数据。维度数据主要由主数据等组成的高基数维度表和数据字典等组成的低基数维度表构成。七是临时数据层（TMP层）。临时数据层主要服务于查询的中间结果或临时结果，不做长期存储。各层间数据转化约定主要包括以下几个方面。一是STG到ODS层。由于ODS层主要实现元数据统一化，因此，在STG到ODS层的过程中，主要需要完成数据转换，包括表结构、表名、字段类型、字段名的转换等。二是ODS到DWD层。DWD层可实现数据的全标准化，因此，在ODS到DWD层的过程中涉及大量的数据质控和数据清洗工作。这里的数据质控包括国家下发规则的质控以及地方面向业务需求的拓展。质控的主要目的是通过质控规则发现数据问题，包含清洗前质控和清洗后质控，而清洗的主要目的是对发现的数据问题进行修正或提出修正建议。在这个过程中的数据清洗包括通过智能化手段进行数据贯标、数据值域的转换，实现数据的去重、去除数据表间的不一致性、全局或准全局数据信息抽取和补全等。三是DWD到DWS层。该步骤中针对规划的主题进行数据表合并、字段行转列等工作，其实施方式需要兼顾业务需求及OLAP引擎特性进行具体设计。四是DWS到ADS层。该过程中主要面向具体的使用场景，进行进一步的数据转换和聚合，以便于最后的使用，并提升场景中的查询速率。

2.数仓应用优化

当前医保数据中台对应用的支撑方式主要是各个应用独立从数据中台中取数进行分析统计，存在统一指标重复计算多、各应用统计口径不一致的情况。此外，数仓应用层的组织方式和表设计暂未针对大数据OLAP引擎进行优化，难以发挥引擎的最大优势。为优化当前存在的问题，可对各个应用的统计需求重新进行主题化组织，面向主题和引擎特性进行表设计，统一进行指标输出，这在优化问题的同时，也可以在一定程度上避免未来子系统扩展而导致计算需求快速扩张的问题（因为有些指标不再需要重新计算）。

3.新型联机分析处理（OLAP）引擎引入

目前，大数据社区中不断有新的高性能OLAP引擎推出（如Presto、ClickHouse等），可以将这些引擎引入医保数据中台，以进一步提升医保数据中台的OLAP性能。

第三节 大数据精准监管下医保监管智能管理系统构建

一、精准监管的概念

精准监管指的是更加透彻的操作流程、更加规范的制度建设以及更有效率的监管举措。其中的“精准”，既是对数据精确性的要求，也是对工作过程、工作结果的要求。新时代的精准监管需要借助相应的工具或手段，与智能化、信息化实现理念对接，对各个监管环节进行全面质控，以达到精细化水准。查处各类骗保行为、构建长效监管体系，是我党对新时期监管工作的具体要求，也体现了党和国家“以人民为中心”的工作精神。精准监管体现了严格的约束，是具体工作的方向与目标，基于此，从以下3个方面探讨精准监管的构成体系。

第一，监管凭据。即监管的基础，聚收集、整理、决策、分析于一身的数据生成设施，保证了信息的精确性和客观性，避免了更多人为因素造成的误差。关于数据信息的决策、分析等问题，需要监管机构及相关部门协作完成，为保障凭据的真实效果，监管机构要从不同角度、多个渠道对数据进行综合对比。第二，具体行为。精准监管和传统监管的最大不同，或者说精准监管的优势，体现在对数据及信息变量关系的充分提炼与挖掘。监管机构在明确关键节点的前提下，针对监管过程中可能存在的违规隐患，设置一个预防和监测的报警机制，如监测指标有异常，则说明发生违规现象，报警机制启动提示功能，帮助监管人员第一时间采取预防或是整治措施。第三，精确结论。以往的数据处理是采用一种估值算法，即利用个体推演整体，会耗费较多的人力、物力及工作时间，并且成效不高、抽查的精确程度通常也不符合预期标准。大数据与之正好相反，是在整体层面进行数据的全面统计和科学分析，减少了人为层面的干预，降低了误差，数据的有效性也得到了提升。反映到实际工作中，每一个需要监管的指标都具备一套成熟的规章守则，监管机构不必再为这一问题耗费人力及成本，因此可以说，大数据下的精准监管更有效率、有价值、有标准。我国医疗保险正在现代化、信息化的道路上不断探索、前进。以上3点也是经过不断总结与实践后得出的。目前，大数据技术处于监管工作的核心地位，它的主要功能是建立管理规则、提前设定违规分界线、及时报警各项异常操作等。除此之外，在用户的信息数据分类、定位、提取等方面也发挥着重要的作用。同时，大数据技术按照标准要求设立等级划分，严格约束各类数据的采集工作，利用云技术的分布弹性算法，预测数据的真实性，协助工作人员根据信息展开决策。精准监管的概念，是医保信息化的强有力解释，也是医保监管得以有效落实的关键。根据大数据平台筛选过滤后反馈的信息，监管机构充分收集、分析后得出可靠的凭据，便于及时进行事前或事后的决策处理。未来的医保监管工作，还要在新理念、新技术、新人才的带领下发光、发热。

二、医保监管智能管理系统的构建

在形成“互联网+医保监管”的概念以前，我国的医保监管工作面临着不少问题：一方面，参保民众对药品及医疗的需求量高，各类医药单、处方单林林总总，海量的用户信息和数据，无疑加重了监管工作的负担；另一方面，各大医疗机构或多或少存在着过度诊疗、以权谋私的情况。除此之外，监管的制度措施不健全、缺乏更为有效的协作机制、处罚效果不明显、各类骗保事件屡见不鲜，也是造成医保基金损失的问题之一。面对上述现象，完善医保监管体系势在必行，监管机构应着重加强信息化技术的引进，实现对海量数据的全面管理和监控，争取做到万无一失。医保监管系统由以下几部分构成。第一，进存销软件。各大医疗机构、药店，是患者经常出入的地方，也是医保消费的地点，要求工作人员使用管理系统经营日常业务。在进存销软件的管理下，各医疗机构或药店的货物进出、贩售或库存都将完整记录下来，这些数据将被随时提取核实检查。进存销软件实现了对数据的分类和存储，当任何一种已经进入医保政策的药品处于消费过程中，都将被系统记载并上传至监管平台，便于监管人员查看药品是否存在多次、大量销售的问题，了解销售人员是否按照患者的实际病情按量售药以及对症下药。通过这种方式，减少了药品售卖的违规情况，可有效制止乱刷卡、非法报销等现象。第二，智能监控。针对大剂量开药或非常规诊疗等异常问题，医保局要给予足够重视，引入先进的智能监控设备，加强对医疗行为的全面稽查。该系统除正常的监控功能外，更是一个包含了医学知识的信息库，将各种常规的医疗手段纳入其中，再由工作人员设定分界值，当进入此系统中的医保报销信息与该值冲突时，即触发警示信息。与传统的人工审查相比，其检测效果更显著、效率更高。第三，区域监控。软硬件共同发挥作用，实现对特定区域的实时管控。各大医疗机构或药店都应配备多个全天候持续作业的录像设备，将医疗处方或医疗用品的结算情况精准无误地记录下来。监管人员要注意这些区域是否存在违规操作现象，一经发现必须立刻从录像中取证，及时开展调查工作。除常规药品、处方药的监督外，如一些高价的营养品也要引起重视，做好跟踪监控工作。

三、大数据精准监管医保对策的实施

（一）确立医保反诈骗体系

为有效遏止医保诈骗事件危害大众，医保部门工作人员应发挥职能作用，重视医保反诈骗体系的确立，建立制度、划分权责。大数据技术下的精准监管，要做到精细化防控，采取一系列手段加强源头控制，尽量在事前进行规避、制止。其具体步骤如下：（1）各类医保活动均要配备信息标准，按照相关要求进行数据编码，除各大医疗机构、药店、医师、销售员、消费者以外，药品及消费清算等信息也应逐一确立数据身份，这样做的好处是一旦发生违规用药或售卖等问题，相关责任可落实到具体的事或人，便于后续调查和追究；（2）针对医保诈骗的特点，构建实时监控预警机制，采用信息辨析技术和关键数据提取技术，作为整套机制的支撑，下分数据稽查功能、智能报警功能以及数据分析功能，预警机制可自动获取数据，通过精细地分析、对比后，将非常规的信息披露出来警示于人，监管人员收到警示后，对不合理、不正常的信息数据进行密切关注，对医保基金可以起到提前保护的作用；（3）根据医保诈骗的不同行径来看，有必要建立一个能够分辨诈骗类型的智能管理库，该管理库内设识别技术以及使用策略，在明确相关规则后，逐步确立更为完善的医疗监管保障体系。

（二）重视收集各类医保信息

大数据技术是从全方位对总体数据进行科学分析的，各类医保数据从收集到处理，需要一个过程，因此，如何保障数据的准确性是最为重要的问题，需要从以下几点进行全面考虑：（1）关于医保的数据，由相关人员定期或非定期进行收集，而后依照有关标准，将数据转换成相应的格式，减少数据分析工作的难度，以实现对数据的深层次分析；（2）关于药店的数据，各类药店规模不一、工作方式略有差异，有些药店的店员在统计相关信息数据时，仍然采用较为传统的人工记账方式或是Excel记录，而有些药店即便使用进销存软件进行统计，也存在着因信息库更新、迭代造成数据丢失的现象，很难保证数据的完整性。另外，部分店员的警戒心较强，对信息收集人员存有质疑的心态，不愿将消费者的信息泄露出去；（3）关于医疗机构的数据，各大医疗机构采用医院管理系统进行数据记录，因此医保信息比较完整，在收集信息时，由系统管理者配合收集人员，将数据库所有信息提取出来；（4）整合用户个人医保数据，包括用户的基本信息、用药情况、就医时间、诊疗费用以及刷卡次数等相关信息，将这些数据整合成医保监管信息库，再按照具体要求进行归类、区分，医保监管人员有权限及时获取所需信息，以供随时解决突发性问题。可以看出，医保数据的收集工作具有复杂性、专业性的特征，对数据收集人员的整体素质有着一定要求，监管人员将这些数据信息收集后交付分析人员，再由分析人员利用大数据技术分析是否存在异常情况，并将异常信息罗列整理，进行后续稽查。

（三）建立大数据技术监管模块

医保局及下属各职能部门，要统筹医疗网点和药品销售点，对那些纳入医保且联网的医保数据进行线上分析，及时找出违规根源所在；对那些尚未联网的进行线下数据收集、整理，分析数据的完整性、有效性和真实性、合理性。以上两种情况如存在异常信息，应结合有关学术理论及信息测量，建立四大监管模块。（1）病种模块，该模块的监管规则是由大数据技术和临床经验两项共同制定，大数据技术负责对以往经验进行充分分析，如病种的诊疗、判断，各个体检项目及其相关费用，等等。此类信息能够被大数据及时捕捉，便于查找那些医保机构的违规操作现象。（2）专家模块，该模块的监管规则是基于监控系统部分功能的前提下，强化了对于医保数据的分析能力，由专家查看、分析后的数据信息，再与病历进行交叉对比，结合过去的诊疗经验和工作成果，再次对监管系统给出的结论做出审核，用以检查医保消费是否处于合理范围内，为消费者的医保金上“第二道保险”。（3）场景模块，是一种假定标准与实际数据进行多向对比的监控手段，具体来讲，先设定一个假想的违规值，再利用大数据技术分析医保数据库，将两种数值进行分析、对比，得出变量的关联程度，提取那些变量大的数据作为真实的违规数值，从而起到遏止违规的作用。（4）高费用模块，某些诊疗项目或药品消费金额多，或存在频繁消费的情况，对于这类问题需要监管人员给予重视。

（四）明确医保精准监管的定位

大数据技术应用于医保监管的基础，一是建立相应的机制和制度，确保行为规范、有章可循；二是对各类定点医药机构进行数据收集，作为大数据发挥功效的数据支持；三是构建信息化、一体化的智能管理平台，便于数据的分析、处理、决策等。要搞清医保精准监管的定位，需从以下几方面进行：（1）事前的预防和提醒，医保智能监管系统要定期向各大医疗机构及药店推送医保的使用细则，尤其是在即将进行诊疗阶段时，让医生和相关工作人员都能严格遵守行业纪律，约束自身的行为；（2）事中的处理，医保智能监管系统筛查出异常信息后，再由相关监管人员二次审核数据，最终确认信息是否准确，在这个过程中，要求监管人员做到不漏查、不忘查，切实提升个人职业素养，将精准监管落实到各个层面、各个环节；（3）事后的追究，如明确医保基金存在胡乱使用、违规操作等现象，监管系统显示人物或事由的编码，根据有关规定进行惩罚，采取扣费或其他措施。

第十二章 大数据在其他领域的应用及发展

第一节 大数据在知识产权领域的应用

大数据在知识产权领域的应用将在一定程度上影响传统知识产权的制度建设与未来发展。此外，随着相关知识产权大数据服务平台的建设、知识产权大数据研究机构的崛起，如何合法利用已有的大数据资源，在避免侵权的基础上提升知识产权客体的针对性、可及性，从而提升客户服务满意度、降低成本和提高回报，乃至改变行业格局，将是知识产权制度面临的重要课题。

大数据的知识产权应用制度体系的构建可以为经济的发展提供制度动力。知识产权应用制度体系自诞生以来，就是促进经济发展的重要手段。当前世界正处于数字经济时代，因而谁掌握了数据，谁就赢得了世界。因此，建立大数据的知识产权应用制度体系能够为数字经济的发展提供制度保障，可以有效促进大数据相关产业的蓬勃发展，进而带动社会发展和经济繁荣。同时，大数据在知识产权的应用可以为制度的构建提供丰富的案例，进而迫使传统法律体系改革，为国家法律体系的与时俱进提供“原料”。从一定程度上可以说，构建大数据知识产权应用制度体系，将为经济的发展提供制度动力。

大数据知识产权应用制度体系有利于促进知识产权文化的丰富和完善。一直以来，我国知识产权文化的建设与西方发达国家相比存在较大差距。普通大众对于知识产权的认识限于“收费”“增加支出”等。互联网时代，大数据获取途径已较为便捷。民众可以通过政府开放式的数据库获取各个领域的大数据。同时，还可以借助开源式的网络软件工具，充分发挥智慧，大范围、全方位地进行大数据分析、挖掘，形成有用的研究成果回报社会，并从中获益，变“增加支出”为“增加收入”，使自己成为大数据知识产权的“生产者”。总之，大数据知识产权应用制度体系的构建，必将极大地刺激全世界大众的热情，从而有效地推进社会知识产权文化的建立。

最后，大数据知识产权应用制度体系的构建有利于促进技术发展。近年来，信息技术有了爆炸式的发展，但我们仍不得不面对一个现实，那就是技术的发展需要强大的资本做支撑。根据发达国家的经验表明，要想在全社会推进大数据技术的发展，进而推进大数据相关产业的繁荣，国家的支持是非常必要的。因此，要通过构建大数据知识产权应用制度体系，建立必要的物质激励体系，进而促进大数据技术的发展，最终形成“技术倒逼制度—制度促进技术”这样一个良性的循环体系。

综上所述，要想建立科学的大数据知识产权应用制度体系，必须有深入的基础研究。同时，通过专业的法律做出明确的规定，并配套相应的制度实施环境来保障制度的顺利实施。

一、明确大数据的知识产权性

首先，《著作权法》中提到的“独创性”指思想表达形式的独创性。大数据本身并不符合《著作权法》有关“独创性”的标准。从大数据的使用步骤来看，即其先要对大数据进行归集、整理、过滤及降噪，而后再结合不同的业务需求进行有效的编排、分析，才能最终形成有用的成果。例如，基于顾客网购行为所产生的某产品专利功能的成果等。从这个角度来说，大数据的应用需要经历两个阶段：第一阶段是对于大数据的归集、整理、过滤、降噪；第二阶段是结合不同业务需求对大数据进行编排、分析。虽然第一阶段不产生“独创性”，但一定需要人类的劳动介入。第二阶段需要借助人类的智慧去完成，这就符合了传统知识产权客体的规定。如果这种结果是独特的，那就符合著作权法有关“独创性”的定义。因此，可以考虑对第二阶段所产生的相关成果予以“著作权”保护。

其次，从“数据”的作品化来看，知识产权对“数据”这一特殊作品的知识产权保护已有先例，且已有较为明确的共识。与数据产权保护较为相关的是数据库知识产权保护问题。世界知识产权组织（WIPO）发布的《世界知识产权组织版权条约》明确指出，符合集约、可查询、可访问的数据库，均应当给予著作权保护。如前所述，大数据知识产权所保护的对象是大数据开发或者分析过程中数据开发、分析者对数据内容的逻辑分析和数据建模等智力创作。简言之，法律所保护的仅限于大数据开发，分析者的开发或分析逻辑、模型、展现形式等智力创作，不涉及数据本身或者数据中已有的其他任何权利。

最后，从著作权的理论来看，历来就有“独创性”原则和“辛勤收集”原则两种。如前分析，大数据的利用有两类，其中只有第二阶段的成果符合知识产权有关“独创性”的表述。第一阶段是大数据的归集、整理、过滤、降噪的过程，对第二阶段应用起到基础性的作用。虽然第一阶段不产生独创性，但是对从事这类应用工作的个体来说，如果法律不能给予一定的保护，积极性肯定会受到影响，那么第二阶段的应用工作也无法有效展开。从这个角度来说，新的知识产权法应当考虑这种“辛勤收集”的行为，以适应当代信息化社会的发展，更加注重“独创性”原则和“辛勤收集”原则的平衡，将大数据作为著作权的特殊客体予以保护。

二、明确大数据的知识产权法律关系要素

（一）明确大数据的知识产权客体

作为所有法律体系中最为开放的知识产权法，一直以来都随社会的发展而变化。目前来看，虽然大数据无法纳入传统的知识产权进行保护，但把大数据作为一种新的特殊的知识产权客体确是可能的。从形式上来看，“非结构化”的大数据与“结构化”的数据库在处理模式、利用范围、表现形式等方面有许多共同的特点，均表现为体量的巨大性以及数据的大集合。此外，认为大数据产生不需借助人类的智力劳动的说法就更加缺乏依据。大数据本身是无数人基于自己特定的目的使用自己的智力而产生的，并不是丝毫不借助于人力和智力的机械数据。而且大数据的知识产权客体仅是对大数据的收集、整理、分析范畴，并不涉及大数据本身。因此，大数据的知识产权化有与数据库比较类似的特质，是一种新的特殊的知识产权的客体类型。

（二）明确大数据的特殊权利主体

经济学理论认为，应当首先将信息的所有权分配给承担更高成本的信息相关人。如欧盟《数据保护指令》对数据库的保护条款：“数据库制作者是最先进行投入并承担风险的人。”新的知识产权法应当明确进行数据归集、整理、过滤、降噪以及对大数据集合的制作进行了实际投入的自然人、法人或其他组织，特殊的权利主体即是指“大数据”集合的制作者。

（三）明确大数据知识产权的内容

一般来说，一项新的知识产权客体要有明确的权利内容与范围。欧盟《数据保护指令》将数据库的知识产权权利内容规定为“摘录权”以及“反复利用权”。其中，“摘录权”定义为将数据全部或部分转存至原介质以外的存储设备上的权利；而“反复利用权”则是指通过出售、出租、发行数据库拷贝、复制品等，利用数据库的整体或一部分进行谋利的权利。那么，大数据的知识产权内容是否也可以借鉴？答案是可行的。大数据知识产权的内容可以参照数据库知识产权的内容，定义为“大数据摘录权”以及“大数据反复利用权”。其中，“大数据摘录权”是指采取任何方法或以任何方式将“大数据”进行全部或部分地转存至原介质以外的介质的权利；“大数据反复利用权”是指大数据通过出售、出租、发行大数据拷贝、复制品等，利用大数据库的整体或一部分进行谋利的权利。此外，基于大数据分析结合各业务所产生的产品、方法等，应当分别作为作品、专利产品等进行相应的知识产权保护。

三、明确大数据在知识产权的应用场景

目前，中国知识产权行业的大数据主要应用于商标、专利、版权的检索和专利撰写，知识产权数据分析与竞争分析，知识产权评估、质押和金融等方面。鉴于知识产权的法律条款具有抽象性以及实务的多样性，在新的知识产权法律体系中，应当对大数据在知识产权的应用场景以列举式为主、概括式为辅的立法模式予以明确，其中列举式的明确内容应当包括以下几个方面。

（一）明确大数据在知识产权检索的应用内容

在商标、专利、版权的检索过程中，知识产权申请总量和申请过程产生的海量数据资源，为大数据在知识产权检索应用上提供了庞大的数据支撑。同时，随着知识产权基础申请井喷式的增长，传统依靠人工方式检索知识产权相似性的难度和工作强度越来越大，而大数据人工智能可以对此类机械性的工作进行有效的数据清洗和数据比对，并逐步完成机器学习和功能提升。总的来说，新的知识产权法的条款，应当明确在统一的知识产权数据库中的查询结果可以作为检索应用的参考结果，甚至是唯一标准，以缩减检索时间、提高工作效率。

（二）明确大数据在专利撰写的应用内容

大数据时代，可以在专利数据库中输入背景技术关键词，同时根据所述背景技术的关键词在预定数据库中检索与之对应的对比文献，显示所述对比文献中带所述背景技术的关键词的已有专利的背景技术对话框，进而根据显现出来的搜索结果，来完成专利撰写。目前，虽然此项技术仍然留在概念炒作和简单专利撰写阶段，实现方式也采用“人工”+“智能”。但随着大数据人工智能的发展，该项内容相当可期。因此，在新的知识产权法律体系中，可以就此项内容予以明确，以确保知识产权法律的前瞻性。

（三）明确大数据在知识产权数据分析的应用内容

对知识产权进行数据分析，不仅可以掌握竞争者的优势和劣势，还可以从分析中了解所在行业走势，从而在市场营销、产品开发、公司战略上有所突破。数据即优势，掌握数据信息即掌握了先机。大数据在这个领域的应用通过提供最新的专利数据，帮助企业从专利中获取更有价值的信息，捕捉到市场先机。

值得注意的是，在专利领域中利用大数据进行分析并进行数据整合，可以形成一个与原专利相近的甚至更高的专利技术，这样对于原企业来讲是一种巨大的损失，而且在实践中界定其是否侵权也相当困难。这就需要新的知识产权法对于这种分析行为做出明确的界定。对于通过大数据分析取得的相同的甚至更好的专利产品，是否应当作为新的知识产品进行保护，应从主观以及技术先进性上进行把握，并实施举证责任倒置。具体而言，对于不存在恶意侵权且确实有实质性创新的产品，应当赋予其专利权，但是其在行使权利时不得损害先权利人已取得的权利；对于没有实质性创新的或任何存在恶意侵权的产品，则不应对其赋权，并追究其侵权责任。

（四）明确大数据在知识产权评估的应用内容

大数据的核心价值在于分析，对于专利数据而言，其相对于其他数据具有先天优势。如果基于专利大数据分析建立完备的行业技术脉络以及市场分布图，将为充分考虑法律、技术、经济要素建立评估算法提供可靠基准。相比现有的评估方法，以大数据分析为依据的专利权价值评估将更为全面和客观；从评估角度而言，更能从专利权的法律和技术本质上趋近于真实价值，也能够以行业产值为科学依据，更有针对性地体现出相关专利权的市场价值。

（五）明确大数据在知识产权金融领域的应用内容

现代社会技术更新速度快，作为个人发明者或者小型企业，如果不能及时将一项新的专利产品变现，将会给自己或者社会造成不可估量的损失。在这种情境下，一项知识产权到底值多少钱的问题就显得非常重要。这表明大数据在知识产权金融领域的应用可以推进知识产权产品的快速金融化。此外，对于知识产权的质押、融资等金融问题以及IP价值的实现有很多难点，都可依此解决。

综上可知，新的知识产权法可以就大数据的知识产权金融问题进行规定，解决知识产权交易、质押等金融问题，构成资本的闭环。

四、建立大数据产权法下的共享制度

我国大数据知识产权应用面临的重大问题之一是没有建立统一的大数据平台，从而导致知识产权从业者需要在多套系统之间频繁切换，导致工作效率低下。同时，大数据时代要充分了解大数据并牢固树立大数据意识，以此影响和带领企业及个人参与到应用大数据的行动中。目前，部分电商巨头、搜索公司以及商标、专利、著作权的代理机构，已经收集、整理相关资料并形成了相关搜索数据库。

应在新的知识产权法制度下，明确建立一个联合性的或统一性的大数据管理平台，以此完善和修补目前存在的制度漏洞和体系缝隙。同时，明确知识产权数据的定期报送制度，引导其他部门和各级政府对大数据加以利用，逐渐形成大数据应用环境，建成一个统一协调、安全便捷的知识产权应用平台。

五、建立大数据知识产权应用激励机制

大数据的知识产权应用激励机制是一种法律孵化手段，对大数据应用制度的形成尤其重要。大数据前期的投入是巨大的，只有具备了一定的资金实力才能顺利开展。一旦规定技术研发成本由使用技术信息的主体承担，将导致公众的研究积极性大打折扣。但是如果能够在新的知识产权法律体系中给予一定的政策性激励，将从一定程度上增加大数据的知识产权应用。

当然，大数据知识产权应用的良性土壤一旦具备，最终承担这些费用的将会是数据信息的最终使用人。制度的激励不是万能的，因而在一定程度上解决出现的问题需要人的自律、行业的自律、技术手段等与法律的强制效力结合。

六、建立大数据霸权防范机制

大数据时代的一个隐患是大数据霸权的产生。随着尚未成熟的大数据产业的高速发展，如何保护极具竞争力的大数据市场将是一大挑战。正如学术界所担心的那样，随着商业竞争的加剧以及网络技术的发展，如同其他社会资源一样，大数据也会逐步被一些大型企业掌控，这就形成了新的垄断。这种霸权将比对自然资源的垄断更为致命。因此，我们必须在新的知识产权法中对这种垄断霸权予以充分考虑。

综上，新的知识产权法律应当建立大数据霸权防范机制，建立大数据知识产权使用的强制许可制度，要求将部分涉及公众的大数据成果公开。同时，通过完善相关法律法规，防范大数据垄断行为。

七、建立知识产权与个人隐私权冲突解决机制

大数据时代，每个人的行为、特点、信息都可以数据化。而数据化的结果就是，一切数据都可以进行归集、整合、分析并计算，进而得出一个“数据人”。“数据人”虽然不能够与自然人相比，但它会具有自然人所拥有的所有特征，包括长相、年龄、健康状况甚至是爱好、嗜好以至于情感履历、婚姻状况等隐私信息。新的知识产权法以及刑事、行政法律等，应当做好隐私防范，设定必要的条款，处理好大数据知识产权与个人隐私权之间的冲突。主要应注意以下3个方面。

第一，要明确有关个人信息大数据的使用条件。制定强制性的技术标准，对互联网时代有关个人信息的大数据进行标识、分类。要求根据不同的标准以及类别，明确获得使用的授权程序以及相对应的回报。

第二，要制定强制性的技术标准，明确制定大数据中的“数据符号信息”有关个人隐私信息与一般数据信息泄露的标准。

第三，要明确各大数据使用人的法律和道德伦理责任，明确违法处罚标准等，以保护个人隐私信息。

第二节　大数据在市场营销领域的应用

大数据精准营销模式正在被人不断研究，虽然还没有全面覆盖各行各业，但它的价值是被肯定的。

一、国际大数据市场营销案例分析

（一）奈飞（Netflix）公司的《纸牌屋》大数据营销

奈飞公司是美国的一家会员订阅制的流媒体播放平台。前些年奈飞公司出品的《纸牌屋》在全球播出，取得了优异的收视成绩，继而公司股价一直飙升。电视剧《纸牌屋》成功的原因就是对大数据的准确分析。

实际上，该公司在刚成立的时候，主要业务是经营在线影片的租赁，即客户通过网络购买产品，公司再邮寄给顾客。然而这种销售方式并不能给公司带来很高的利润，促使公司开始向在线视频网站转型。但转型的道路困难重重，该公司意识到自己拥有大数据资源，是一个很好的突破口。

由于该公司拥有大量用户，他们每天产生上千个消费行为，大概有几百万个评价，还有数以万计的搜索次数。公司通过对这些数据进行有效分析，可以知道顾客的相关喜好并且根据这些喜好向他们推荐影片。同时，该公司的工程师还发现了一些规律，喜欢同一个明星的客户可能也会喜欢另外一个同样的明星，喜欢某一种类型的电视剧。进而产生了一个大胆的想法，那就是让各个明星上演同一部电视剧，这说不定会取得很好的市场反应。该公司认为这样的数据分析具有一定的可靠性，决定大胆尝试。最终这部电视剧播放之后获得了广大用户的认可，并且在全球的多个国家播放。

就此案例而言，奈飞公司通过大数据分析，不仅在短时间内增加了大量客户，而且公司的股价也一路飙升。而这些成功都是源于对大数据的精准分析。

（二）塔吉特（Target）公司的孕妇大数据营销

商店一般销售日常用品而很少销售孕妇专用产品。但是对于塔吉特来说，孕妇也是一个不可忽视的消费群体，她们具有极强的购买意愿和消费能力，并且会多次回购。孕妇在购买产品的时候往往会选择一个专门卖孕婴产品的商店。怎样吸引这个庞大的群体，成为该公司要解决的问题。该公司向他们的数据部门请教，希望能够通过相关数据找到解决办法。如果等婴儿出生后再进行数据分析，婴儿父母早已被大量的婴幼产品广告包围，再开展营销活动必然不会取得很好的效果。如果能够通过一些渠道提前了解到哪些顾客已经怀孕了，就可以采取有效的手段，提供相关的服务并提供他们满意的产品。该公司曾经举办了一个迎婴大会，并通过这个活动成功获取了许多婴儿的相关信息。经过大数据分析，塔吉特公司可以准确地了解消费者需要婴幼类产品的时间，同时数据分析部将他们不同时期的需求建立了有关模型，并且利用这个模型去估测消费者需要的产品，结果发现这样做的准确率极高。数据分析部门将数据提供给营销部门，营销部门利用分析结果销售产品，取得了前所未有的成功，同时也扩大了消费群体，让母婴产品的消费者对该公司产生了信任和依赖。这样的策略让该公司的母婴产品销售有了大幅度的提升。该案例的成功经验同样可以应用到别的领域，即通过数据分析顾客的一系列消费行为后进行精准营销。

以上两个案例的成功，都与大数据分析有着密切的联系，体现了大数据在市场营销环节中的价值。

二、国内大数据市场营销案例分析

（一）阿里巴巴集团的大数据营销

阿里巴巴集团经过长期的发展，涉及的领域非常多，并且建立了许多平台体系，形成了相关的产业链，以便收集和掌握用户的数据并对这些数据进行全方位的分析。举个例子，有很多电商公司与阿里巴巴合作，它们可以为阿里巴巴提供相关的数据资源，阿里巴巴可以从它们那里获取相关客户的消费信息。因为顾客在平台上浏览、购买产品时会留下相关的记录，通过这些记录可以分析出他们的消费行为、生活习惯和一些喜好，甚至是消费能力。然后为他们提供相关的产品，这些产品能够迎合消费者的需求，最终实现高效营销。

（二）小米手机的大数据营销

小米公司在进军手机市场之前，国内和国外市场的竞争已经很激烈了。小米公司想要成功可以说是相当困难的。小米公司明确了其主要面向的是中低水平的消费群体，并且还要让消费者参与手机的更新等。除此之外，小米公司还利用大数据在一系列社交平台上与用户进行联系，了解消费者对手机的需求，从而根据这些需求来研发手机。

小米公司对市场情况十分了解，并积极与潜在客户沟通，在一开始就进行了精准的市场定位，让小米公司的市场竞争力有了进一步的提高。小米手机在短时间内销售量取得了相当大的增长，一跃成为知名公司，为公司后续的发展打下了坚实的基础。

三、大数据在市场营销领域中的发展对策

一般而言，公司想通过大数据技术实施精准营销，不仅需要最基本的数据支持与技术支持，还需要整体各项保障措施的共同支撑，才能够形成合力，以保证方案的有效实施。下面以×公司为例，探讨大数据在市场营销领域中的发展对策。

（一）制度保障

×公司应具有完善的技术、管理、人员、内控以及市场等各项规章制度，以保障企业的有效运转。同时，应针对数据安全制定相应的制度，以更好地通过制度保证数据的使用与安全性。这也是大数据企业开展任何商业活动的关键所在。因此，保护数据以及保证数据的安全显得非常重要。目前，×公司大数据产品以及营销部已经制定了包括《大数据产品及营销部保密信息等级分类及授权管理办法》《大数据产品及营销部信息系统数据安全管理制度》《大数据产品及营销部账号权限管理规范》等相关规章制度，与精准获客的客户都签订了《保密协议》及《网络信息安全承诺书》，以避免在合作过程中因意外事故或信息安全事件导致泄密情况的发生。这些规章制度，保证了大数据产品及营销部的数据可管、可控，也保证了精准获客客户无法直接接触大数据产品及营销部的数据资产，更防止了各合作方通过数据内容造成信息泄露。

（二）人力资源保障

首先，×公司及其大数据产品及营销部依然需要补充大数据技术人员。虽然从当前大数据产品及营销部的人员结构来看，现有技术人员能够保证大数据产品及营销部现有业务的开展，但随着大数据产品及营销部业务量的增加以及业务难度的增大，现有技术人员无论从数量还是从技术解决层面上看都是不够的。尤其是针对某个精准获客的业务方案，在业务实施期间，大数据产品及营销部每天都需要对数据以及数据分析结果进行更新，这产生的工作量是非常大的。因此，适当增加技术人员是有必要

的。另外，伴随着大数据产品及营销部业务数量的增加，不同行业销售产品存在一定的差异，不同行业市场的消费者特征也不完全相同，因此补充不同背景的技术人员对大数据产品及营销部更好地开展精准获客业务具有很大帮助。当然，除了引进技术人员，对现有技术人员的培训也要加强，以让他们了解并掌握最新的技术，从而保证业务效果的提升。

其次，×公司及其大数据产品及营销部还需要培养复合型人才。对于精准获客业务，大数据产品及营销部不仅仅需要单纯的技术型人才，更需要既懂技术又懂市场的综合型人才。在精准获客业务中，技术型人才要保证对获取的数据进行相应的整理与处理，而市场型人才需要对数据信息进行标签，在构建模型时加入适当的影响因素。虽然×公司会告知大数据产品及营销部其面对的市场消费者的特征，但是在实际的数据处理与模型构建过程中，若由对市场情况缺乏了解的技术人员来处理，会影响精准获客工作的进程。因此，综合性人才的加入不但有利于精准获客业务的开展，还能够降低大数据产品及营销部的成本。

（三）硬件保障

目前，×公司的大数据产品及营销部的数据主要存放在电信IDC机房与备用机房。其中，在电信IDC机房中，整个网络环境由两组防火墙隔离开来，及一套VPN负责管理非业务访问组成，仅允许合作方的IP和业务通行；备用机房是因主机房还未建成，暂时作为公司大数据中心采集数据、接受捐赠等业务的机房。由于数据存储与管理的硬件设备的完备性也是数据安全的基本保障，因此提升数据存储硬件设备，对于大数据产品及营销部的进一步发展来说非常重要。

（四）财务保障

首先，×公司应保证股东对其持续的资金投入。对大数据产品及营销部来说，虽然发展时间并不长，但由于具有良好的业界口碑以及一定的业务，现阶段已经能够保证稳定盈利。然而，大数据产品及营销部依然需要获得持续的资金投入。从大的层面来看，包括扩充业务板块、扩充分公司数量以及增加硬件投入等，都需要资金保证；从小的层面来看，包括人员的继续引进和现有人员的激励等，也需要资金的保障。因此，资金保障是大数据产品及营销部持续发展的重要基础。

其次，×公司需要重视对财务风险的控制。由于×公司的大数据产品及营销部需要对获取数据的运营商付费，并需要对存储数据的设备付费，在一定程度上来看相应的成本费用较高。因此，虽然当前×公司的财务状况相对良好，但也不能忽视财务风险。

第三节　大数据在政府公共服务领域中的应用

大数据作为一种技术工具、一种信息资源和一种思维方式已经渗透到政府公共服务供给领域。当前，许多国家已将大数据上升到国家战略高度，并积极探索大数据在医疗卫生、公共交通和公共安全等公共服务领域的应用。大数据作为推动公共服务精准化、智慧化、协同化供给的重要工具，其核心作用体现在能够精准识别公共服务的需求，优化公共服务的资源配置，实现公共服务需求与供给的动态平衡，提升公共服务的质量和效果。

一、大数据在我国政府公共服务领域中的应用

（一）大数据与公共交通

经济社会的繁荣发展，使人民的生活水平不断提升。然而，随着汽车保有量的不断攀升，城市中出现了各种交通问题。政府传统的交通管理方式已经不能快速有效地解决这些问题，而大数据时代的到来为缓解城市中的交通拥堵、交通压力提供了新的解决思路及解决方式。

首先，大数据应用于公共交通可以缓解交通压力。城市的主干道路预埋着大量的交通传感器，当车辆通过路面时，传感器会实时、精准地收集目前道路车辆的流量以及流向信息，并将它实时传输到交通运输部门的大数据处理中心。大数据中心可以存储并分析发生交通瘫痪或拥堵之前的路面交通流量以及具体情况，当此类情况再次出现时，大数据交管中心会通知交警提前进行预警和疏导，以快速及时地实施疏散，提高交通管理部门的道路管理效率。

其次，精准合理地分配公共交通资源，提升城市公共交通的利用率。现在我国大部分城市已经实行了公交一卡通（包括地铁、公交、轻轨等），每个公民的出行信息都会存储在系统里，由此产生了大量的数据。政府可以对这些数据进行深入挖掘与分

析，了解出行高峰期、出行人群流量以及出行高峰点等，以此制定更加合理公交车路线以及地铁的发车时间和班次，做到合理分配交通资源。

最后，政府利用大数据可以为公众提供交通指引服务。大数据处理中心结合城市中各个道路的实时监控数据，精准指出城市哪条道路车流量少，方便通行。然后，通过交通App或其他终端告诉公众，帮助公众合理安排出行线路，利于交管部门对城市交通的管理以及提高交通智慧化水平。

（二）大数据与公共医疗

第一，大数据促进个性化医疗服务的推进。首先，大数据使公共医疗数据化、信息化的程度加深，使公共医疗更加具有个性化预约、数据化驱动以及合作化服务等典型的大数据特点。大数据嵌入公共医疗，可以实现个人就医信息整合，向公众提供个性化的医疗服务，甚至根据相关信息预测一个人未来会出现什么病症。其次，大数据可以收集人体健康数据。通过装戴健康监测设备，可将收集到的信息（如心率、运动量、睡眠质量等）传入大数据处理中心，通过当下身体健康数据与个人历史健康数据的对比，预测身体是否处于亚健康或者不健康状态，甚至可以预测慢性病的发展趋向。除了个人健康，大数据在公共医疗领域还发挥着更大的作用。

第二，大数据可以提高政府对疾病预测与预防的有效性。健康大数据可以帮助人们更好地预测、预防疾病。自古以来，对未来疾病的预测和预防都较难，但大数据的出现使人群疾病预防成为可能。政府可以根据收集的疾病发生之前的一系列征兆、医院的门诊数据以及疾病监测系统网络报告数据等，预判某个地区出现的是流行性感冒还是流感疫情。

（三）大数据与公共安全

传统维护公共安全的方式主要是巡逻、接警、出警，往往无法事先预警。在大数据时代，政府可以将社区监控、各个路口的监控探头和公共区域高清监控产生的海量、实时数据进行整合、挖掘和分析，为政府维护公共安全服务提供全新的平台和管理手段，同时为政府维护公共安全、提供公共服务带来新的思路。在这个过程中需让大数据先行，充分强调大数据的核心作用，利用大数据促进政府维护公共安全和提供公共服务的主动性、科学化、智能化。

首先，为了更深入、更全面地研究犯罪数据、犯罪情况以及犯罪心理等内容，为提高破案率打下基础，大数据时代各地公安系统对犯罪数据共享诉求增大。其次，将大数据应用在公共安全监控管理与实时分析中，增加了对攻击威胁的预测性，可有效保护公众的生命财产安全。例如，在大型活动和人员聚集场所，可以充分利用“热力图”和“关键词搜索”等技术，监测人员流动走向和预测人员聚集地，利用大数据实时预警，避免因人流量过大造成安全事故。最后，大数据时代可将犯罪事件的事后应对转化为事前预警，因此维护公共安全离不开数据收集、分析、监测、预警等。

例如，贵州省贵阳市通过运用大数据构建“社会和云”“数据信访”“数据维稳”等项目，进一步建设警务大数据平台，促进政府公共服务实现从管制向服务的转变。又如，江苏省泰州市姜堰区政府为适应大数据时代的发展要求，在全区开展警情监测分析和社会巡防布警等方面的数据资源整合工作，利用大数据优化政府公共安全检查方式，改进政府公共安全管理手段。此外，由山西省、江西省、湖南省重点实施的景区集疏运监测预警系统，有效地促进了旅游、交通等相关部门的协同监管。政府部门动态监测重点景区和周边路网的数据，并实现跨部门共享，做到重点时段的客流预测和突发情况监测预警。

（四）大数据与公共环境

首先，打造生态监管智能化。政府在“用数据说话、用数据管理”的基础上，采集环境大数据，并将其应用于生态监管系统，再利用大数据的相关性形成全天候数据保障系统，创新环境监控监测、环评审批等环保业务应用。

其次，生成空气质量监测预报。监测机构将收集到的气象数据和各地的空气质量数据上传至数据库，通过全面分析、深度挖掘数据，形成大数据空气质量检测预报。在全部数据以及相关性分析的支持下完成的空气质量检测预报可靠性和准确性更高。这说明大数据对于加强资源环境动态监测具有重要的意义。

最后，促进环境保护治理。各个环保部门将基础环境数据收集整合，分析当前的环境现状，深度挖掘数据，以找出导致环境问题的各种原因以及各原因之间的相关性、各环境要素之间的相关性，从而为环境治理出谋划策，提高环境保护的科学性，实时掌握治理效果，提升环境治理保护的精细化水平。

以大数据为背景和基础的政府公共服务正在不断推进，并且渗透到公共交通、公共安全等人们的日常生活之中。通过改变传统的政府公共服务方式，政府公共服务更加灵活、高效，也改变了人们对政府公共服务的固有思维。总之，大数据时代政府公共服务体现着新公共行政理论和新公共服务理论的本质特征，利用大数据是政府提供优质服务的必然选择，也是政府打造服务型政府、智慧型政府的关键之一。

二、大数据在政府公共服务领域中的发展对策

（一）重塑大数据时代政府公共服务意识

1.践行政府公共服务精神

在新公共服务理论中，服务是政府的重要职能，服务对象为全体公民。同时，我国主张建立服务型政府，主张公正、公平、民主的价值观，在一定程度上有利于政府工作人员更好地为人民服务。在公共服务理念层面，应用大数据技术创新政府履行职能的方式，将服务作为行政以及公共服务的理念，可以促进政府公信力的提高。

服务型政府建设的宗旨是全心全意为人民服务。建设人民满意的服务型政府，简政放权，旨在提升政府的公信力，解决企业和群众办事的痛点、难点，提高政府的办事效率，提升人民群众在共享改革发展中的获得感、安全感。事实上，全心全意为人民服务的价值取向是政府为公众提供公共服务依据的内在力量，是政府的核心理念之一，更是政府从事公共服务的最高精神追求。

大数据时代政府公共服务需要更加注重公共服务精神。首先，政府要坚持以人为本的核心理念。在实际工作中，政府应该将公众的切实需求作为公共服务的出发点，想公众之所想、急公众之所急，聚焦民生，密切关注和认真回应公众的需求，通过大数据等现代信息技术向公众提供更加便捷、高效、智能的公共服务。其次，政府应该摒弃过去包揽一切的公共服务方式，优化政府公共服务职能。同时，鼓励广大社会力量参与监督整个政府部门运作，利用政府“看得见的手”和市场“看不见的手”，将二者结合起来共同发力促进大数据时代政府公共服务水平的提高。最后，政府工作人员应该时刻提醒自己是人民的公仆，在认识上要将公共服务精神建立在对自身职责深刻认识的基础上，在行动上要将对公共服务精神的认识和情感付诸日常工作，加强自律、提升自身素质，成为公共服务精神的实践者和践行者。

2.树立开放共享的大数据理念

随着科技的发展，大数据深入政府公共服务和公众日常生活，随着海量大数据资源的不断累积以及大数据技术的持续发展，政府意识到树立大数据思维显得尤为关键。因此，政府应该对大数据理念有正确的认知，了解大数据在政府公共服务整个过程中的作用，认识到大数据不仅是一种简单的媒介、一种简单的技术，更是一种政府公共服务创新的工具。同时，政府应该树立开放共享的大数据理念，将开放共享的大数据理念融入政府公共服务全过程，培育数据文化、养成数据思维，让公众共享大数据红利。

首先，政府需树立公共服务数据开放理念。在大数据时代，政府公共服务的数据不再是政府内部的私有物品。因此，政府应该破除过去数据私有的理念，打破政府与社会之间数据的藩篱。其次，政府需树立公共服务数据共享增值理念。政府应将大量的公共服务数据资源通过共享的方式让数据发挥应有的价值和作用。最后，政府要积极主动地开放共享数据资源，让数据说话。政府从自身做起，做到数据信息公开，带动企业数据公开和全社会数据公开。

（二）夯实大数据时代政府公共服务基础

大数据应用于政府公共服务的各个环节离不开大数据专业人才，因此政府对于数据专业人才的需求十分迫切。以大数据推进公共服务创新，政府首先应该攻破人才短缺的短板，坚持外部引进和内部培养相结合，积极推进政府部门大数据人才队伍建设，为公共服务提供智力支持。

在短期内，政府部门应加大对政府内部计算机人才的大数据培训力度，积极引进大数据人才。在这个过程中，地方政府可以与各个高校和互联网企业合作。在探索大数据人才培训模式上，政府可以开展“政校合作”，依托高校培养和储备大数据研究型人才。同时，强化“政企合作”，借助企业先进的大数据开发应用经验，让政府公共服务水平得到强有力的智力支持和人才保障。从长期的系统教育上看，政府可以将大数据人才队伍建设纳入国家中长期人才发展规划。此外，在引进人才的基础之上，研究生阶段是我国大数据人才培养较为集中的阶段，政府应加大对高校大数据专业建设的支持，发展培养大数据人才。同时，公共服务数据对完整性以及可靠性的要求较高，政府应该重视基层数据采集人才的建设，对于基层工作人员的素质和能力提出更高的要求。

（三）提升大数据时代政府公共服务水平

1.推进数据共享，优化公共服务平台建设

政府大数据共享是政府积极转变职能的内在驱动，应利用大数据推进数据共享提升政府的办事效率，优化公共服务平台建设，破解政府公共服务中数据碎片化的难题，从而提升政府公共服务的水平。事实上，在政府公共服务的应用实践中，只有破除部门之间信息数据共享的壁垒，大数据的价值才能更加有效地被挖掘。因此，在大数据时代，政府各个部门以及各个层级的数据应该通过技术和工具搭建共享通道，进而优化公共服务平台，实现数据共享。

推动数据共享，消除政府部门数据分化十分重要。在大数据时代，要推进政府公共服务的发展，需要在政府中建立分工合理、相互协作、运行高效的组织体系。在此基础上，政府应整合各个部门中分散的大数据资源，将重复建设的公共服务平台进行优化合并。因此，为了解决数据碎片化导致的公共服务资源整合力欠缺的问题，地方政府应在国家政策的指引下，结合本地的实际情况，规划省、市、县及乡的数据开放平台，整合公共信息数据库，以现有的数据开放平台为基础，推进部门之间、省内各层级之间共享数据资源，优化升级公共服务系统，提升公共服务质量，破除数据孤岛、碎片化等问题。同时，政府应该清查内部“僵尸网站”和“僵尸平台”，降低政府运行成本，筛掉重复性数据，统一平台数据端口，加快数据内部流通共享，打造方便快捷、互联互通的大数据中心，实现各部门工作互相配合、互相协作。

政府在构建数据共享制度，优化公共服务平台建设的同时，还应盘活信息资源、推动数据共享、打造国家数据共享平台，实现数据信息在政府内部的流通和共享。具体而言，各个省市、各个部门的数据资源应该与国家数据共享平台无缝对接，公共服务大数据可以在不同区域、不同部门以及不同层级之间共享和流动，使得国家层面的数据与地方政府层面的数据互通互联，保证数据资源的精准度和统一性。此外，建立政府与企业之间的公共服务领域数据共享联盟，如与百度数据开放平台合作，共享数据资源，寻求共赢。

2.落实数据开放，推动公共服务均衡发展

大数据时代提出了政府数据开放的新要求。目前，政府公共信息资源开放共享的需求过热，公众要求在政府公共服务中获得更多的知情权、参与权。因此，政府要积极推动数据开放，让公众享有数据权利，不仅有利于公众了解社会发展情况，也有利于政府公信力的建设。同时，社会和企业可以使用政府开放数据，创造更多的社会价值和经济价值，在促进经济发展中推动政府公共服务均衡发展。

第一，无论公共服务水平的高低，公共服务均衡发展的前提应该是政府严格按照“公开是常态，不公开是例外”的原则。明确规定哪些数据可以开放、哪些数据可以依申请开放、哪些数据涉及国家机密不得开放，明确数据开放权限，打造数据开放清单。尤其在政府公共服务领域，要明确数据开放的广度和维度，从而解决部门数据私有化的问题，破除部门之间的数据壁垒、数据利益化现象，保障政府数据开放的价值，为推动公共服务均衡发展打下基础。

第二，政府可以吸引多元主体参与数据开放进程，充分发挥大数据所带来的技术和资源，循序渐进地打通数据资源“最后一公里”，有序推进公共服务全领域的数据公开。一方面，以民生作为数据开放的切入点，抓住公共服务中的“堵点”和“痛点”，解决地方政府公共服务当中的棘手问题，优化公共服务、提升服务效率、推动公共服务均等化发展；另一方面，由于开放数据是一个复杂的动态过程，因此政府要将公众的切实利益和需求放在首位，注重社会公平，实现政府公共服务能力的整体提升。此外，公共服务提供主体的多元化显示出公共服务数据存在于多个社会主体当中，即政府拥有的公共服务数据仅是海量数据中的一部分。因此，政府应该在建设社会基础数据库的基础上，积极引导各个公共服务组织以及企业将公共服务大数据融合开放，最终建立一个庞大、安全稳定的社会数据库，以此助力于公共服务均衡发展。

3.强化数据治理，提高公共服务满意度

数据信息是推动社会发展的重要战略资源，具有极高的社会价值和经济价值。然而在利益面前，一些不法分子的存在会导致数据安全隐患加大。因此，政府要实现数据效益与数据安全的平衡，加强数据治理，建立和健全大数据监督治理机构，完善大数据监管体制，建立全国统一的大数据监管标准，从而更好地整合数据资源和强化数据服务功能，提高公共服务满意度。

由于我国各个省市政府收集到的数据分散在政府的各个部门，加强数据的统一监管，提升政府公共服务水平，必须加强各个部门之间的协调与合作。因此，各级政府有必要成立大数据治理机构，将各个职能部门的大数据融合、互联互通，以求打破数据孤岛现象。

除此之外，政府推进数据开放共享时要注意个别部门在实际操作中的不作为现象。因此，在设立大数据管理机构的同时，政府可以将大数据开放共享纳入政府绩效考核，建立绩效考核与问责机制，旨在通过考核与问责机制明确大数据开放共享对于提升政府公共服务水平的重要性。将数据治理和数据监管常态化，不仅需要国家法律层面的保障和政府内部的监管，同时需要及时采集社会意见，并接受公众的监督，只有这样才能提高政府公共服务满意度，以促进政府公共服务水平的提升。

结束语

大数据引发了思维变革。在大数据时代，数据的收集、获取和分析都变得更加快捷，这些海量数据将对我们的思考方式产生深远的影响。

未来，大数据会迎来一场激烈的竞争。我们应该抓住大数据的核心，紧跟时代的步伐，顺应大数据时代的需求，从国家战略制定、基础技术研究、人才培养、信息安全保障等方面开展工作。我们应致力于保护、存储、分析数据并充分有效地利用和组织大数据，进而推动社会的发展。

参考文献

[1]陶虹，陶福平，丁佳.关中城市群地质环境监测网建设及大数据应用[M].武汉：中国地质大学出版社，2017.12.

[2]何克晶.大数据前沿技术与应用[M].华南理工大学出版社，2017.03.

[3]娄岩.大数据技术应用导论[M].沈阳：辽宁科学技术出版社，2017.07.

[4]齐力.公共安全大数据技术与应用[M].上海：上海科学技术出版社，2017.12.

[5] 牛琨著 . 纵观大数据 · 建模、分析及应用 [M]. 北京：北京邮电大学出版社，2017.11.

[6]卿春.大数据生态与行业应用方案研究[M].武汉：中国地质大学出版社，2017.05.

[7]张志军.大数据技术在高校中的应用研究[M].北京：北京邮电大学出版社，2017.09.

[8]谢明.普通高等教育电子信息类规划教材数字音频技术及应用[M].北京：机械工业出版社，2017.07.

[9]江国强，覃琴编.电子信息科学与工程类专业规划教材EDA技术与应用第5版[M].北京：电子工业出版社，2017.01.

[10]尹丽菊，万隆，巴奉丽.21世纪高等学校规划教材电子信息MSP 430单片机应用技术案例教程[M].北京：清华大学出版社，2017.08.

[11]刘昌华.高等学校电子信息类专业系列教材 · EDA技术与应用 · 基于QSYS和VHDL[M].北京：清华大学出版社，2017.03.

[12]魏斌，郝千婷.生态环境大数据应用[M].北京：中国环境出版集团，2018.12.

[13]董明，罗少甫.大数据基础与应用[M].北京：北京邮电大学出版社，2018.01.

[14]姚树春，周连生，张强.大数据技术与应用[M].成都：西南交通大学出版社，2018.06.

[15]李剑波，李小华.大数据挖掘技术与应用[M].延吉：延边大学出版社，2018.07.

[16]任庚坡，楼振飞.能源大数据技术与应用[M].上海：上海科学技术出版社，2018.06.

[17]杨迁迁，魏琳.电子信息技术与通信应用研究[M].长春：吉林科学技术出版社，2018.06.

[18]王耀琦.电子信息类普通高等教育应用型规划教材单片机原理与应用[M].北京：科学出版社，2018.06.

[19]李玉萍.云计算与大数据应用研究[M].成都：电子科技大学出版社，2019.04.

[20]舍乐莫，刘英.云计算与大数据应用研究[M].北京：北京工业大学出版社，2019.10.

[21]韦鹏程，颜蓓，陈美成.面向大数据应用的数据采集技术研究[M].北京：中国原子能出版社，2019.12.

[22]申时凯，佘玉梅.我国现代化教育大数据应用技术与实践研究[M].长春：吉林大学出版社，2019.03.

[23]黄风华.大数据技术与应用[M].哈尔滨：哈尔滨工业大学出版社，2019.01.

[24]任友理.大数据技术与应用[M].西安：西北工业大学出版社，2019.05.

[25]韦鹏程，施成湘，蔡银英.大数据时代Hadoop技术及应用分析[M].成都：电子科技大学出版社，2019.01.

[26]李佐军.大数据的架构技术与应用实践的探究[M].长春：东北师范大学出版社，2019.04.

[27]杨万勇.学校教育中的大数据应用[M].宁波：宁波出版社，2020.03.

[28]郑江宇，许晋雄.大数据应用：成为大数据电子商务高手[M].杭州：浙江人民出版社，2020.04.

[29]侯勇.大数据技术与应用[M].成都：西南交通大学出版社，2020.06.

[30]黄源，董明，刘江苏.大数据技术与应用[M].北京：机械工业出版社，2020.05.

[31]张毅.政务大数据应用方法与实践[M].北京：中信出版集团股份有限公司，2021.07.

[32]龚卫.大数据挖掘技术与应用研究[M].长春：吉林文史出版社，2021.03.

[33]杨丹.大数据开发技术与行业应用研究[M].沈阳：辽宁大学出版社，2021.03.

[34]韩燕作.应用SAS实现金融大数据研究[M].北京：北京理工大学出版社有限责任公司，2021.06.

[35]汤少梁.大数据管理与应用专业导论[M].南京：东南大学出版社，2021.12.